宁夏回族自治区重点研发计划重大项目(2023BEE01002)
国家自然科学基金面上项目(52274154)　资助

采场围岩失稳与液压支架
智能自适应控制

庞义辉　胡相捧　刘新华　著

应急管理出版社

· 北　京 ·

图书在版编目（CIP）数据

采场围岩失稳与液压支架智能自适应控制／庞义辉，
胡相捧，刘新华著 . --北京：应急管理出版社，2024

ISBN 978-7-5237-0517-9

Ⅰ.①采⋯　Ⅱ.①庞⋯　②胡⋯　③刘⋯　Ⅲ.①综采工
作面—围岩控制—研究　②综采工作面—液压支架—研究
Ⅳ.①TD822

中国国家版本馆 CIP 数据核字（2024）第 081931 号

采场围岩失稳与液压支架智能自适应控制

著　　者	庞义辉　胡相捧　刘新华
责任编辑	王　华
编　　辑	房伟奇
责任校对	张艳蕾
封面设计	安德馨

出版发行	应急管理出版社（北京市朝阳区芍药居 35 号　100029）
电　　话	010-84657898（总编室）　010-84657880（读者服务部）
网　　址	www.cciph.com.cn
印　　刷	北京虎彩文化传播有限公司
经　　销	全国新华书店

开　　本	710mm×1000mm$^1/_{16}$　　印张　19$^1/_2$　字数　370 千字
版　　次	2024 年 5 月第 1 版　2024 年 5 月第 1 次印刷
社内编号	20240195　　　　定价　78.00 元

前　　言

　　截至 2023 年底，煤炭资源储量约占我国化石能源储量的 90%，煤炭在未来相当长时间内仍将作为我国主体能源发挥能源安全稳定供给"压舱石"和"稳定器"的作用。我国煤炭资源开发以井工煤矿为主，煤层赋存条件具有复杂性与区域差异性的特点。为提高煤炭资源开采效率与安全生产水平，我国于 20 世纪 70~80 年代开始尝试进行综合机械化开采，先后斥巨资从英国、德国、波兰等国家引进 180 余套综采成套装备，在大同矿区、枣庄矿区、淮北矿区、新汶矿区等进行试验。但由于对综合机械化开采理论、技术认识不足，尤其是对工作面围岩控制理论、液压支架与围岩的相互作用关系等认识不清，导致引进的成套综采装备难以适应我国复杂多样的煤层赋存条件，部分工作面出现了液压支架压死等问题，从国外引进的综采成套装备未能有效解决我国厚煤层开采的技术难题。实践表明，发展综合机械化采煤必须结合我国煤矿生产技术条件进行研发，研究适用于我国复杂多样煤层赋存条件的围岩控制理论及综合机械化开采系列成套装备。

　　智能化开采已经成为煤炭开采技术变革的必由之路。2020 年，国家发展改革委、国家能源局、应急管理部等八个部门联合发布了《关于加快煤矿智能化发展的指导意见》，明确提出"重点突破精准地质探测、精确定位与数据高效连续传输、智能化快速掘进、复杂条件智能化综采、连续化辅助运输等"。为贯彻落实国家八部门指导意见精神，2021 年国家能源局、国家矿山安全监察局联合发布了《煤矿智能化建设指南（2021 年版）》，明确将液压支架自适应支护作为智能化煤矿的重点建设内容，并在专栏 3 中指出应实现工作面中部、端头、超前区域的自适应支护。为进一步规范智能化煤矿验收管理工作，2022 年国家能源局发布了《智能化示范煤矿验收管理办法（试行）》，要求采煤工作面中部、端头、超前支护区域应实现压力超前预警、群组协同控制、顶梁状态实时感知等自适应支护。

综采工作面实现智能化采煤是智能化煤矿建设的标志性目标，而综采工作面围岩稳定控制与液压支架自适应支护是实现煤炭资源安全、高效、智能开采的重大技术难题。随着工作面的开采高度、开采强度、开采深度逐年增加，工作面动载矿压显现异常突出，极易发生煤壁片帮、顶板冒顶、液压支架压死等安全事故，工作面支护面临采场围岩复杂应力环境与损伤断裂失稳机制、静动载复合工况下液压支架服役特性及支架与围岩的耦合作用关系、液压支架支护质量解析及围岩支护策略自适应调控等诸多瓶颈，传统液压支架与围岩相互作用关系、围岩控制理论已难以适用。

针对上述核心理论与技术装备难题，笔者在过去十几年的时间里聚焦实现"采场围岩自适应支护"这个主题，以复杂采动应力诱发顶板与煤壁损伤破坏、围岩断裂失稳与液压支架耦合高效支护、液压支架支护质量解析与围岩支护策略自适应调控为研究主线，初步形成了"采动应力演化与围岩损伤断裂基础理论、厚及特厚煤层采场围岩与支架耦合作用原理、液压支架服役特性与支护质量调控机制"三方面研究成果，并成功在厚及特厚煤层智能化综采（放）工作面围岩自适应控制中进行了应用推广，取得了较好的应用效果。

本书针对综采工作面围岩控制与液压支架智能自适应支护难题，从智能化综采工作面开采模式、采场覆岩三向采动应力时空演化规律、采场围岩断裂失稳力学模型、液压支架参数优化与支护失效机理、液压支架支护状态感知与预测方法、液压支架智能自适应支护与评价方法等方面进行了详细介绍，对开展综采工作面智能化建设应用具有指导意义和推广价值。

由于笔者水平有限，书中难免存在疏漏和欠妥之处，敬请各位专家学者不吝批评指正。

著　者

2024 年 2 月

目　　　录

1　采场围岩控制与智能化开采模式

1.1　我国煤矿智能化发展现状与成效

1.1.1　我国煤炭工业发展现状与挑战

1.1.1.1　发展现状

"十四五"时期是我国开启全面建设社会主义现代化国家新征程的第一个五年，也是推进各行业实现高质量发展的关键五年。煤炭工业实现高质量发展既是落实我国能源安全新战略与产业体系变革的关键，也是推进能源产业可持续发展与促进国家高质量发展的基础。

近年来，世界能源格局加速演进，第四次工业革命与产业变革重塑全球能源技术和供给体系，煤炭工业承担着保障国家能源安全稳定供给与支撑新能源稳定发展的时代使命，通过对煤炭行业产业结构、发展模式、管理体制等进行持续变革创新，我国煤炭工业高质量发展取得了阶段性成果。

（1）煤炭安全高效开发有效支撑了我国经济社会平稳快速发展。2022年我国原煤产量达到45.6亿t，同比增长10.5%，分别占我国能源生产、消费总量的67.4%、56.2%；原油产量约2.05亿t，进口原油约5.08亿t，原油对外依存度约71.3%；天然气产量约2201亿m³，进口天然气1503亿m³，天然气对外依存度约40.6%；发电量约8.8万亿kW·h，火电装机占比约52%，火电发电量占比约69.8%，其中煤电占比约58.4%，如图1-1所示，煤炭资源安全、高效、智能、绿色、可持续开发保障了我国能源的安全稳定供给。

（2）煤炭开发布局与产业结构持续优化，煤炭开发效率、效益与安全水平稳步提升。近年来，我国煤炭生产集中度不断提升，中西部产煤区的重要作用和战略地位愈发凸显，截至2022年底，我国煤矿数量缩减至约4407座，但产量再创历史新高，其中生产煤矿3412座，在建煤矿995座，露天煤矿约357座，产量约10.57亿t。煤炭开发重心加速向晋陕蒙等中西部转移，2022年原煤产量超过1亿t的省（区）有6个，产量达39.6亿t；晋陕蒙新四省（区）的产量达到36.9亿t，其中山西、内蒙古原煤产量突破10亿t。煤炭行业生产结构持续优化，企业的产业形态更加多元，上下游产业一体化发展成效显著，并逐步实现由中低端向中高端迈进。2022年，规模以上煤炭开采和洗选业利润总额约1.02万亿元，

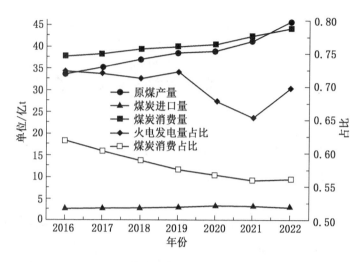

图 1-1　煤炭生产、消费量与火电占比

同比增长 44.3%；矿山事故起数、死亡人数、煤矿百万吨死亡率比 2012 年分别下降 75.8%、77.6% 和 86.0%，煤炭产业经济与安全形势持续向好，如图 1-2 所示。

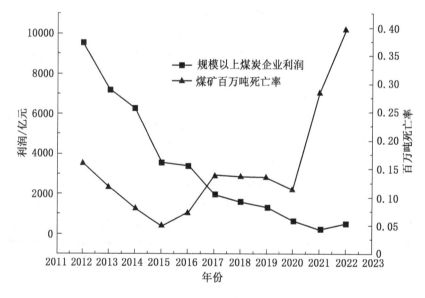

图 1-2　煤炭企业经营与安全形势

（3）煤炭科技创新能力和装备水平显著提高，煤矿智能化建设取得阶段性成果。据不完全统计，大型煤炭企业的科技研发投入强度达到 2%，建成国家级研发平台 149 处，初步形成以企业为主体、市场为导向、产学研相结合的开放型创新体系；大型矿井智能化建设、特厚煤层智能化综采综放、煤与共伴生资源协调共采、燃煤超低排放发电、现代煤化工等技术取得突破，大型煤机装备国产化、智能化水平稳步提升，煤机装备制造水平位居世界前列，建成了世界规模最大的安全高效智能化煤炭开发体系、清洁高效煤电供应体系和现代煤化工技术体系。截至 2023 年 4 月，全国已累计建成智能化采煤工作面 1043 个、掘进工作面 1277 个，其中全国首批示范煤矿累计建成智能化采煤工作面 363 个、掘进工作面 239 个，涵盖产能 6.2 亿 t，单面平均生产能力达到 500 万 t，智能化建设总投资规模超 2000 亿元，有力推动了煤炭生产方式加快实现根本性变革，煤炭行业高质量发展迈上新台阶。

（4）煤炭资源绿色开发与清洁高效利用成效显著，助力煤炭工业实现绿色、低碳、循环、可持续发展。近十年来，充填开采、保水开采、无煤柱开采、煤与共伴生资源协调开采等绿色开采技术得到大力推广，我国原煤入洗率由 56% 提升至 69.7%，矿井水综合利用率由 62% 提升至 79.3%，土地复垦率由 42% 提升至 57.8%，煤矸石及低热值煤发电装机由 2950 万 kW 提高至 4300 万 kW，实现超低排放的燃煤机组占比达到 94%，大型煤炭企业的原煤生产能耗由 17.1 千克标煤/t 降至 9.7 千克标煤/t，高效煤粉燃烧技术及煤粉工业锅炉系统使工业锅炉热效率达到 90% 以上，燃煤工业锅炉污染物排放达到超低排放标准；攻克了 4000 t/d 水煤浆气化、3500 t/d 干粉气流床气化成套技术与装备，建成 108 万 t/a 煤直接液化和 400 万 t/a 间接液化示范工程，煤制烯烃、乙二醇等实现工业化生产，形成了世界上最齐全的现代煤化工技术体系。

1.1.1.2　面临挑战

近十年来，我国煤炭工业经受了复杂多变的国内外政治、经济、技术、装备等考验，通过创新发展思路、路径与模式，煤炭、煤电、煤化工等产业体系持续转型升级，为煤炭工业实现高质量发展奠定了坚实的基础，但面对数字经济、新一代信息技术赋能与"双碳"发展战略制约等，煤炭工业实现高质量发展仍然面临诸多挑战。

（1）煤炭仍将在未来相当长一段时期内作为我国的主体能源，实现煤炭资源安全、高效、可持续、稳定供给任重而道远。近年来，随着开采强度逐年增大，浅部优势煤炭资源逐渐枯竭，山西面临后续储备资源不足等问题，陕西、内蒙古面临开采深度增大、矿井灾害日益严重、生态与环境制约等问题，新疆则存在自治区内消费量较低、煤炭资源外运存在瓶颈，山东、河北、河南、两淮等矿区煤炭资源日益枯竭，面临持续减产的风险。国际政治环境变化导致国内煤炭供需极易短期内出现过松或过紧的情况，现有煤炭工业体系难以实现煤炭资源智能柔性供给，生产煤矿短期内大幅核增产能，导致采掘接续紧张、灾害治理欠账等，安全高效开采面临风险。另外，新一代煤炭产业工人对传统煤矿井下作业环境提出更高要求，传统煤炭企业面临招工难的窘境，煤炭产业面临可持续稳定发展的难题。

（2）新一代信息技术与煤炭开发利用技术融合程度低，煤炭企业数字化转型与智能化开采仍处于初级阶段。煤炭行业属于传统的高危行业，井下作业环境恶劣、劳动强度大，且生产过程中伴随着水害、火灾、瓦斯、冲击地压、粉尘等灾害威胁，人工智能、大数据、5G、云计算等新一代信息技术可以有效减少井下作业人员数量、降低工人劳动强度，但受制于井下复杂恶劣的开采环境，新一代信息技术与煤炭开采技术的融合难度大，5G技术仍然缺乏适宜的应用场景，数据资产的利用率较低、利用价值尚未得到有效挖掘，煤炭企业数字化转型路线仍不清晰，尚未形成驾驭"数字"的能力，智能化开采技术装备对于条件复杂矿井的适应性仍较差，关键核心技术装备还存在诸多瓶颈制约，尚难以实现常态化无人/少人运行；煤炭企业生产、生活环境对高科技人才吸引力弱，矿山从业人员"老龄化"严重、知识结构难以适应数字化转型与智能化建设需要，传统煤矿组织架构与激励机制难以支撑企业数字化转型与智能化发展。

（3）"双碳"目标下煤炭工业承担着能源安全保障与支撑新能源发展的使命，煤炭绿色开发和清洁低碳利用技术仍面临诸多瓶颈制约。欧洲主要国家在20世纪90年代实现了碳达峰，计划2050年实现碳中和，而我国碳达峰到碳中和的时间仅30年，煤炭企业面临空前的环境政策制约；保水开采、充填开采等绿色开采技术的效率、效益低，大范围推广难度大；煤炭高效清洁燃烧、清洁转化、碳捕集与碳封存等关键技术的原创性颠覆性突破较少，人才和经费保障不足，政策支持力度较弱，我国煤炭工业尚未建立基于"双碳"目标的煤炭绿色开发与清洁低碳利用标准体系、技术装备体系与典型示范工程。

（4）促进煤炭行业向生产服务型转变仍面临体制机制的制约。我国煤炭消费增速放缓并逐渐进入峰值平台期，行业发展模式必须由依靠规模扩张、总量增加向提高质量、增加服务转变。虽然部分企业已经在探索煤矿专业化服务模式，但相关法律法规依然存在障碍，亟待研究推动煤炭行业由生产向生产服务型转变的法律法规体系和配套体制机制。

1.1.2 我国煤矿智能化建设成效

2020年以来，智能化示范煤矿建设与技术创新相互推进，新一代信息技术加快与煤炭开发利用技术深度融合，新技术和新装备加快迭代发展，形成了一批可推广、可复制的技术、装备和建设经验。煤矿高可靠融合通信系统、工业互联网平台、智能化综合管控平台等先进技术得到推广应用，智能化无人/少人开采、智能高效快速掘进、智能主辅运输、煤矿机器人集群应用、露天矿卡车无人驾驶、智能安全监控系统等取得了重要进展，供配电系统、主煤流运输系统、供排水系统等实现了常态化无人值守作业，煤矿智能化技术装备国产化、成套化水平明显提升，初步形成了适用于不同煤层赋存条件的智能化煤矿建设模式，减人、增安、提效成果显著。

当前，我国不仅是世界第一大煤炭生产国，煤矿智能化系统性创新也走在了世界前列。深部厚煤层 6~10 m 超大采高智能化综采不断打破采高极限和效率纪录，硬厚煤层智能化综放工作面月产突破 200 万 t，2.5~3 m 中厚煤层 450 m 超长工作面实现年产千万吨，部分智能化煤矿单井生产能力超过 2500 万 t。截至 2023 年底，全国已经建成智能化采煤工作面近 2000 个，智能化掘进工作面超 1500 个，智能化建设总投资超 2000 亿元，逐渐建立了以企业为主体、以市场为导向、产学研协同创新的煤炭科技创新体系，为保障煤炭资源的安全稳定供给奠定了坚实的基础。

煤矿智能化将新一代信息技术与传统煤炭开发利用技术进行深度融合，是实现矿井安全生产的治本之策，也是煤炭行业转型升级实现高质量发展的核心动力与必然选择。为推进煤矿智能化建设，2020 年 2 月，国家发展改革委、国家能源局、应急管理部等八部门联合下发了《关于加快煤矿智能化发展的指导意见》，明确要建设多种类型、不同模式的智能化示范煤矿。2020 年 12 月，由国家能源局、国家矿山安全监察局联合下发《关于开展首批智能化示范煤矿建设的通知》，确定 71 处煤矿作为国家首批智能化示范建设煤矿，其中井工煤矿 66 处、露天煤矿 5 处，矿井总产能超过 6.2 亿 t，采煤工作面单面平均生产能力超过 500 万 t/a。

经过三年的探索实践，在 5G/F5G 通信网络、工业互联网平台、智能化采煤工作面、智能主辅运输、智能供配电、智能供排水、智能通风、双重预防等方面取得了阶段性成效，煤矿井上下固定场所实现了常态化无人值守作业，煤矿智能化技术装备的国产化、成套化水平显著提升，为实现煤矿减人、增安、提质、创效奠定了基础。

国家能源集团在产煤矿 73 处，产能约 6.5 亿 t，通过构建"1235"煤矿智能化建设模式，即 1 套体系全面统筹、2 种模式激发创新、3 类煤矿示范引领、5 位一体高效推进，建成了 9 处国家首批智能化示范煤矿，33 处煤矿一体化管控平台和数据中心，上湾煤矿建成容量最大的企业 5G 定制专网，在乌东煤矿建成急倾斜特厚煤层高精度地质保障系统，榆家梁煤矿建成"无人监视+远程巡视"的无人采煤模式，布尔台煤矿建成"掘锚机+锚运破+大跨距桥式转载机+机器人"

快速掘进模式，12 处露天煤矿开展无人驾驶试点运行。近三年来，煤矿各岗位用工减少 5300 余人，单进、单产、全员工效分别为全国平均水平的 2 倍、3.5 倍、5 倍。

中煤能源集团共建有各类煤矿 82 处，总产能近 3 亿 t，截至 2023 年 10 月，累计建成智能化煤矿 24 处，智能化选煤厂 9 处，智能化采煤工作面 122 个，智能化快速掘进工作面 56 个，智能化产能超过 1.7 亿 t，30 处煤矿建成智能一体化综合管控平台，14 处煤矿开展"5G+"智能化煤矿建设，30 处煤矿应用了 63 台机器人，井上下固定场所基本实现无人值守，灾害严重矿井全面建设灾害大数据融合分析与智能监测预警平台，扎实推进 6 处国家首批智能化示范煤矿，另外遴选 7 处集团级示范煤矿，形成了煤矿智能化"6+7+N"示范体系。

陕煤集团共建有煤矿 38 处，总产能约 2.11 亿 t，其中生产矿井 37 处，共建成智能化采煤工作面 50 个，实现了薄、中、厚煤层智能化开采全覆盖，建成智能快速掘进系统 96 套，针对不同地质条件探索应用了全断面掘锚一体机快掘系统、护盾式智能快速掘进机器人、TBM 硬岩盾构机等 5 大类快速掘进模式，研发应用了 5 类 280 个巡检与特殊作业机器人，13 类 792 个生产辅助系统全部实现了远程集中控制，井下固定场所全部实现"无人值守、智能巡检"。近三年，陕煤集团煤炭板块百万吨死亡率下降了 90%，累计减少井下用工 15000 余人，全员工效增加 52%，回采工效增加 28.5%，综合单产提高 61.54%，掘进工效提高 33%，企业吨煤能耗下降 30%。

山东能源集团首批国家级智能化示范煤矿共有 9 处，实施智能化建设项目约 256 项，投资约 18.5 亿元，截至 2023 年 6 月，上述 9 处示范煤矿及选煤厂全部通过验收，采煤工作面作业人员由平均 15 人减至平均 7 人，掘进工作面由平均 11 人，减为平均 8 人；9 处煤矿的采煤机自动截割率、液压支架自动跟机率由之前的 50% 提高至 85% 以上，转龙湾、金鸡滩等煤矿的智能化采煤工作面的自动截割率达到 95% 以上；通过采用固定场所无人值守、有人巡检等技术，9 处煤矿共减少固定岗位工 400 余人；付村、唐口煤矿实现了单轨吊点对点无人驾驶；双欣煤矿应用具有超大矸石处理能力的智能煤矸分拣机器人，矸石捡出率达到 90% 以上；金鸡滩煤矿建设了智能无人装车站，实现了汽车装车自动引导、自动定位等全自动化装车。

晋能控股集团坚持科技赋能智能化矿山，截至 2023 年底，将建成智能化矿井 31 处，智能化采掘工作面 286 个，智能化产能将达到 1.53 亿 t，约占生产矿井总产能的 34.1%；建成 148 个井下无人值守变电所、62 个无人值守泵房，实现减人约 854 人；塔山煤矿建成了一大平台、十大系统、27 个子系统和 12 个无人值守场所，联合开发了井下皮带、泵房、变电所巡检机器人，构建了 5G 传输、协同控制的智能开采新模式；同忻煤矿以智能综合管控平台为核心，接入原有 26 个信息化子系统，并新建 14 个智能化子系统，实现了系统之间的互联互通。

1.1.3　综采工作面智能化建设现状与挑战

1.1.3.1　建设现状

目前，美国、澳大利亚等世界先进产煤国家主要以露天开采为主，美国现存井工煤矿长壁综采工作面仅剩下约 40 个，煤层赋存条件较好，工作面长度一般在 400 m 左右，通过配套大功率、高可靠性、自动化成套综采装备，实现了工作面的安全、高效、智能化开采。

我国煤炭开采经历了人工炮采、机械化开采、综合机械化开采，目前正逐步由自动化开采向智能化开采迈进。经过多年的研发实践，我国煤机装备水平显著提高，率先在黄陵矿区实现了"工作面有人巡视、无人操作"的远程可视化开采。以下分别以神东矿区、陕煤矿区、宁煤集团为例，介绍我国综采工作面智能化发展现状。

1. 神东矿区智能化工作面建设

神东矿区地处蒙、陕、晋三省（区）煤炭资源富集区，储量丰富、赋存条件简单，非常适宜采用机械化、智能化开采技术与装备。神东矿区从 2004 年开始探索自动化、少人化生产工艺模式，并于 2008 年在榆家梁煤矿实现了中部记忆截割与自动跟机移架；2017 年，锦界煤矿实现了综采工作面采煤机记忆截割、液压支架自动跟机移架、远程监测等常态化运行，综采队人数由原来的 56 人逐步减少到现有的 32 人，人员减少 43%，人工效率提升 95.4%，直接工效 589.2 t/工，增幅达 42.8%；2020 年 7 月，神东石圪台煤矿从波兰引进首套黑龙系统等高采煤机（图 1-3）、刮板输送机、转载机及自动化控制系统，实现了薄煤层工作面在两端顺槽的远程操控割煤，工作面无人跟机作业，真正实现了工作面无人开采。

图 1-3　薄煤层等高采煤机系统

目前，神东矿区正在上湾煤矿12401综采工作面、锦界煤矿31113综采工作面、榆家梁煤矿43101综采工作面开展基于滚筒采煤机的无人开采技术，建立了工作面多设备协同作业控制机制、基于多信息监测的集中控制平台、基于大数据分析的故障诊断与专家决策系统等，已初步实现了基于工作面精细地质建模的智能化开采，工作面单班操作人员可减少至2人，极大地提高了工作面单产效率与安全生产水平。

2. 陕煤集团智能化工作面建设

陕煤集团作为煤炭行业智能化建设的积极倡导者与践行者，多年来一直围绕"创新、安全、高效、智能、绿色"五大理念进行工作面智能化建设。在黄陵一号煤矿率先实现"有人巡视、无人值守"的前提下，通过提升采煤机智能截割、液压支架自适应支护、三机协同控制、工作面智能供液等系统功能，增强可视化雷达、惯导数据采集、自动找直等系统，在现有采煤机记忆割煤的基础上，研究实践采煤机自适应、自学习功能，在地质条件及环境复杂的铜川、韩城、澄合、蒲白、彬长矿区的采煤工作面探索应用采煤机器人群协同作业；在黄陵、陕北、榆北三个地质条件及环境简单的矿区，实现采煤机器人（图1-4）自主作业、智能采煤，提高工作面智能化水平。

图1-4 工作面轨道机器人

2020年，黄陵一号煤矿开展"基于透明地质的大数据基准开采技术项目"研究，将传统基于记忆截割的智能化开采升级为基于三维空间感知和自动截割的智能化开采，大幅提升了工作面智能化开采水平。

3. 宁煤集团智能化工作面建设

宁煤集团是宁夏最大的煤炭生产企业，其煤炭产量约占宁夏煤炭总产量的80%，所辖14对矿井地质条件各异，煤层赋存条件相对比较复杂，水、火、瓦斯、煤尘、顶板、地热、动压等"七害"俱全，宁煤集团开展工作面智能化建设与实践对我国类似煤层条件具有一定的借鉴意义。2013 年，宁煤集团首次在梅花井煤矿开展自动化工作面建设，并逐步实施采煤机记忆截割、液压支架自动跟机移架、自动推移刮板输送机等自动化建设，目前在枣泉煤矿、任家庄煤矿、羊场湾煤矿、红柳煤矿等建成了智能化综采工作面，逐步形成了"集中控制、有人巡视、无人操作"的智能化生产系统，取得了较好的应用效果。

枣泉煤矿 220704 工作面通过采用基于惯性导航系统的工作面自动找直技术、倾斜工作面上窜下滑智能控制技术、基于高清视频的单向割煤技术、液压支架支护状态感知与机架协同控制技术、胶带输送机煤量检测与智能调速技术、全景视频拼接技术、远程智能供液供电技术等，实现了工作面"有人监视、无人操作"的常态化开采，工作面只配备 1 名巡视人员，液压支架跟机率达到 94.5%，大幅提高了工作面开采效率，降低了工人作业强度。

1.1.3.2 面临挑战

目前，我国已经初步建成了不同类型、不同模式、不同效果的智能化综采工作面，取得了较好的建设效果与示范作用，但工作面智能化开采仍存在诸多不足，主要表现在以下几个方面：

（1）多信息融合高效感知技术仍需突破。传统感知技术主要以接触式感知为主（如压力表、倾角传感器等），存在监测信息量有限、布线困难、难以进行信息融合等问题，以视频图像识别为代表的非接触式感知技术将极大地提高感知信息量，且有利于进行不同信息提取与融合分析，非接触式感知技术与装备的研发应用是实现智能化的基础。

（2）地质探测与建模的智能化水平及精度仍需提高。地质探测与精准建模是工作面智能开采的基础，虽然部分矿井尝试了基于"透明地质"的智能化开采，但地质探测精度、地质模型实时更新等技术尚未取得实质性突破；在煤岩界面尚难以取得实质性突破的前提下，基于"透明地质"与综采装备群位姿信息是实现工作面智能开采的一条捷径。

（3）智能精准控制尚未实现。传统液压油缸的控制精度难以满足工作面智能开采需要，研发适用于采煤工作面的数字油缸，是实现采煤机自适应截割、液压支架精准拉移的关键。

（4）煤机装备的可靠性及自适应控制技术有待突破。采煤机、刮板输送机的可靠性仍然较低，部分核心零部件仍然需要依赖进口，制约了工作面常态化智能开采；采煤机尚未实现智能自适应截割，液压支架与围岩的自适应控制技术有待提升，工作面环境及煤机装备参数的感知信息尚不完善。

（5）智能化开采技术对复杂煤层条件适应性差，综采设备群智能协同控制效果有待提升。现有工作面智能化开采技术对于西部矿区赋存条件简单煤层适应性较好，但对于大倾角、高瓦斯、顶底板松散破坏围岩条件的适应性较差；液压支架、采煤机、刮板输送机等设备的单机自动化、智能化水平较高，但不同设备之间的协同控制效果仍然较差，部分功能有待完善。

（6）综放工作面智能化放顶煤技术一直未能有效突破。传统基于音频信号、伽马射线、雷达等技术的顶煤冒落过程识别技术实际工程应用效果不理想，基于地质模型与顶煤放出量监测的智能放煤技术也存在诸多技术瓶颈，现有技术尚难以实现顶煤放出过程的智能化控制，制约了综放工作面实现智能化。

（7）工作面端头支架、超前支架智能化水平较低。由于工作面端头支护区域面积大、设备多、连接关系复杂，端头支架与超前支架难以实现定姿、定位及自适应控制，单元式超前液压支架搬移、支护过程多依赖人工操作，自动化、智能化水平相对较低。

（8）工作面设备的智能决策能力有待提升。工作面通过采用各类传感器、摄像头等能够对开采环境进行一定程度的感知，但相关感知信息的有效利用率较低，不同类型感知信息的融合分析效果较差，尚未形成完善的感知、分析、决策、控制闭环管理。

（9）综采工作面设备群协同控制水平仍较低。综采工作面各设备的自动化水平普遍较高，但设备之间尚未实现深度融合控制，开发不同设备之间的关联控制逻辑模型与决策控制机制，是切实提高采煤工作面智能化水平的关键。

1.2　采场围岩控制理论与技术

1.2.1　采场围岩控制理论发展历程

工作面煤层开采之后，煤岩体中的原始地应力场受到开采扰动的影响，工作面围岩受到采动应力场、原岩地应力场、支护应力场等多种应力场的叠加，当围岩受到的应力状态大于其强度极限时，顶板岩层发生断裂、垮落与再平衡，因此，研究大采高工作面顶板岩层的垮落、运动规律及围岩与液压支架的相互作用关系，从而为工作面安全高效支护奠定基础。

在工作面上覆岩层结构理论研究初期，德国学者 W. Hack 和 G. Gillitzer 于1928 年提出了压力拱假说，该假说定性地说明了上覆岩层的自承载能力，但没有能够解释顶板岩层变形、破坏、垮落的过程以及围岩与液压支架的相互作用关系。

德国研究学者施托克于 1916 年提出了悬臂梁假说，认为顶板岩层可简化为梁，在矿山压力作用下，梁体发生断裂，其一端固定于工作面前方，类似于"悬臂梁"，悬臂梁发生周期性有规律的断裂、失稳，形成周期来压。该假说首次将顶板岩层视为梁体，对工作面前方应力集中形成超前支承压力进行了很好的解释，并且分析了悬臂梁周期断裂形成的周期来压现象，但没有将工作面超前支承压力与顶板岩层断裂、周期来压等联系起来。

比利时学者 A. 拉巴斯于 1947 年提出了预成裂隙假说，该假说很好地说明了煤层及工作面上部岩层发生超前破坏的原因，但没有能够很好地解释工作面的周期来压现象及来压规律。

苏联学者库兹涅佐夫于 1950—1954 年提出了铰接岩块假说，该学者利用实验室试验对工作面顶板岩层的垮落、冒落规律进行了深入研究，很好地解释了工作面发生周期来压的现象，首次提出了煤层直接顶厚度的计算公式，说明了液压支架承受载荷的来源、顶板下沉量与顶板运动的关系。

我国学者对综采工作面顶板岩层运动规律、冒落形态及矿山压力显现规律进行了广泛而深入的研究，取得了一批很有意义的研究成果，指导我国综合机械化开采技术持续更新、进步。20 世纪 80 年代初，钱鸣高院士在基于上述国外学者提出的铰接岩块假说和预成裂隙假说，对工作面上覆岩层的断裂结构进行了深入研究，认为工作面上覆岩层断裂后形成类似于"砌体梁"的自承载结构形式，并基于"砌体梁"自承载结构提出了关键层理论，构建了砌体梁力学模型（图 1-5），深入研究了"砌体梁"自承载结构形成的条件及关键层的辨别方法，分析了液压支架与围岩的相关作用关系，得出了液压支架合理工作阻力计算的采高倍数方法，在一定程度上解释了工作面采场来压、液压支架与围岩相互作用关系等问题。

20 世纪 80 年代初，宋振骐院士基于大量现场实测数据建立了"传递岩梁"力学模型（图 1-6），基于顶板岩层的断裂运动规律提出了工作面来压的预测方法，研究了工作面矿山压力控制技术，并开发了工作面围岩控制效果后评价技术。认为液压支架对于顶板岩层的控制存在两种形式：给定变形与限定变形，并通过深入分析两种结构形式的形成条件，得出了两种结构形式形成的理论判据，为工作面围岩稳定性控制提供了现场实测数据支撑。

20 世纪 80 年代中后期，钱鸣高和朱德仁等研究学者建立了岩层断裂的弹性基础梁力学模型，基于 Winkler 的弹性基础梁，进行了大量 Kichhoff 板破断失稳的力学分析与计算，并在 1995 年建立了"砌体梁"全结构模型及力学分析，得出了"砌体梁"的形态和受力的理论解。

2000 年前后，我国开始了大采高及超大采高综采技术与装备的研究，赵宏珠通过分析 3.5~5.0 m 综采设备的使用过程，认为开采高度增加后对工作面上覆岩层的断裂、垮落产生巨大影响，直接顶板断裂、冒落后对采空区充填效果较

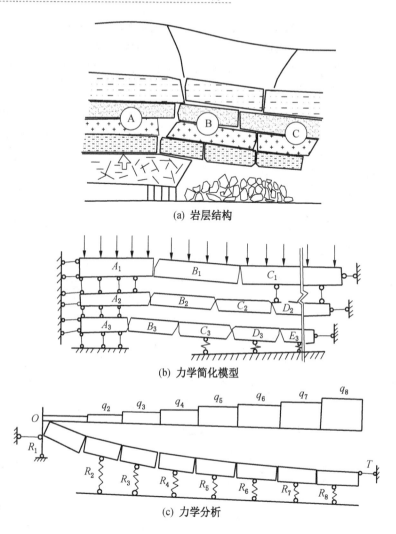

(a) 岩层结构

(b) 力学简化模型

(c) 力学分析

图 1-5　砌体梁力学模型

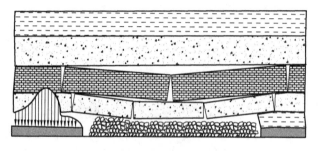

图 1-6　"传递岩梁"结构模型

差，上部基本顶板的运动空间随着开采高度的增加而增大。当工作面开采高度达到 6.5 m 时，采空区的自由空间在整个工作面回采过程中将始终存在，并且不小于 3.0 m。通过总结分析得出了大采高液压支架合理工作阻力的计算公式。

针对基本顶板为坚硬岩层条件，认为岩层断裂形成的矿山压力显现剧烈，得出液压支架工作阻力的计算公式如下：

$$P_硬 = \frac{100M}{1.2M + 2} \cdot \gamma \cdot s \cdot c \tag{1-1}$$

针对基本顶板为中等坚硬岩层条件，认为岩层断裂形成的矿山压力显现为比较明显，得出液压支架工作阻力的计算公式如下：

$$P_中 = \frac{100M}{1.6M + 3.6} \cdot \gamma \cdot s \cdot c \tag{1-2}$$

式中，$P_硬$ 为基本顶板为 III 级时的支架合理工作阻力；$P_中$ 为基本顶板为 II 级时的支架合理工作阻力；M 为综采面机采高度；γ 为上覆岩层的容重；s 为支架对直接顶板岩层的支护面积；c 为上覆岩层的导水裂隙带修正系数。

弓培林、靳钟铭等对大采高综合机械化开采工作面上覆岩层的断裂结构及运动规律进行了深入研究，认为关键层的层位及破断特征直接影响工作面上覆岩层的断裂高度及矿山压力显现规律，关键层对矿山压力显现起决定性作用。由于开采高度增加导致采动影响范围大幅增大，关键层层位将随采高的增加而发生显著变化，尤其针对机采高度大于 3.5 m 的大采高或超大采高综采工作面，其上覆岩层断裂高度明显增大。

靳钟铭等通过对大采高工作面进行现场观测、理论分析及数值模拟分析，研究了大采高综采工作面的矿山压力显现规律、超前支承压力影响范围、峰值点位置等，认为大采高综采工作面基本顶来压较普通综采工作面更加剧烈，工作面煤壁片帮、冒顶更加严重，液压支架普遍存在动载冲击现象。

王国法、庞义辉等通过对大量西部矿区大采高工作面矿山压力显现数据进行统计分析，研究了大采高工作面顶板岩层断裂结构及煤壁片帮特征，详细分析了液压支架与围岩的强度、刚度、稳定性耦合作用原理及围岩控制技术，提出了影响液压支架对围岩控制的 6 个可控因素分别是初撑力、工作阻力、合力作用点、水平力、梁端距、工作面推移速度，研究了液压支架对围岩控制效果的评价方法。

伍永平通过对新疆艾维尔沟煤矿 5 号煤层大采高综合机械化开采工作面顶板运动规律进行研究，发现了工作面矿山压力呈现大小交替发生的现象，并利用相似模拟试验方法进行了验证与反演，研究了工作面前方支承压力变化规律及顶板发生切顶的力学机理，分析了超前支承压力变化规律与顶板来压的相互关联关系。

王家臣针对"两硬"大采高煤层赋存条件进行力学分析与实验研究，建立了顶板初次垮落的弹性薄板力学模型，研究了沿工作面长度方向不同区域顶板岩层分段来压的特点，分析了顶板岩层迁移来压的原因，对比分析了工作面中部与端头区域矿山压力的特点及差异，得出了工作面不同区域顶板来压强度存在差异的原因。

1.2.2 坚硬顶板控制技术

目前，针对采场坚硬顶板国内普遍采用深孔炸药爆破、水力压裂、CO_2气相爆破压裂等技术手段破坏顶板现有结构，从而削弱其整体性，达到降低周期垮落步距和来压强度的目的。以上几种技术手段各具特色，适用于不同的坚硬顶板处置需求。

1.2.2.1 深孔炸药爆破技术

利用炸药爆炸所产生的冲击载荷作用在孔壁岩石上，岩石在拉压混合爆破载荷作用下，形成由内至外的扩腔区、压碎区、裂隙区和震动区，从而破坏围岩的整体性。该技术适用于裂隙不发育的坚硬顶板条件，但当瓦斯浓度较高或煤层具有爆炸倾向性，采用炸药爆破方式控制顶板岩层时，需要采取防止煤尘瓦斯爆炸的措施。主要材料及设备包括凹槽被筒、风动封孔器等，如图1-7所示。

(a) 凹槽被筒   (b) 风动封孔器

图1-7 深孔炸药爆破材料及设备

该技术已在山西、内蒙古、淮南等地的30余家煤矿坚硬顶板、坚硬顶煤的弱化治理中得到广泛应用，取得了良好的应用效果。

1.2.2.2 定向水力压裂技术

对于坚硬顶板而言，定向水力压裂可控制裂隙初始扩展方向，使高压水在切槽尖端形成集中应力，促使岩体在切槽尖端破裂与裂隙扩展。该技术适用于岩层完整度较高、裂隙较发育的顶板条件。与爆破控顶相比，水力压裂控顶具有费用低、安全性高、施工速度快等特点，对于消除初次来压冲击载荷、防止采空区

"瓦斯库"的形成、增加切眼处顶煤回收率有积极作用。

通过晋城王台铺煤矿 15 号煤石灰岩顶板水力压裂实践表明，水力压裂技术能够有效控制顶板岩层的垮落，初次垮落步距约为 26 m，周期来压现象不明显，顶板垮落紧随工作面支架，说明水力压裂能使其及时分层分次垮落，减小对工作面支架的动力冲击，保证了工作面安全回采。

通过铁北煤矿坚硬顶煤及顶板水力压裂弱化实践表面，水力预裂后支架后方大块岩石明显减少，每米放煤量增加 400 t，初次垮落步距由压裂前的 38.3 m 降至 26 m，压裂前周期来压步距为 13.7 m，压裂后无明显周期来压显现。

1.2.2.3　CO_2 气相爆破压裂技术

CO_2 气相压裂技术原理为在高压管起爆头接通引爆电流后，活化器内的低压保险丝引发快速反应，使管内的二氧化碳迅速从液态转化为气态，体积瞬即膨胀达 600 多倍，管内压力最高可剧增至 270 MPa，二氧化碳气体透过径向孔，迅速向外爆发，沿裂隙面压裂岩层。主要设备包括自动化快速充装机、拆装机、储液桶及联排充装架及 CO_2 压裂器等。该技术比传统的炸药爆破更安全，不易产生大量粉尘且可控性好，但由于致裂成本高，主要应用于炸药供应紧缺或禁止炸药爆破的井下致裂场所。

CO_2 气相爆破压裂技术在 6 个煤矿超前切顶预裂中应用，爆破后噪声低，巷道振动小，对巷道稳定性影响小，爆破范围在 1m 左右，切顶效果良好。

1.2.3　三软煤层围岩控制技术

工作面顶板岩层受断层、褶曲等地质构造影响易变形破碎，由于岩层内部岩体失去结构约束，当工作面回采揭露时极易发生失稳，造成端面冒顶，严重影响作业安全及回采进度。对于顶板岩层加固技术主要采用注浆方式，使破碎岩体内形成网络骨架结构，充填裂隙弱面并提高其黏聚力和抗拉强度，提升破碎岩体的整体性。

对于松软破碎煤层而言，煤壁片帮是影响安全高效生产的重要因素。片帮防治的关键首先在于减小回采作业对煤壁的扰动，降低超前煤体裂隙发育扩展范围，主要技术措施包括：降低割煤高度、加快工作面推进速度、超前带压拉架、保证液压支架初撑力、及时打设护帮板等；其次提高煤体自身承载力，根据不同的煤质及结构特征，通过注浆、注胶、注水等方式改变煤层的物理力学性质，提高煤体的抗拉、抗剪强度。

针对常村矿 N_{1-3} 孤岛高瓦斯工作面回撤通道的安全稳定难题，防止造成空顶区域发生冒顶，对现场造成隐患，采取深孔预注浆措施对 N_{1-3} 工作面收尾段煤体及顶板进行加固，以保证矿井生产的顺利进行。通过添加水泥改性剂后，黏结面黏结强度显著提高，通过停采线注浆前后的效果比较，注浆效果良好，保证了工作面末采期间的正常回采（图1-8）。

(a) 注浆前煤壁　　　　　　　　　　　　　(b) 注浆后煤壁

图1-8　工作面煤壁注浆前后对比情况

1.3　液压支架与围岩耦合作用原理

1.3.1　液压支架与围岩相互作用关系发展历程

　　采用机械化、自动化和智能化等手段将煤炭高效采出的关键前提是液压支架要能为其提供安全、稳定的动态作业空间。纵观我国机械化采煤的发展史，在引进国外产品的初期阶段，由于对采场顶板活动规律及支架与围岩两者相互作用关系的认识不清，缺乏研制围岩支护装备的理论，多次出现了因液压支架不适用煤层地质条件而导致的严重事故。国内外学者对支架与围岩关系的认识和研究也是一个逐步深入的过程，二者的关系一直是采矿基础理论研究的重要部分。20世纪50年代初，舍维亚科夫提出将"支架-岩石"作为统一的体系来研究。钱鸣高在1978年的一篇文章中指出，应把采场围岩与支架一并视为结构，围岩是总体上的大结构，支架是其中的小结构，要使小结构的参数和性能适应大结构。

　　1979年2月，煤炭科学技术编辑部组织专家深入讨论了"支架-围岩"关系，认为支架与围岩关系的本质是研究支架的结构特征和力学特性，使其能够适应顶、底板的运动规律，并对三种类型的顶板提出了分类方案。

　　石平五等基于能量法分析了"支架-围岩"的相互作用关系，提出将"支架-直接顶"视为整体结构，以此建立了控顶距范围内的直接顶与支架力学模型，得到支架支护强度应不小于直接顶非周期来压和周期来压形成的动能之和产生的作用力。

　　史元伟等将岩层假设为层状弹性梁，采用组合结构有限元通用程序分析了支架与围岩关系，计算结果显示造成梁端冒落的主要原因是顶板形成了较高的应力集中，支架不能阻止顶板破坏区域的形成，但由于支架能够对顶板提供水平作用力，一定程度上能够起到限制裂隙持续增大的趋势，可以减小应力集中的程度。

钱鸣高等认为支架阻力主要受到基本顶和直接顶的影响，它与顶板下沉量呈近似抛物线关系，支架不能改变基本顶的最终下沉，但在支架、基本顶和直接顶三者相互耦合作用下，一定程度上可以影响下沉量的大小。

王国法提出了支架与围岩的稳定性耦合原理，并将耦合系统的失稳分为四类：①顶板方面，主要是指基本顶的断裂和直接顶的冒落；②底板方面，主要是指底板的变形、底鼓、滑移；③煤帮方面，主要是指煤壁的片帮；④支架方面，主要是指液压支架的倾倒、变形和断裂。通过对酸刺沟煤矿压死架事故产生原因的分析，指出不仅要确保支架具有足够的刚度和强度，还必须确保支架自身的稳定性，才能实现支架与围岩处于良好的适应性。

现有研究成果深入分析了支架的各种失稳形态，提出了很多改善措施，但所建立的支架稳定性力学模型以大倾角工作面场景为主，走向倾角工作面场景涉及的少。若从静态和动态以及支架是否承受顶板载荷角度来讲，以上研究成果侧重于支架静态时的空载和承载状态。此外，力学模型没有考虑顶梁全长度范围内外载荷与支架失稳的关系，以及推移机构对支架稳定性的影响。

支架的运动学关系是开发支架位姿监测系统、实现位姿智能控制的理论基础，部分学者采用无线微功耗自供电位姿传感器、基于灰色理论的液压支架记忆位姿监测方法、LabVIEW 的矿用液压支架位姿监测系统、光纤传感技术、小波滤波技术等对支架位姿进行了监测。建立了支架的机、电、液联合仿真模型，基于教学优化算法设计了支架位姿控制器，仿真结果表明所设计的位姿控制器能够很好地控制支架位姿。动力学方面，部分学者采用 SolidWorks 和 Adams 建立了支架三维模型和虚拟样机，通过动态仿真得到顶梁、掩护梁和前后连杆等主要部件的质心位移、速度和加速度曲线。

1.3.2 液压支架载荷分类分析

通过对大采高工作面矿山压力实测结果进行分析，发现埋深较浅、基岩层厚度较大的大采高工作面顶板来压具有明显的动载矿山压力及大小周期来压特征，液压支架是综采工作面支撑顶板、防护煤壁片帮的主要支护结构物，其承受顶板岩层载荷的类型、大小、方向、作用点及载荷传递过程等对工作面安全生产起决定作用。基于大采高工作面矿山压力实测结果，顶板岩层断裂传递至液压支架上的载荷可以分为两类：①静载荷，液压支架为了防止顶板岩层结构失稳而施加给岩层的载荷；②动载荷，顶板岩层断裂瞬间或顶板岩层积聚的弹性变形能瞬间释放而施加给液压支架的载荷。液压支架针对顶板岩层施加的静、动载荷，其响应方式也主要有两种：①主动承载，液压支架对顶板岩层施加一定的主动初撑力与被动工作阻力，防止顶板岩层发生离层或失稳，提高顶板岩层的自承载能力；②被动让载，当顶板岩层断裂失稳或积聚的弹性变形能突然释放形成较大的冲击动载荷时，液压支架安全阀开启泄液，进行被动让压，当顶板岩层形成自承载结构时及时关闭进行保压，充分利用围岩的自承载能力，如图 1-9 所示。

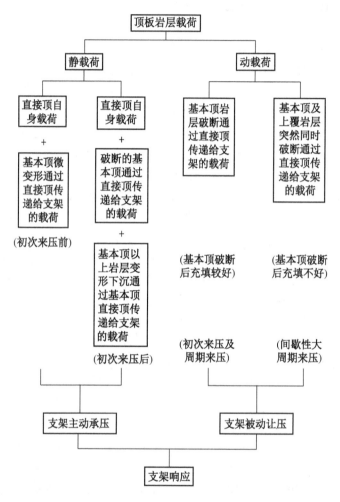

图 1-9　液压支架载荷分类分析

通过对大量因动载矿压导致液压支架压死的安全事故进行分析发现，若压架事故是由于顶板岩层结构形成的静载荷引起的，则一般可归咎为液压支架结构参数不合理、初撑力不足、工作阻力偏小等因素；较大的压架事故一般是由于顶板岩层断裂瞬间形成的冲击动载荷引起，而冲击动载荷的大小、方向、作用点主要与顶板岩层破断结构形式、失稳方式及顶板岩层与液压支架的相对位置等有关，绝不能简单认为是由于液压支架工作阻力不足引起的。

　　由于顶板岩层结构断裂失稳形成的冲击动载荷一般均为顶板岩层重量的 n 倍，液压支架的支护强度与结构强度难以承受如此巨大的载荷，因此，液压支架应既具有一定的强度和刚度，通过主动承载维护顶板岩层断裂结构的稳定性，同时还应具有一定的可缩性，通过合理让压充分利用围岩的自承载能力。由于煤层开挖导致围岩破坏失稳对液压"支架–围岩"系统的稳定性起决定作用，液压支架通过调整受力状态进行主动承载与被动让载，可以在一定程度上影响并适应围岩运动。

1.3.3　液压支架与围岩的强度耦合关系

　　围岩的强度主要指围岩在原岩应力场、采动应力场及支护应力场作用下抵抗破坏的能力；液压支架的强度则主要指液压支架对围岩的支护强度以及在围岩载荷作用下支架自身结构件抵抗破坏的能力。液压支架与围岩的强度不仅与自身的材料属性相关，还受到加、卸载方式的影响。液压支架与围岩的强度耦合关系如图 1-10 所示。

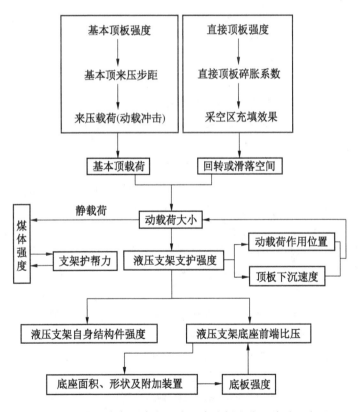

图 1-10　液压支架强度与围岩强度的耦合作用关系示意图

当外部载荷为定值时（煤层厚度、倾角、埋深、覆岩结构及工作面采高、长度等确定时），基本顶板岩层的强度直接影响基本顶板岩层的断裂长度，即决定基本顶板的来压步距，从而影响基本顶板断裂失稳的始动载荷（断裂的基本顶板岩层重量）；直接顶板岩层的强度直接影响直接顶板破碎后块度的大小，即决定直接顶板岩层的碎胀系数，从而影响破碎的直接顶板岩层对采空区的充填效果。

由于直接顶板岩层的强度直接影响采空区的充填效果，即决定了基本顶板岩层发生回转或滑落的"给定变形"值，而基本顶板岩层的强度则决定了基本顶板岩层的始动载荷，二者共同决定了顶板岩层断裂失稳形成的静载荷及冲击动载荷大小。为了维护工作面安全作业空间，液压支架应具有合理的初撑力与工作阻力，从而维护液压支架-围岩系统的整体稳定性。

直接顶板与基本顶板岩层形成的静载荷与动载荷施加于工作面前方煤体，工作面前方煤体的强度决定了工作面煤壁是否发生片帮，同时要求液压支架应具有合理的护帮力及初撑力（降低顶板岩层对煤壁的压力）。

基于钱鸣高院士提出的"给定变形"理论，液压支架对顶板施加的初撑力及工作阻力难以改变顶板岩层的最终下沉量，但可以影响顶板岩层的下沉过程及时间，从而影响顶板岩层的下沉速度及动载荷的大小、作用位置，降低顶板动载荷的大小（顶板下沉速度直接影响顶板动载荷的大小）及对支架的影响。

基于液压支架设计理论，液压支架的支护强度直接影响液压支架自身结构件的强度及底座前端比压，同时可以通过对液压支架底座面积、形状及附加装置进行优化设计，从而适应底板岩层的强度。

根据上述分析，当工作面开采高度、工作面长度、推进速度等参数一定时，围岩的强度决定了工作面覆岩破断失稳形成的载荷，而液压支架的支护强度和结构强度可以适应并改变围岩的载荷大小及作用位置，液压支架与围岩之间的相互作用关系符合两种不同介质的相互依存、相互作用与相互影响条件，即可以将二者之间破坏失稳的关系称为强度耦合关系。

1.3.4 液压支架与围岩的刚度耦合关系

液压支架的刚度主要由支架钢材的刚度、组装配合间隙及销轴刚度、支架立柱的刚度，通过大量的实验室试验发现，液压支架的整体刚度主要由支架立柱的刚度决定，其前两部分刚度值对支架的整体刚度影响较小。基于液压支架的力学特性，一般可以将液压支架简化为具有一定刚度的弹性滑移体，根据液压支架存在的增阻升压、恒阻稳压及冲击载荷卸压的工作特性，又可以将液压支架的刚度细分为增阻刚度、恒阻刚度、冲击刚度三种。

围岩的刚度主要指围岩在原岩应力场、采动应力场、支护应力场"三场"

耦合作用下抵抗变形的能力，围岩的刚度又可以分为破坏前的刚度和破坏后的刚度。由于基本顶板一般为硬度、厚度较大的岩层，其发生破坏后块度较大、整体性较强，一般将其视为可发生滑落失稳与回转失稳的刚体；直接顶板与直接底板一般为厚度不大、强度较小的泥岩或泥质砂岩，在工作面开挖过程中极易发生破坏，因此可将其视为可压缩的损伤破坏体，采空区顶板冒落的矸石具有一定的碎胀系数与压实系数，因此一般也将其视为可压缩的损伤破碎体，液压支架与围岩的刚度耦合模型如图 1-11 所示。

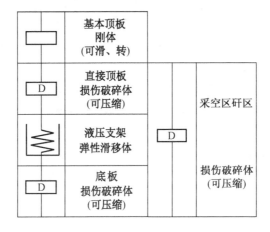

图 1-11　液压支架与围岩的刚度耦合关系

　　基于上述液压支架载荷分类分析结果，液压支架压架事故多由顶板岩层断裂瞬间形成的冲击动载荷引起，而冲击动载荷的大小、方向及作用点主要受基本顶板岩层破断块体的重量、回转或滑落空间及液压支架的支护强度与刚度影响。针对特定的煤层赋存条件及开采技术参数，基本顶板的来压步距及随动岩层重量一般为定值，其最终回转变形量则受到直接顶板厚度、强度的影响，直接顶板—液压支架—底板岩层的组合刚度虽然不能改变上覆岩层的最终变形量，但可以影响上覆岩层断裂失稳时与液压支架的相对位置，从而影响顶板冲击动载荷的作用位置，不同直接顶板—液压支架—底板岩层的组合刚度对基本顶板断裂位置的影响如图 1-12 所示。

　　由于基本顶板岩层一般视为可发生回转或滑落失稳的刚体，而直接顶板、直接底板一般视为可压缩的损伤破碎体，液压支架为弹性滑移体，因此基本顶板岩层的断裂位置一般位于工作面前方。由于基本顶板岩层的断裂位置不仅与液压支架的支护强度与刚度有关，还受直接顶板与直接底板岩层刚度的影响，因此，单独分析液压支架对基本顶板岩层断裂位置的影响意义不大，应将直接顶板、液压

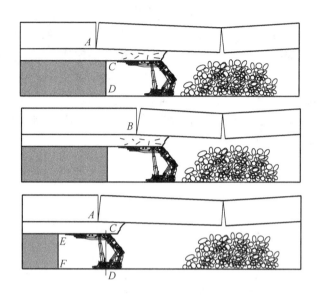

图 1-12　支架与围岩组合刚度对顶板岩层断裂位置影响

支架与直接底板视为一个整体，该组合体的组合刚度对基本顶板断裂位置有显著影响。

假设直接顶板—液压支架—直接底板岩层为纯刚体，即相当于工作面前方未开挖的实体煤，则此时基本顶板岩层的断裂位置应由图 1-12 中的 A 点偏移至 B 点，即相当于液压支架推移至图 1-12 中的 E—F 位置时基本顶板岩层发生断裂，此时断裂的基本顶板形成的冲击动载荷对液压支架的影响很小，液压支架很快便可以脱离基本顶板断裂失稳形成的强矿山压力区，即提高液压支架与围岩系统（直接顶—支架—底板）的组合刚度，可以对支架与顶板岩层断裂点的相对位置关系产生影响，从而减少顶板岩层对液压支架的载荷，将矿山压力甩入采空区，降低冲击动载荷对工作面的影响。

当工作面的直接顶板与直接底板确定后，可通过适当提高液压支架的初撑力（主动支护作用力）来提高液压支架的初撑刚度，并通过对直接顶板与直接底板的充分压缩，防止直接顶板发生离层，提高二者的刚度，从而提高直接顶板—液压支架—直接底板的组合刚度，影响基本顶板冲击动载荷对液压支架的作用位置。

另外，提高液压支架—直接顶板—底板系统的组合刚度，还可以对顶板断裂岩层的回转或滑落失稳速度产生影响，从而有效降低基本顶板岩层断裂失稳形成的冲击动载荷。由于基本顶板岩层最终将不可避免地发生回转或滑落失稳，液压支架应在顶板岩层断裂前维持较高的强度与刚度，最大限度影响顶板岩层冲击动载荷的作用位置及大小，但当顶板岩层形成较大的冲击动载荷时，液压支架还应具有合理的可缩性，进行及时地让压，适应基本顶板变形，充分利用围岩的自承载能力，保障井下工人在工作面的临时安全生产空间。

1.3.5　液压支架与围岩的稳定性耦合关系

液压支架的稳定性是指液压支架在受到围岩断裂失稳形成的矿山压力后仍然能够保持较好的支护状态，不会产生压架、倒架、咬架或支架结构件损坏等事故，其稳定性又可细分为几何稳定性、结构稳定性与系统稳定性。围岩的稳定性主要是指围岩的断裂、垮落及结构的失稳。

煤层开挖打破了工作面原岩地应力平衡状态，在采动应力场与支护应力场的作用下围岩发生断裂、冒落等失稳，在煤层角度较大的大倾角或急倾斜工作面，工作面底板岩层与顶板岩层均非常容易发生失稳，诱发液压支架发生失稳，并最终导致工作面液压支架与围岩系统整体发生失稳，如图1-13所示。

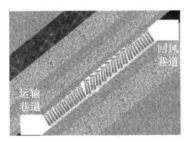 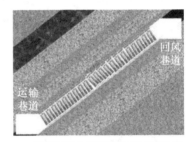

(a) 煤层底板失稳诱发液压支架失稳　　　(b) 煤层顶板失稳诱发液压支架失稳

图1-13　围岩失稳诱发液压支架失稳

超大采高工作面由于机采高度增大，液压支架的尺寸、重量等均显著增加，且开采高度增大导致顶板岩层极易发生动载冲击，超高煤壁的自稳定性下降，极易发生煤壁片帮冒顶事故，超大采高液压支架受到顶板岩层动载冲击及偏载的概率急剧上升，其重型、复杂结构的稳定性控制难度很大。

工作面煤层开挖导致围岩发生动态失稳，液压支架虽然不能改变围岩的最终下沉量，但可以通过液压支架与围岩的强度、刚度耦合关系适应并影响围岩的运动过程。液压支架与围岩系统稳定性耦合的终极目的是通过提高液压支架自身的稳定性来适应围岩的稳定性（图1-14），其中围岩发生动态运动失稳是绝对的，工作面安全控制是相对的，煤层赋存条件及开采技术参数是支架与围岩系统稳定性控制的前提，液压支架结构参数优化是保证液压支架与围岩系统稳定性的关键，其最终目的是保障工人在工作面的临时安全作业空间。

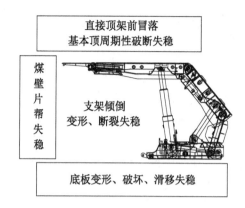

图 1-14   液压支架与围岩的稳定性耦合关系

1.4   采煤工作面智能化开采模式

1.4.1   薄及中厚煤层智能化无人开采模式

薄煤层在中国广泛分布，其储量约占煤炭资源总储量的 20.42%，由于薄煤层普遍存在厚度变化较大、赋存不稳定、工作面作业空间狭小、设备尺寸与能力的矛盾突出等问题，导致许多矿区大量弃采薄煤层，造成资源浪费。针对薄煤层工作面存在的上述问题，开发薄煤层刨煤机智能化无人开采模式与滚筒采煤机智能化无人开采模式，可有效改善井下作业环境，提高煤炭资源回采率。

对于煤层厚度小于 1.0 m、赋存稳定、煤层硬度不大、顶底板条件较好的薄煤层，应优先采用刨煤机智能化无人开采模式，如图 1-15 所示。

（1）工作面两侧巷道一般沿煤层底板布置，由于刨煤机的机头尺寸较大，巷道断面尺寸一般也比较大；且刨煤机的截割高度远小于巷道断面高度，巷道两端头需要采用带侧护板的特殊端头液压支架进行支护；为了降低巷道端头与超前液压支架的作业劳动强度，可采用基于电液控制系统的遥控式操作，由端头液压支架发送邻架控制命令，启动转载机控制器执行准备阶段动作，转载机控制器进行声光报警，在端头液压支架执行推溜动作与转载机控制器执行前移阶段动作共同完成转载机自移功能，以超前支架电液控制为基础进行远程遥控，实现快速移架。

（2）配套智能截割刨煤机及控制系统，能够实现"双刨深"刨煤工艺自动往复进刀刨煤、两端头斜切进刀往复刨煤、混合刨煤、刨煤速度与深度智能自适应调整，按照超前规划的截割路径进行记忆截割自动控制；通过与智能变频刮板

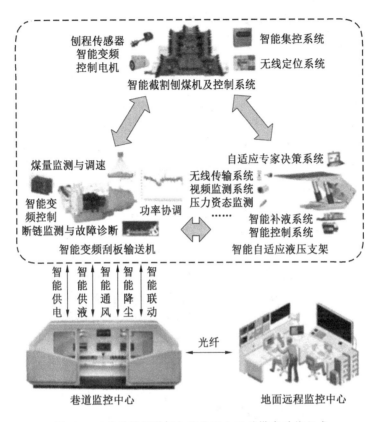

图 1-15 薄煤层刨煤机智能化无人开采模式系统组成

输送机进行智能联动控制，实现刨煤机刨煤速度的智能调控及刮板输送机的功率协调与智能调速；通过与智能自适应液压支架进行智能联动控制，实现刨煤机的无线精准定位及支架的自动推移。

（3）配套智能自适应液压支架及控制系统，通过压力与姿态监测、视频监控系统、无线传输系统等实现液压支架支护状态的智能监测；通过自适应专家决策系统对监测信息进行智能分析与决策，并通过智能补液系统、智能控制系统等对液压支架进行智能操控，实现液压支架对围岩的智能自适应支护及对刮板输送机的精准推移，从而对刨煤机的刨深进行精准控制。

（4）配套智能变频刮板输送机及控制系统，通过煤量监测系统、智能变频控制系统对刨煤机截割后的煤量进行智能监测，并实现刮板输送机的智能调速；通过断链监测与故障诊断系统对刮板输送机的运行状态进行智能监测，实现刮板输送机的故障预警与远程运维。

（5）按照薄煤层刨煤机斜切进刀割三角煤及双向割煤的工艺、工序对刨煤机的截割路径进行超前规划，实现刨煤机上行与下行双向自动刨煤；基于工作面直线度监测结果，采用局部刨深自动调控技术对刨煤机的刨深进行自动修正，维护工作面的直线度。

（6）配套智能供电系统、智能供液系统、智能通风系统、智能降尘系统等，对工作面开采过程提供综合保障，将刨煤机、刮板输送机、液压支架的监测数据、视频、音频等信息上传至巷道监控中心，实现在巷道监控中心对工作面运行状态进行监测与控制，并将相关信息通过光纤上传至地面远程监控中心，实现工人在井上对井下工作面运行状态的监测与控制。

由于煤层厚度小于 1.0 m 的薄煤层工作面空间狭小、人工作业困难，采用薄煤层刨煤机智能化无人开采模式可以将工人从井下狭小的作业空间中解放出来，同时提高工作面的开采效率与回采率。目前，薄煤层刨煤机智能化无人开采模式已经在铁法小青矿、临矿集团田庄煤矿等应用，实现了井下工作面的智能化、无人化开采，取得了很好的技术进步与经济效益。

对于煤层厚度大于 1.0 m、赋存条件较优越的薄及中厚煤层，则应优先采用滚筒采煤机智能化无人开采模式，与刨煤机智能化无人开采模式相比，主要是采用了基于 LASC 系统的采煤机定位导航与直线度自动调控技术、基于 4D-GIS 煤层建模与随采辅助探测的采煤机智能调高技术，实现采煤机对煤层厚度的自适应截割，如图 1-16 所示。

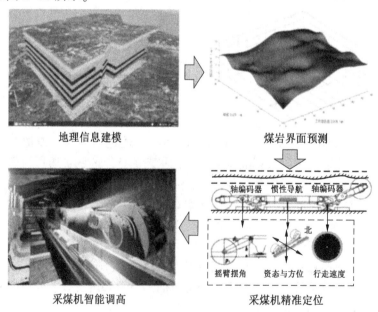

图 1-16 采煤机定位导航与智能调高技术

为了适应薄煤层工作面狭小作业空间对采煤机尺寸的要求，采用扁平化设计，降低采煤机的机面高度，并采用扁平电缆装置，提高采煤机的适应性。基于矿井地质勘探信息建立待开采煤层的 4D-GIS 信息模型，并在巷道掘进过程中采用钻探、物探等技术对待开采煤层的煤岩分界面进行辅助探测，基于实际探测结果对 4D-GIS 信息模型进行修正，实现对煤岩分界面的预知预判；采用惯性导航技术对采煤机的行走位置及三维姿态进行实时监测，并利用轴编码器对采煤机的位置进行二次校验；基于上述煤岩界面预测结果对采煤机的截割路径进行规划，并根据采煤机的精准定位及煤岩界面预测结果对采煤机摇臂的摆动角度进行控制，满足工作面不同位置采煤机截割高度的变化，实现采煤机截割高度的智能调整，如图 1-17 所示。

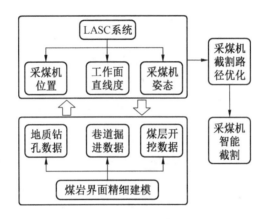

图 1-17　采煤机智能截割控制逻辑

采煤机的智能调高还可以通过惯性导航+煤岩界面识别技术实现，国内外学者曾对煤岩界面识别技术进行了广泛而深入的研究，提出了振动识别、红外识别、太赫兹识别等，但相关研究成果尚不能满足井下应用的要求。

通过对采煤机的截割高度、速度、支架推移量等信息进行监测，可以计算获取采煤机的理论瞬时落煤量及刮板输送机的煤流赋存量。基于监测的刮板输送机电机输出转矩值，对刮板输送机进行实时调速。刮板输送机智能调速控制逻辑如图 1-18 所示。

智能视频监测系统是实现对工作面开采工况进行实时感知的有效方法，一般每间隔 10 台支架布设两台高清云台摄像仪，一台照向工作面煤壁方向，另一台照向采煤机截割方向，配套视频拼接系统，实现整个工作面作业工况的实时智能感知。

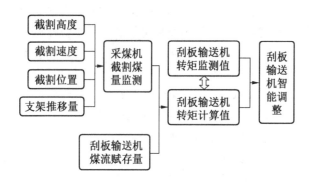

图 1-18　刮板输送机智能控制逻辑

1.4.2　大采高工作面智能高效人机协同巡视模式

对于煤层厚度较大、赋存条件较优越、适宜采用大采高综采一次采全厚开采方法的厚煤层，则可以采用大采高工作面智能高效人机协同巡视模式。由于采煤机一次截割煤层厚度加大，导致工作面围岩控制难度增大，工作面极易发生煤壁片帮冒顶及强动载矿压等安全事故，且重型装备群的智能协同控制难度增大，因此，提出了大采高工作面智能高效人机协同巡视模式理论，其关键技术主要包括基于液压支架与围岩耦合关系的围岩智能耦合控制技术与装备、重型装备群的分布式协同控制技术与装备，其控制逻辑如图 1-19、图 1-20 所示。

综采装备群分布式协同控制的基础是综采设备的位姿关系模型及运动学模型，需要对综采装备群的时空坐标进行统一，并对单台液压支架、液压支架群组、综采设备群组的位姿关系进行分层级建模与分析。基于综采设备群智能化开采控制目标，分析液压支架、采煤机、刮板输送机等主要开采设备之间的运行参数关系，进行综采设备群的速度匹配、功率匹配、位姿匹配、状态匹配等，实现综采装备群的智能协同推进。

采用集成智能供液系统实现工作面供液要求，通过系统平台和网络传输技术将智能供液控制系统有机融合，实现一体化联动控制和按需供液；采用智能变频与电磁卸荷联动控制功能，解决工作面变流量恒压供液的难题；通过建立基于多级过滤体系的高清洁度供液保障机制，确保工作面液压系统用液安全。通过采用液压支架初撑力智能保持系统及高压升柱系统，保障液压支架初撑力的合格率，提高液压支架对超大采高工作面围岩控制的效果。

大采高工作面一般采用采煤机斜切进刀双向割煤截割工艺，其智能控制逻辑与薄及中厚煤层滚筒采煤机智能化无人开采模式类似，而对于采高大于 6.0 m 的超大采高工作面，则工作面液压支架一般采用"大梯度过渡"配套方式，其控

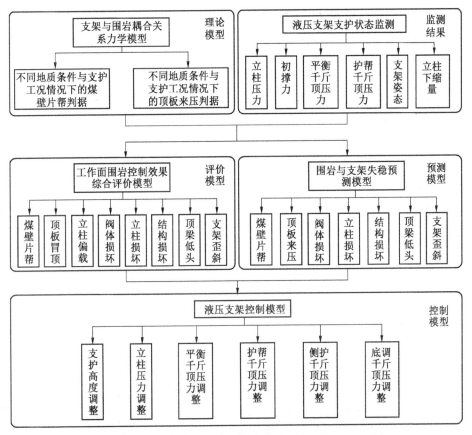

图 1-19　基于智能自适应液压支架的围岩智能控制逻辑

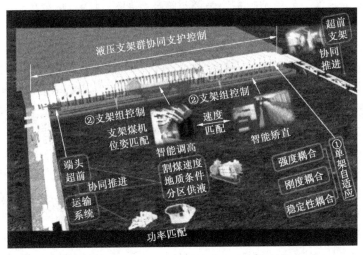

图 1-20　重型综采装备群分布式协同控制策略

制逻辑则更为复杂。由于大采高工作面多为重型装备，且采高增加导致设备稳定性变差，重型装备群之间易发生干涉，现有大采高智能化开采装备的控制精度、智能协同控制精度等尚难以满足无人化开采的要求，因此，大采高工作面智能化开采应以智能化操控为主、工人巡视协同控制为辅。

1.4.3 综放工作面智能化操控与人工干预辅助放煤模式

对于煤层厚度较大、赋存条件较优越、适宜采用综采放顶煤开采方法的厚煤层，可采用综放工作面智能化操控与人工干预辅助放煤模式。由于放顶煤工作面采煤机截割高度不受煤层厚度限制，因此不需要采用采煤机智能调高技术，但仍然需要根据煤层底板起伏变化对采煤机的下滚筒卧底量进行智能控制。综放工作面智能化操控与人工干预辅助放煤模式的核心技术为放顶煤智能化控制工艺与装置，不同放煤工艺控制流程如图 1-21 所示。

根据放顶煤智能控制原理的差异，可根据放煤工艺流程将其分为时序控制自动放煤工艺、自动记忆放煤工艺、煤矸识别智能放煤工艺，其中时序控制自动放煤工艺主要是通过放煤时间及放煤工艺工序对放煤过程进行智能控制，可分为单轮顺序放煤、单轮间隔放煤、多轮放煤等，当放顶煤液压支架收到放煤信号时，将放煤信号发送至放煤时间控制器，对放煤时间进行记录，并将放煤执行信号发送至液压支架控制器，通过打开液压支架放煤机构的尾梁插板进行放煤；当达到预设的放煤时间时，则将停止放煤信号发送至液压支架控制器，通过关闭液压支架放煤机构的尾梁插板停止放煤。由于采用放煤时间控制原理，所以时序控制自动放煤工艺适用于顶煤厚度变化不大的综放工作面。

自动记忆放煤工艺控制则主要是通过液压支架控制器对示范放煤过程进行自记忆学习，并根据学习的示范放煤过程进行自动放煤控制。首次放煤时，需要开启液压支架控制器的学习模式，由人工进行放煤示范，支架控制器对人工示范过程进行记忆学习，并将学习记录的放煤示范数据发送至示范数据分析处理模块，形成自动放煤控制工艺流程，完成人工示范放煤后，关闭液压支架控制器的学习模式，液压支架控制器则将按照自记忆学习形成的自动放煤控制工艺流程执行记忆参数，通过对液压支架放煤机构进行控制实现智能放顶煤。

煤矸识别智能放煤工艺控制则主要是通过煤矸识别装置对液压支架尾梁放出的煤块或矸石进行智能识别，并依据识别结果进行放煤口的开启或关闭操作。当放煤信号传送至液压支架的控制器时，液压支架控制器打开液压支架放煤机构的尾梁插板进行放煤，同时开启煤矸识别装置，当煤矸识别装置的识别结果为煤流时，则继续打开尾梁插板放煤；当煤矸识别装置的识别结果为矸石流时，则关闭尾梁插板，结束放煤操作。目前，基于煤矸识别装置的智能放煤工艺控制尚处于

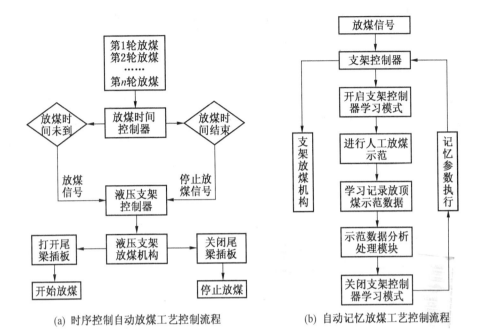

(a) 时序控制自动放煤工艺控制流程　　　　(b) 自动记忆放煤工艺控制流程

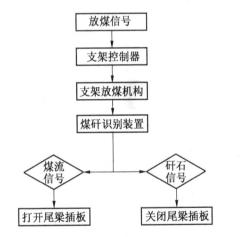

(c) 煤矸识别智能放煤工艺控制流程

图 1-21　智能化放顶煤工艺控制流程

研发试验阶段，由于煤矸识别机理尚存在技术瓶颈，目前还不具备大规模推广应用的条件。

　　由于煤层厚度、硬度、采煤机截割高度等的差异，放煤步距可以分为一刀一放、两刀一放、三刀一放等，放煤方式又可分为单轮顺序放煤、单轮间隔放煤、多轮顺序放煤、多轮间隔放煤、多轮多窗口放煤等，可以根据放煤步距、方式、工艺流程等选择上述智能化放顶煤工艺控制流程的一种或同时采用几种共同进行放煤工艺流程的智能控制。通过采煤机上的红外发射器与液压支架上的接收器实现采煤机与液压支架相对位置的确定，基于采煤机与液压支架的相对位置，在采煤机截割方向提前 3~5 架收回液压支架护帮板，并同时开启智能喷雾装置，采煤机后滚筒截割完成后及时打开液压支架护帮板，推移前部刮板输送机，并利用液压支架智能放煤装置进行放顶煤动作，待智能化放顶煤相关动作完成后，拉移液压支架，完成一个放煤工艺循环，综放工作面智能化开采工艺如图 1-22 所示。

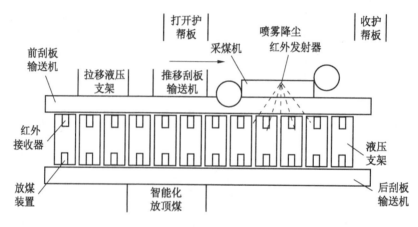

图 1-22　智能化综放开采工艺示意图

由于特厚煤层一般均存在多层夹矸，且煤层厚度一般赋存不稳定，采放平行作业工艺复杂、智能控制难度大，现有智能化开采技术与装备尚不具备进行无人化的条件，放煤过程仍然需要采取人工进行干预，即基于智能化操控与人工干预辅助的综放工作面智能化开采模式。

1.4.4　复杂条件机械化+智能化开采模式

对于煤层赋存条件比较复杂的工作面，现有智能化开采技术与装备水平尚难以满足智能化、无人化开采要求，应采用机械化+智能化开采模式，即采用局部智能化的开采方式，最大程度的降低工人劳动强度，提高作业环境的安全水平。

针对倾斜煤层及存在仰俯角的煤层条件，刮板输送机极易发生啃底、飘溜、上窜、下滑等问题，在配套智能自适应液压支架、智能调高采煤机、智能变频刮板输送机等装备的同时，还应配套刮板输送机智能调斜系统，通过监测刮板输送机的三向姿态、刮板输送机与液压支架的相对位置等，以预防为主，通过对采煤机的截割工艺、工序控制实现对刮板输送机的智能调斜。虽然智能自适应液压支架能够实现对液压支架的压力及三向倾角进行监测与控制，但当工作面倾斜角度较大时，仍然需要通过人工进行液压支架调斜。对于这类煤层条件采用机械化+智能化开采模式，虽然仍然需要一定数量的井下作业人员进行操作，但采用部分智能化的开采技术与装备，可以大幅降低井下工人的劳动强度，提高开采效率和效益。

目前，基于液压支架电液控制系统的液压支架自动跟机移架、采煤机记忆截割、刮板输送机智能变频调速、三机集中控制、超前液压支架遥控及远控、智能供液、工作面装备状态监测与故障诊断等智能化开采相关技术与装备均已日益成熟，这些技术与装备虽然尚不足以实现复杂煤层条件的无人化开采，但仍然可以在一定程度上提高复杂煤层条件的智能化开采水平，并且随着智能化开采技术与装备的日益发展进步，复杂煤层条件的智能化开采水平也将逐步提高。

2　采场覆岩三向采动应力时空演化规律

2.1　大采高工作面矿山压力实测分析

2.1.1　大采高及超大采高的定义

按照井工煤矿煤层厚度的划分标准对煤层进行分类：煤层厚度小于1.3 m的煤层为薄煤层；煤层厚度为1.3~3.5 m的煤层为中厚煤层；煤层厚度大于3.5 m的煤层为厚煤层。根据不同煤层开采方法的差异性，一些专家学者对煤层厚度大于3.5 m的厚煤层进行了细分，将煤层厚度为3.5~8.0 m的煤层为厚煤层；将煤层厚度大于8.0 m的煤层则定义为特厚煤层。

基于上述煤层厚度分类划分结果，一般将机采高度大于3.5 m的工作面定义为大采高工作面。随着工作面机采高度的增加，工作面矿山压力显现程度、开采技术与装备等发生了显著变化，尤其是当工作面机采高度超过6.0 m以后，工作面围岩控制难度增大，综采技术、装备与普通综采工作面均发生显著变化，主要表现为以下几个方面：

（1）随着工作面机采高度增加，煤层上覆岩层的断裂结构、运动规律等发生显著变化，由传统机采高度较小工作面的"回转失稳"发展为易发生"滑落失稳"，工作面机采高度大于6.0 m后，工作面动载矿山压力显现明显，顶板岩层断裂失稳的控制难度增大，如图2-1所示。

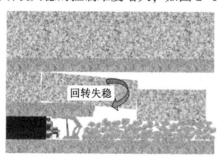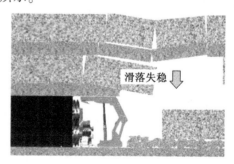

图2-1　不同采高工作面覆岩断裂结构对比

（2）随着工作面机采高度增加，工作面煤壁的自由面增大，煤壁的自稳定性降低，当工作面机采高度超过 6.0 m 以后，煤壁的自承载能力降低，较小的开采扰动则极易诱发煤壁片帮，并导致后续顶板冒顶等安全事故，工作面煤壁片帮控制的难度增大。

（3）在大采高综采技术的发展历程中，由于缺少机采高度大于 6.0 m 的综采技术与装备，国内外学者曾经将采高 6.0 m 视为大采高工作面的极限开采高度，由于缺少适用于采高大于 6.0 m 的综采技术与装备，对于 6~8 m 厚煤层则采用"抽芯开采"（留顶煤、留底煤开采），造成了大量的煤炭资源浪费，如图 2-2 所示。

上述前两个方面主要是采高增大带来的围岩稳定性控制难题，虽然机采高度 6.0 m 并不是围岩控制由量变到质变的突变点，但通过大量的现场实测资料发现，采高增大至 6.0 m 以

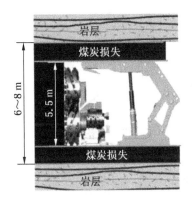

图 2-2　厚煤层"抽芯"开采

后，工作面均出现了明显的动载矿压，且煤壁片帮控制难度增大，结合大采高工作面发展历程中综采技术与装备瓶颈的限制，将机采高度大于 6.0 m 的综采工作面定义为超大采高工作面，并对超大采高工作面顶板岩层稳定性控制与煤壁稳定性控制难题进行研究，探索超大采高工作面液压支架与围岩的强度耦合关系。

2.1.2　柠条塔煤矿采高 6.5 m 工作面矿压实测分析

柠条塔煤矿 S1225 工作面位于井田南一盘区，开采 2^{-2} 号煤层，煤层厚度 6.65~7.0 m，平均 6.8 m，煤层倾角 0°~2°，煤层硬度 f = 1.5~1.8。直接顶板为粉砂岩，厚度为 0~1.95 m；基本顶板为白色中粒石英砂岩，厚度 4.55~27.52 m；底板为灰、深灰色层状粉砂岩。

S1225 工作面倾斜长度 294.15 m，走向长度 1979 m，平均埋深 135.63 m，工作面东、南侧均为实煤区，北侧为 S1224 工作面采空区，上覆基岩层平均厚度 106.32 m，砂土层平均厚度 29.31 m，属于埋深较浅、基岩层厚度较厚煤层，2^{-2} 号煤层上覆岩层结构如图 2-3 所示。

S1225 工作面设计采用 ZY12000/29/65D 型超大采高液压支架，最大采高 6.3 m，初撑力 10390 kN。为了分析工作面覆岩破断及矿山压力显现规律，采用 KJ216 顶板动态监测系统进行矿山压力监测，工作面分为上部、中部、下部三个测站，监测周期为 1 个月，S1225 工作面矿山压力监测结果如图 2-4 所示。

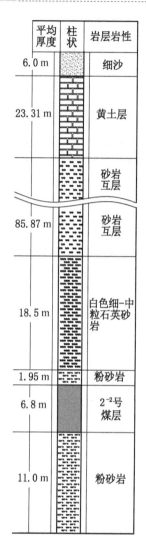

平均厚度	柱状	岩层岩性
6.0 m		细沙
23.31 m		黄土层
		砂岩互层
85.87 m		砂岩互层
18.5 m		白色细-中粒石英砂岩
1.95 m		粉砂岩
6.8 m		2^{-2}号煤层
11.0 m		粉砂岩

图 2-3　S1225 工作面综合柱状图

通过对柠条塔煤矿 S1225 工作面矿山压力进行现场实测统计分析，上部液压支架压力超过 40 MPa 的占 0.47%，说明顶板来压时支架工作阻力较大，但持续时间不长；中部液压支架工作阻力分布在 45 MPa 以上占 0.13%，25~40 MPa 占 25.73%，说明工作面中部矿山压力较大，液压支架安全阀开启；下部液压支架压力超过 40 MPa 占 1.26%，局部出现超过 45 MPa 的情况，这主要是由于工作面下部紧邻 S1224 工作面采空区，导致工作面矿山压力显现剧烈。综上所述，工作面矿山压力总体呈现中部大、两端小的现象，未来压时矿山压力较小，来压时矿山压力突然增大，即工作面存在明显的动载矿压现象。

为了分析工作面顶板岩层破断结构，对 S1225 工作面来压步距与来压强度进行了统计分析，如图 2-5 所示。

通过对 S1225 工作面来压强度与步距实测结果进行分析，工作面上部周期来压强度 28.3~41.3 MPa，平均强度 36.7 MPa，周期来压步距 10.8~23.9 m，平均 17.1 m；工作面中部周期来压强度 33.3~49.3 MPa，平均 40.3 MPa，周期来压步距 9.5~17.9 m，平均步距 13.7 m；工作面下部周期来压强度 29.2~39.9 MPa，平均 35.3 MPa，周期来压步距 9.7~20.3 m，平均 14.8 m。S1225 工作面上部、中部与下部均出现了明显的大小周期来压现象，中部平均周期来压步距较小，但来压强度较大，下部平均周期来压步距较大，而来压强度相对较小，上部平均周期来压步距最大，其来压强度也最小，尤其是中部 12 号测站，来压步距与来压强度均具有明显的大小周期现象。

2.1.3　纳林庙煤矿采高 6.3 m 工作面矿压实测分析

纳林庙煤矿 62105 工作面主采 6^{-2}号煤层，煤层厚度 6.18~6.9 m，平均厚度 6.4 m，煤层结构简单，不含夹矸或含 1~2 层夹矸，夹矸层岩性一般为泥岩和炭

陕煤柠条塔矿业公司综采工作阻力历史数据分析曲线图
工作面名称：南翼1225工作面　压力分站编号：9(支架：53) 日期：2015年7月1日至2015年7月31日

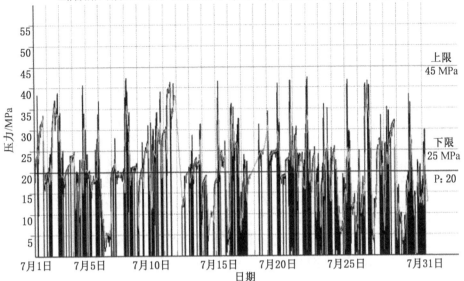

2小时均线：…… 8小时均线：—— 24小时均线：—— 原始曲线：——
(a) 上部8号测站液压支架矿山压力曲线

陕煤柠条塔矿业公司综采工作阻力历史数据分析曲线图
工作面名称：南翼1225工作面　压力分站编号：15(支架：89) 日期：2015年7月1日至2015年7月31日

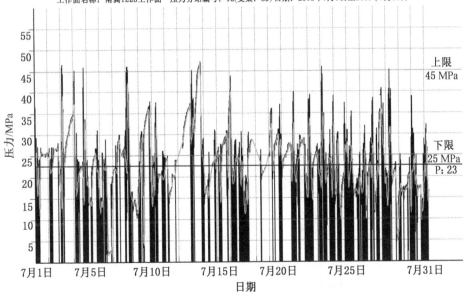

2小时均线：…… 8小时均线：—— 24小时均线：—— 原始曲线：——
(b) 中部12号测站液压支架矿山压力曲线

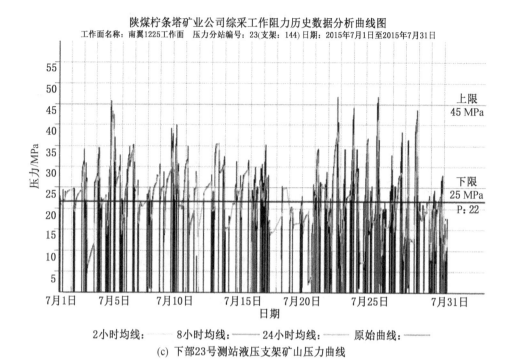

陕煤柠条塔矿业公司综采工作阻力历史数据分析曲线图

工作面名称：南翼1225工作面　压力分站编号：23(支架：144)日期：2015年7月1日至2015年7月31日

2小时均线：　　8小时均线：——24小时均线：……原始曲线：

(c) 下部23号测站液压支架矿山压力曲线

图 2-4　S1225 工作面矿山压力实测结果

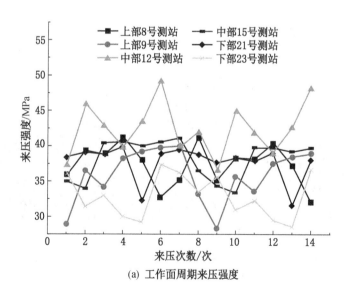

(a) 工作面周期来压强度

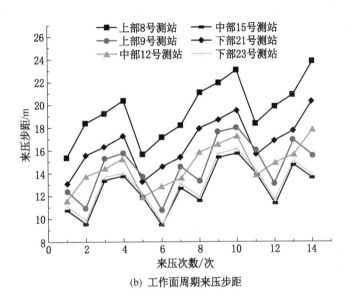

图 2-5　工作面来压强度与步距实测结果

质泥岩。直接顶板为粉砂岩，泥质胶结，较坚硬，厚度 10.61 m；基本顶板为细粒砂岩与砂质泥岩，块状构造，较坚硬，厚度 13.6 m；底板为泥岩。

62105 工作面倾斜长度 240 m，走向长度 2960 m，工作面位于西翼大巷以南，东邻 62104 工作面采空区，西侧为实体煤，南侧为井田边界。62105 工作面 6^{-2} 号煤层平均埋深约为 180.8 m，其中，基岩层厚度约为 164.35 m，上覆松散层厚度约为 22.09 m，属于埋深较浅、基岩层较大的厚煤层，62105 工作面上覆岩层结构如图 2-6 所示。

62105 工作面设计采用 ZY13000/28/63 型大采高液压支架，工作面最大开采高度 6.1 m，在工作面开采过程中对上部、中部、下部液压支架压力进行监测，结果如图 2-7 所示。

通过对矿山压力监测结果进行分析，工作面初次来压步距约为 116 m，来压时工作面矿山压力比较剧烈（具有明显的动载矿压现象），工作面上部、中部、下部液压支架的安全阀均出现部分开启，其中，中部和下部的矿山压力明显高于上部，主要是由于工作面下部紧邻 62104 工作面采空区，导致工作面下部矿山压力显现剧烈。工作面来压期间，工作面中部出现明显片帮，片帮最大深度达到 800 mm，局部出现明显漏矸现象。62105 工作面来压期间的液压支架压力、来压步距、动载系数如图 2-8 所示。

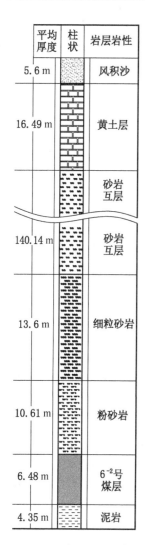

平均厚度	柱状	岩层岩性
5.6 m		风积沙
16.49 m		黄土层
		砂岩互层
140.14 m		砂岩互层
13.6 m		细粒砂岩
10.61 m		粉砂岩
6.48 m		6⁻²号煤层
4.35 m		泥岩

图2-6　62105工作面H5号
钻孔柱状图

2.1.4　红柳林煤矿采高7.0 m工作面矿压实测分析

红柳林煤矿15207工作面位于南一盘区,主采5⁻²号煤层,煤层厚度6.62~7.31 m,平均厚度6.99 m,煤层倾角0°~2°,煤层结构简单,一般含夹矸两层,夹矸层厚度一般为0.05~0.45 m,岩性为粉砂岩或泥岩,煤层硬度约为f=1.7~2.8。直接顶板为粉粒砂岩,厚度3.16~8.62 m,平均6.75 m;基本顶板为灰色、浅灰色中细砂岩,厚度为3.3~26.72 m,平均13.68 m;底板为粉砂岩。

15207工作面倾斜长度350 m,走向长度2570 m,工作面地表以梁峁冲沟地貌为主。15207工作面为南一盘区第七个工作面,位于辅运大巷以北,东侧为已回采的15206工作面,南侧为留设的防水隔离煤柱,西侧为实体煤。15207工作面5⁻²号煤层平均埋深170 m,上覆松散层厚度平均27.6 m,基岩层厚度平均142.4 m,属于埋深较浅、基岩层厚度较大煤层,煤层柱状如图2-9所示。

15207工作面设计采用ZY17000/32/70D型超大采高液压支架,最大采高6.8 m,采用KJ216A煤矿顶板动态监测系统对矿山压力进行监测,矿山压力实测结果如图2-10所示。

通过对矿山压力监测数据进行统计分析,工作面上部支架压力大于40 MPa的约占1.26%,矿山压力显现较小;工作面中部支架压力大于40 MPa约占6.74%,矿山压力显现较剧烈;工作面下部支架压力大于40 MPa的约占0.49%,矿山压力显现较小。工作面矿山压力总体呈现中间大、两端头小的现象,且非来压期间矿山压力显现较缓和,来压时矿山压力显现剧烈,即工作面动载矿山压力明显。

为了分析工作面顶板岩层破断结构,对15207工作面来压步距与来压强度进行了统计分析,如图2-11所示。

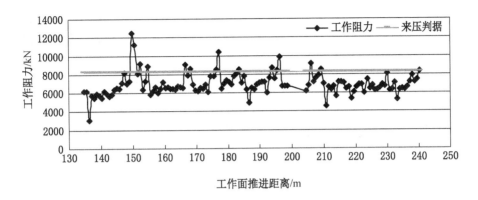

(a) 62105工作面上部测站矿山压力曲线

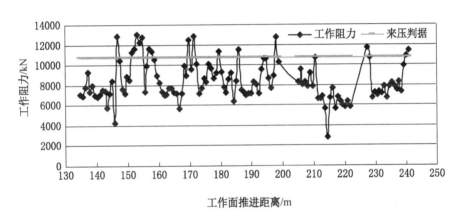

(b) 62105工作面中部测站矿山压力曲线

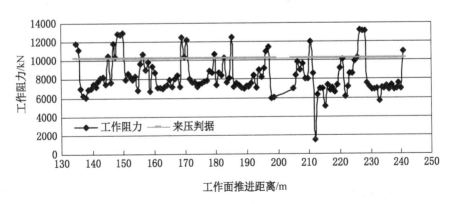

(c) 62105工作面下部测站矿山压力曲线

图 2-7 62105 工作面矿山压力监测结果

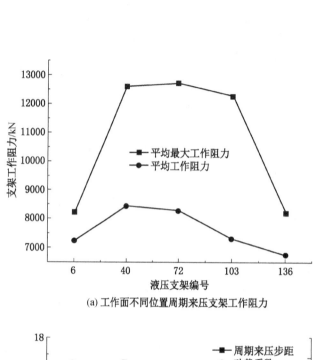

(a) 工作面不同位置周期来压支架工作阻力

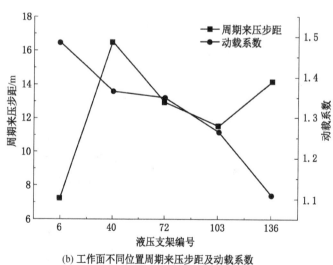

(b) 工作面不同位置周期来压步距及动载系数

图 2-8 62105 工作面周期来压强度与来压步距

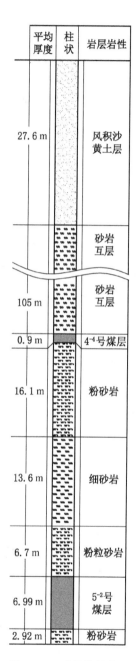

图 2-9 5⁻² 号煤层钻孔
柱状图

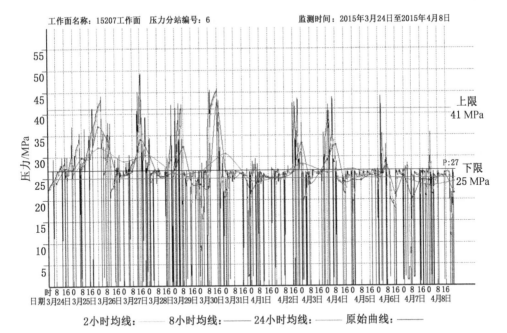

(a) 上部6号测站液压支架矿山压力曲线

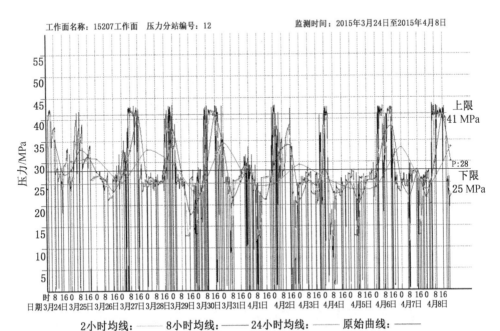

(b) 中部12号测站液压支架矿山压力曲线

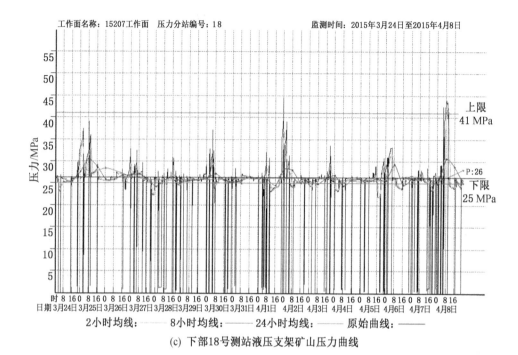

(c) 下部18号测站液压支架矿山压力曲线

图 2-10　15207 工作面矿山压力实测结果

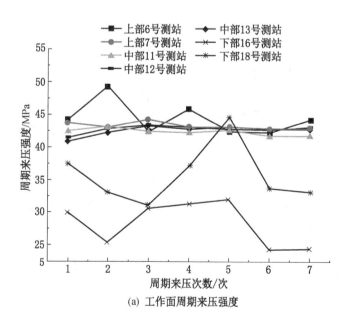

(a) 工作面周期来压强度

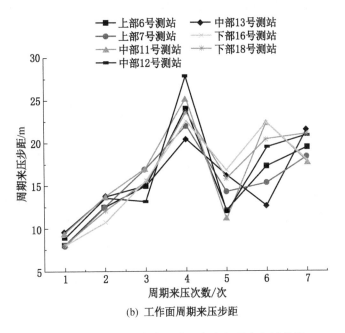

(b) 工作面周期来压步距

图 2-11　工作面周期来压步距与来压强度实测结果

通过对 15207 工作面来压强度与来压步距实测结果进行分析，工作面上部周期来压强度 33.1~49.3 MPa，平均 42.6 MPa，周期来压步距 8.0~24.1 m，平均 15.4 m；工作面中部周期来压强度 41.5~43.3 MPa，平均 42.6 MPa，周期来压步距 8.8~28 m，平均步距 16.3 m；工作面下部周期来压强度 24.3~44.6 MPa，平均 32.9 MPa，周期来压步距 7.8~23.7 m，平均 16.4 m。15207 工作面上部、中部与下部均出现了明显的大小周期来压现象，工作面下部来压强度较小、来压步距较大，工作面上部与中部来压强度较大、来压步距相对较小，其中工作面上部的来压强度略大于中部，来压步距小于中部，这主要是由于工作面上部紧邻 15206 工作面采空区，导致矿山压力显现剧烈。

2.2　煤岩体加卸载应力路径效应及真三轴试验

2.2.1　三向采动应力强扰动判别指标

工作面煤层开挖打破了围岩内原岩应力场的平衡状态，在工作面前方形成了超前支承压力，随着工作面的持续推进，工作面前方煤岩体将经历三向采动应力大小、方向持续循环变化的复杂加卸载过程。工作面前方煤岩体受三向采动应力大小、方向变化的影响，导致煤岩体易发生损伤破坏的程度即为采动应力的扰动强度。

针对单向应力作用下煤岩体的扰动强度，有关学者给出了扰动系数判断指标，如下：

$$k_d = \left| \frac{\sigma'' - \sigma}{\sigma - \sigma'} \right| = \begin{cases} [1, +\infty)，强扰动状态 \\ (0, 1)，弱扰动状态 \\ 0，稳定状态 \end{cases} \tag{2-1}$$

式中，k_d 为单向采动应力扰动系数；σ 为当前单向应力大小，MPa；σ' 为初始应力大小，MPa；σ'' 为后续应力大小，MPa。

单向应力作用下煤岩体的采动应力扰动系数一般仅能反映垂直方向最大主应力加卸载过程对煤岩体的影响，未考虑应力状态变化会导致岩体强度变化的因素，而且难以表征水平采动应力在加卸载过程中对煤岩体的作用，其应用范围具有一定的局限性。

有关学者基于最大与最小主应力差值的比值提出了三向采动应力扰动强度判别指标，即三向主应力扰动系数 k，如下：

$$k = \frac{\sigma_1 - \sigma_3}{\sigma_1' - \sigma_3'} \tag{2-2}$$

式中，σ_1 为采动应力作用下的最大主应力，MPa；σ_3 为采动应力作用下的最小主应力，MPa；σ_1' 为初始最大主应力，MPa；σ_3' 为初始最小主应力，MPa。

当 $k \geq 1$ 时，则定义为强扰动；当 $k < 1$ 时，则定义为弱扰动。由于煤层开采过程中，不仅三向采动应力的大小发生变化，其主应力的方向也将发生改变，而且应力状态发生变化会导致围岩体的强度参数发生变化，上述最大与最小主应力的差值虽然可以在一定程度上反映加卸载过程中主应力大小变化对围岩的作用效果，但难以反应主应力方向变化带来的影响，以及不同应力状态与围岩体强度之间关系的影响。

为了分析最大、最小主应力大小、方向变化带来的影响，基于莫尔应力圆的 σ-τ 曲线，分析了煤层开挖过程中最大、最小主应力可能发生的六种变换形式：①由莫尔圆 1 变换至莫尔圆 2，即 σ_1 增大，σ_3 减小，莫尔圆半径增大；②由莫尔圆 1 变换至莫尔圆 3，即 σ_3 增大，σ_1 减小，莫尔圆半径减小；③由莫尔圆 1 变换至莫尔圆 4，即 σ_1 增大，σ_3 增大，但 σ_1-σ_3 不变，此时可视为莫尔圆发生平移；④由莫尔圆 1 变换至莫尔圆 5，即 σ_1 增大，σ_3 增大，但 $|\sigma_1$-$\sigma_3|$ 不变，此时可视为莫尔圆发生翻转；⑤由莫尔圆 1 变换至莫尔圆 6，即 σ_1 增大，σ_3 增大，且 σ_1-σ_3 增大；⑥由莫尔圆 1 变换至莫尔圆 7，即 σ_1 减小，σ_3 减小，且 σ_1-σ_3 减小，上述六中变换形式如图 2-12 所示。

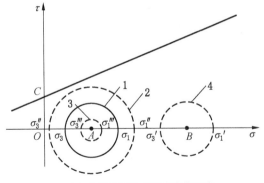

(a) 上述前三种主应力变换形式

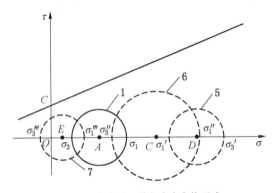

(b) 上述后三种主应力变换形式

σ_1、σ_3 为初始最大与最小主应力；

σ_1'、σ_3'，σ_1''、σ_3''，σ_1'''、σ_3''' 为煤层开采导致主应力发生变化后可能形成的最大与最小主应力值。

图 2-12　不同加卸载条件下的主应力变换形式

　　基于莫尔-库仑屈服准则，若莫尔应力圆与强度曲线发生相切，则岩石发生破坏，即莫尔应力圆与强度曲线的距离越小，则岩石所处的应力状态越接近岩石的强度极限。由图 2-12 可知，当 σ_1 增大，σ_3 增大，但 $\sigma_1-\sigma_3$ 保持不变，即莫尔应力圆发生平移时（图中莫尔圆 4），其主应力差值并没有发生变化，但其应力状态已经发生了很大改变。若莫尔应力圆向右方发生平移，则莫尔应力圆到强度曲线的距离增大，围岩体所处应力状态远离围岩体的强度极限，此时围岩体不易发生破坏；当 σ_1 减小，σ_3 减小，但 $\sigma_1-\sigma_3$ 保持不变，即莫尔应力圆向左方平移时，则其应力圆到强度曲线的距离减小，围岩体所处的应力状态更接近强度极限，此时更容易发生破坏；同理，当 σ_1 增大，σ_3 增大，但 $\sigma_3'>\sigma_1'$，且 $|\sigma_1-\sigma_3|$ 不变，即莫尔应力圆发生翻转（图中莫尔圆 5），其最大、最小主应力的

大小、方向均发生了变化，但主应力差值的绝对值保持不变，此时，若莫尔应力圆的圆心在初始应力圆圆心的右侧，则莫尔应力圆与强度曲线的距离增大，围岩体不易发生破坏；若莫尔应力圆的圆心在初始应力圆圆心的左侧，则应力圆到强度曲线的距离减小，围岩体更容易发生破坏。另外，当 σ_1 减小，σ_3 减小，且 $\sigma_1 - \sigma_3$ 减小，即主应力差值降低时，若应力圆到强度曲线的距离变小（图中莫尔圆 7），则围岩体更容易发生破坏。因此，仅仅利用最大与最小主应力差值的比值难以直接反应采动应力对围岩扰动的强弱。

　　基于上述分析可知，仅利用最大与最小主应力差值的比值作为采动应力强扰动判别指标具有一定的局限性。由于莫尔应力圆半径与莫尔应力圆圆心到强度曲线的距离之比可以在一定程度上反映该应力状态与岩石强度曲线之间的关系，因此，根据莫尔-库仑强度准则及采动应力的加卸载变换形式（图 2-13），笔者提出了基于最大、最小主应力差值与莫尔应力圆圆心到强度曲线距离之比的三向采动应力强扰动判别指标，用采动应力扰动系数 k_{3d} 来表示，计算过程如下：

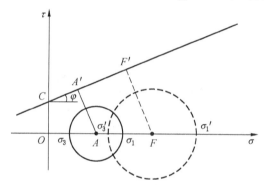

图 2-13　采动应力的加卸载变换形式

$$k_{3d} = \frac{\dfrac{|\sigma_1' - \sigma_3'|}{\overline{FF'}}}{\dfrac{|\sigma_1 - \sigma_3|}{\overline{AA'}}} = \begin{cases} (1, \ \infty), & \text{强扰动状态} \\ [0, \ 1], & \text{弱扰动状态} \end{cases} \tag{2-3}$$

式中，$\overline{AA'}$ 为初始莫尔应力圆圆心与强度包络线的垂直距离；$\overline{FF'}$ 为采动莫尔应力圆圆心与强度包络线的垂直距离。

$$\begin{cases} \overline{AA'} = \left(\overline{OC} \times \cot\varphi + \dfrac{\sigma_1 + \sigma_3}{2} \right) \sin\varphi \\[3mm] \overline{FF'} = \left(\overline{OC} \times \cot\varphi + \dfrac{\sigma_1' + \sigma_3'}{2} \right) \sin\varphi \end{cases} \tag{2-4}$$

假设煤岩体的内聚力为 c，即 $\overline{OC} = c$，则将式（2-4）代入式（2-3）可得：

$$k_{3\mathrm{d}} = \left| \frac{\sigma_1' - \sigma_3'}{\sigma_1 - \sigma_3} \right| \cdot \frac{2 \cdot c \cdot \cot\varphi + \sigma_1 + \sigma_3}{2 \cdot c \cdot \cot\varphi + \sigma_1' + \sigma_3'} \qquad (2-5)$$

由上式可知，若 $k_{3\mathrm{d}} > 1$，则表示煤岩体所处应力状态越接近煤岩体的强度极限，即煤岩体更容易发生破坏，其值越大，则说明采动应力对煤岩体的扰动强度越大。

2.2.2　加卸载应力路径对岩石强度的影响

应力路径是指岩体在加卸载过程中，其内部某一点受到的应力变化过程在坐标系中的轨迹线。由于煤岩体的破坏过程实质是一个损伤逐渐累积的动态发展过程，在地应力场、采动应力场与支护应力场的"三场"耦合作用下，由弹性变形逐渐发展为塑性变形的初始屈服面，直到后续塑性屈服面进一步发展成为极限破坏屈服面，广义塑性力学理论认为屈服面的变化是具有一定规律性的，并且该规律可以通过实验室试验获得。

根据广义塑性力学理论的塑性位势理论可得：

$$\mathrm{d}\varepsilon_{ij}^p = \sum_{k=1}^{3} \mathrm{d}\lambda_k \frac{\partial Q_k}{\partial \sigma_{ij}} \qquad (2-6)$$

式中，$\mathrm{d}\varepsilon_{ij}^p$ 表示塑性应变的增量；Q_k 表示三个塑性势函数；$\mathrm{d}\lambda_k$ 表示与三个塑性势能面对应的塑性因子。

通过三个塑性势能面可以计算塑性应变的增量，而屈服函数也可以确定塑性应变的增量，因此，塑性势能面与屈服面相互对应。

塑性势函数可以通过平均正应力 p、差应力 q、洛德角 θ_σ 来表示，即 $Q_1 = p$，$Q_2 = q$，$Q_3 = \theta_\sigma$，广义塑性位势能表示如下：

$$\mathrm{d}\varepsilon_{ij}^p = \mathrm{d}\lambda_1 \frac{\partial p}{\partial \sigma_{ij}} + \mathrm{d}\lambda_2 \frac{\partial q}{\partial \sigma_{ij}} + \mathrm{d}\lambda_3 q \frac{\partial \theta_\sigma}{\partial \sigma_{ij}} \qquad (2-7)$$

三个塑性因子分别为塑性体 v、差应力 q 和洛德角 θ_σ 方向上的塑性剪切应变增量，可以用下式表示：

$$\begin{cases} \mathrm{d}\lambda_1 = \mathrm{d}\varepsilon_v^p \\ \mathrm{d}\gamma_q^p = \mathrm{d}\lambda_2 \\ \mathrm{d}\gamma_\theta^p = \mathrm{d}\lambda_3 \end{cases} \qquad (2-8)$$

任意一点的广义剪切应变可以用下式表示：

$$\gamma^p = \frac{\sqrt{2}}{3} \left[(\varepsilon_1^p - \varepsilon_2^p)^2 + (\varepsilon_2^p - \varepsilon_3^p)^2 + (\varepsilon_3^p - \varepsilon_1^p)^2 \right]^{\frac{1}{2}} \qquad (2-9)$$

可以用 ε_k^p 来表示分量屈服面，屈服函数如下：

$$\varepsilon_k^p = f_k(\sigma_{ij}) \tag{2-10}$$

对上式进行微分可得：

$$\mathrm{d}\varepsilon_k^p = \mathrm{d}p\frac{\partial f_k}{\partial p} + \mathrm{d}q\frac{\partial f_k}{\partial q} + \mathrm{d}\theta_\sigma\frac{\partial f_k}{\partial \theta_\sigma} \tag{2-11}$$

忽略洛德角的影响则可得：

$$\left\{\begin{matrix}\mathrm{d}\varepsilon_v^p\\\mathrm{d}\gamma_q^p\end{matrix}\right\} = \begin{bmatrix}\dfrac{\partial f_v}{\partial p} & \dfrac{\partial f_v}{\partial q}\\[2mm]\dfrac{\partial f_\gamma}{\partial p} & \dfrac{\partial f_\gamma}{\partial q}\end{bmatrix}\left\{\begin{matrix}\mathrm{d}p\\\mathrm{d}q\end{matrix}\right\} = \begin{bmatrix}K_1 & K_2\\K_3 & K_4\end{bmatrix}\left\{\begin{matrix}\mathrm{d}p\\\mathrm{d}q\end{matrix}\right\} \tag{2-12}$$

式中，K_1、K_2、K_3、K_4 表示塑性系数，可通过实验室试验确定；f_γ 表示剪切屈服面函数；f_v 表示体积屈服面函数。

联立上式可得双屈服面计算模型如下：

$$\mathrm{d}\varepsilon_{ij}^p = \frac{\partial p}{\partial \sigma_{ij}}\left(\mathrm{d}p\frac{\partial f_v}{\partial p} + \mathrm{d}q\frac{\partial f_v}{\partial q}\right) + \frac{\partial q}{\partial \sigma_{ij}}\left(\mathrm{d}p\frac{\partial f_\gamma}{\partial p} + \mathrm{d}q\frac{\partial f_\gamma}{\partial q}\right) \tag{2-13}$$

将塑性系数代入可得：

$$\mathrm{d}\varepsilon_{ij}^p = \frac{\partial p}{\partial \sigma_{ij}}(\mathrm{d}pK_1 + \mathrm{d}qK_2) + \frac{\partial q}{\partial \sigma_{ij}}(\mathrm{d}pK_3 + \mathrm{d}qK_4) \tag{2-14}$$

基于岩体的有效应力路径破坏标准，Hyde 等将单向加载试验有效应力路径的静力极限破坏线作为破坏标准，其表达式如下：

$$\varepsilon_f = \frac{a}{\lambda + 1}\left\{\left[\left(1 + \frac{q_r}{p}\left(\frac{1}{3} - \frac{1}{M} - A_{\mathrm{cyc}}\right) - b\right)\frac{K+1}{b} + 1\right]^{\frac{\lambda+1}{K+1}} - 1\right\} + a \tag{2-15}$$

式中，a 为应变速率系数；λ 为 $\ln\varepsilon/\ln t$ 的值；b 为孔压比速率系数；K 为 $\ln u/\ln t$ 的值；M 为极限状态破坏线的斜率；A_{cyc} 为循环瞬时围岩幅值。

根据弹塑性力学理论，煤岩体单元总共包含六个应力分量，因此，完美的应力路径曲线需要在六维空间中获得，很难在现实中进行直观的表达，因此，一般将应力路径简化为二维或三维空间，如二维平面的 $p-q$ 空间、$s-t$ 空间等，其中 $s = \sigma_1 + \sigma_3/2$，$t = \sigma_1 - \sigma_3/2$，二维空间还可以使用剪应力空间，如 $q/2-\tau$ 空间、$\tau-\tau$ 空间，其中 τ 为两个垂直方向上的剪应力。对于三维应力空间，则一般常使用 $(\sigma_1, \sigma_2, \sigma_3)$ 空间、(J_1, J_2, J_3) 空间、(q, τ, σ_3) 空间等。

工程岩体的强度、渗透率、变形等均受到应力路径效应的显著影响，不同应力路径下的应变增量如图 2-14 所示，即应力增量与应变增量的方向并不一致，且不同方向、相同大小的应力值，其引起的应变增量也不相同。

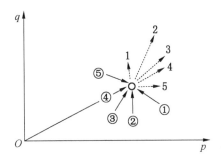

图 2-14　不同应力路径下的应变增量

2.2.3　煤体试件损伤破坏的真三轴应力旋转实验

按照国际岩石力学试验规程要求，将现场采集到的大块完整煤块首先采用红外线连体桥式切割机预制为 115 mm 左右的正方体，再对正方体表面采用岩石磨平机进行仔细研磨，最终加工为 100 mm×100 mm×100 mm 的正方体试件，试件加工仪器性能稳定，可保证试件长度误差不大于 1 mm，各端面不平行度小于 0.02 mm。制作完成后，为进一步选择均质性良好的试件开展试验，对加工好的试件分别进行超声波波速测试，将波速离散性较小的试件保留。针对保留的试件，寻找层理方向，平行于层理方向确定为上、下两面，其余为四周四个面，并进行标记，如图 2-15 所示。

(a) 试件尺寸检验　　　　　　　　(b) 成品试件

图 2-15　煤体试件

共设计出 4 种应力路径（图 2-16），每种路径的阶段 1 均相同，保持 σ_1 作用在上、下两面，σ_2 作用在前、后两面，σ_3 作用在左、右两面，试验前对加载垫块与煤样表面涂抹润滑剂。

试验方案描述如下：

路径 1（真三轴压缩）：

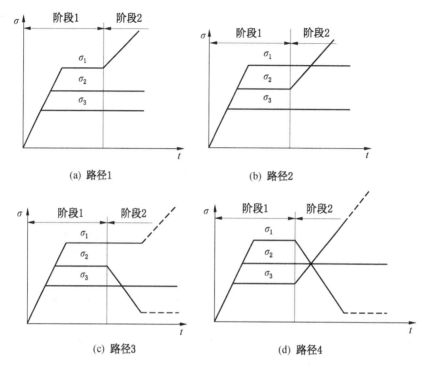

(a) 路径1　　　　　　　　　　(b) 路径2

(c) 路径3　　　　　　　　　　(d) 路径4

图 2-16　加卸载方案示意图

（1）阶段 1：三向应力在初期同步加载，以 0.02 MPa/s 的速率加载至 $\sigma_1 = \sigma_2 = \sigma_3 = 2$ MPa 将立方体试件固定，随后将各应力加载至预设值：$\sigma_1 = 15$ MPa，$\sigma_2 = 10$ MPa，$\sigma_3 = 5$ MPa，当 σ_1 达到 15 MPa 时，维持 5 min。

（2）阶段 2：σ_1 方向（上、下两面）由 15 MPa 开始加载，加载速率与阶段 1 相同，其余加载恒定，直至试件破坏，如图 2-16a 所示。

在路径 1 的基础上，固定某一应力方向不变，调换其余 2 组应力方向，由此产生 3 种方案（路径 2、3、4）。

路径 2（σ_1 与 σ_2 方向对调）：

（1）阶段 1：同路径 1。

（2）阶段 2：σ_2 方向（前、后两面）由 10 MPa 开始加载，加载速率与阶段 1 相同（0.02 MPa/s），其余加载恒定，直至试件破坏（图 2-16b）。由于试验机加载机制限制，试件破坏时最大主应力方向仅能沿竖直方向，所以路径 2 在加载前放置试件时，左、右面方向不变，将试件旋转 90°，确保试件破坏时最大主应力方向垂直于前、后面。

路径 3（σ_2 与 σ_3 方向对调）：

(1) 阶段 1：同路径 1。

(2) 阶段 2：σ_2 方向（前、后两面）由 10 MPa 开始卸载，卸载速率与阶段 1 的加载速率一致（0.02 MPa/s），其余加载恒定，当原 σ_2 方向（前、后两面）为 1.5 MPa 时停止卸载，通过加载 σ_1（上、下两面）加剧破坏，加载速率仍取 0.02 MPa/s，直至试件破坏，如图 2-16c 所示。

路径 4（σ_1 与 σ_3 方向对调）：

(1) 阶段 1：同路径 1。

(2) 阶段 2：σ_1 方向（上、下两面）由 15 MPa 卸载的同时，σ_3 方向（左、右两面）由 5 MPa 加载，加、卸载速率（0.02 MPa/s）需一致以确保 σ_2 方向不变，当原 σ_1 方向（上、下两面）为 1.5 MPa 时停止卸载，继续加载原 σ_3 方向（左、右两面）的力直至破坏（图 2-16d）。根据前述，路径 4 在加载前放置试件时，前、后面方向不变，将试件旋转 90°，确保试件破坏时最大主应力方向垂直于左、右面。

对于路径 1 和路径 3，最大主应力始终垂直于层理方向；对于路径 2 和路径 4，试件破坏时实际的最大主应力方向平行于层理方向，但区别在于中间主应力方向：路径 2 与层理方向垂直、路径 4 与层理方向平行。

图 2-17 为不同应力路径下三向主应力随时间变化曲线，其中，横坐标轴零点代表加载初期保压过程的起始时刻。据图 2-17 可知，峰前阶段煤体的三向主应力均随着时间的延长呈线性变化，且三向主应力均按照方案设定的不同方位表面进行加卸载，即各加卸载方案在试验过程中得以较好的实施。当煤体达到峰值强度后，最大主应力迅速跌落。路径 1 未涉及应力方向的变化，当中间主应力和最小主应力分别为 10 MPa 和 5 MPa 时，其峰值强度为 84.18 MPa，进入峰后阶段，最大主应力快速跌落的同时，中间主应力和最小主应力存在短暂的应力抬升现象，二者分别由 10.02 MPa 和 4.91 MPa 增至 11.06 MPa 和 10.34 MPa，即最小主应力抬升更显著，之后二者迅速减小，其余 3 个应力路径亦出现该现象且最小主应力的抬升较中间主应力显著，主要原因是峰值点后，最小主应变方向产生急剧膨胀。路径 2~路径 4 涉及应力方向的调换，据图 2-17 可知，路径 2 的峰值强度（96.34 MPa）超过 15 MPa 便满足试验要求，具体来看，约 25 min 时已完成应力方向调换，类似的，路径 3 及路径 4 在约 23 min 和 26 min 时完成调换，峰值强度分别为 67.36 MPa 和 47.53 MPa。另外，虽路径 3 伴随应力方向的改变，但最大主应力始终保持与层理面垂直，据此将路径 1 和路径 3 的应力-时间曲线进行对比，路径 3 的侧压由 10 MPa 降至 1.5 MPa，另一方向侧压不变，单向侧压的减小使得峰值强度降低，降幅约为 20%。

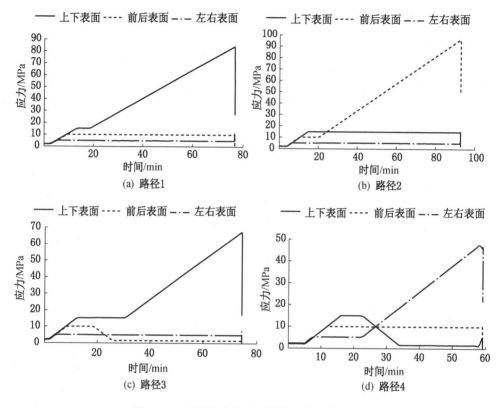

图 2-17　不同应力路径下煤体应力-时间曲线

　　图 2-18 为不同应力路径下煤体应力-应变曲线，包含了体积应变的演化规律。可以看出，煤体的初始压密阶段可由体应变曲线更好的呈现，初始压密阶段之后进入线弹性阶段，除路径 2 外，塑性阶段均不明显，接着为峰后阶段，最大主应变的压缩特性和中间主应变、最小主应变的膨胀特性与前人试验规律一致，且最小主应力方向的膨胀程度较中间主应力方向更大。峰值强度之后，最大主应变均大幅增大，路径 2~路径 4 应力-应变曲线出现"平台"，变形出现延性特征，当最小主应力同为 1.5 MPa 时（图 2-18c 和图 2-18d），中间主应力越大，"平台"宽度越大，说明煤体试件具有柔性联结的特性，且致密性一般。在峰值强度后应力并不突然下降，主要是因为在破裂面上尚存一定的摩擦力，使得煤体承载能力得以维持，伴随明显的应变软化特征，由图 2-18b~图 2-18d 可知：在应变软化阶段初期，应力状态基本稳定，试件体积增减变化的转折点与峰值时刻基本对应，但路径 1 与之不同（图 2-18a），当应力跌至 53.84 MPa 时才出现转折，即峰值时刻并不总是意味着体积由持续压缩转为膨胀的开始。

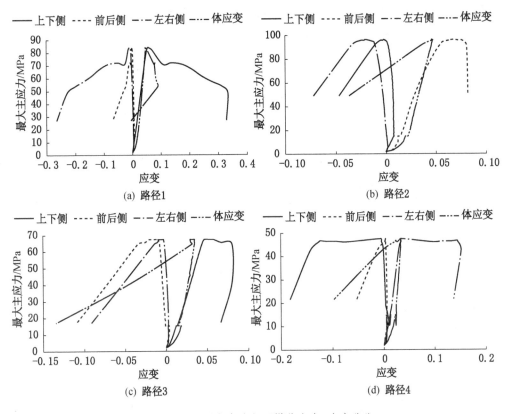

图 2-18　不同应力路径下煤体应力-应变曲线

2.2.4　煤体试件损伤破坏的宏细观特征

　　由于不同应力路径在阶段 2 内主应力方向互不相同，致使试件破坏后的裂隙分布特征不同，如图 2-19 所示。据图 2-19a 知，路径 1 在加载期间不涉及应力方向变化，呈现出非完全"X"形共轭剪切破坏特征，贯通程度最强的裂隙出现在试件上、前表面，裂隙在上表面近似与 σ_2 方向平行，近似沿 σ_1 方向扩展形成破裂面，但在试件前表面接近底部时，该裂隙与 σ_1 方向的夹角逐步增大至 45°左右。除此之外，试件前表面有两组剪裂纹相互交切，在共轭剪切作用下，靠近右表面区域有部分块体破坏后脱落，破坏断面未见与层理平行的裂隙，试件左表面出现多条平行于 σ_1-σ_3 平面的张拉裂隙，但贯通程度较弱。

　　路径 2 在阶段 2 应力方向发生变化，最大主应力发生 90°旋转后作用于前后表面，据图 2-19b 知，试件四周均伴有与层理方向平行的张拉裂纹产生，且前后表面的张拉裂纹数量明显多于左右表面，右表面的横向裂纹数量最少；总体来看，试件呈张剪复合破坏特征，贯通程度最强的裂隙为分布于试件上、下、左表面的剪切裂隙，剪切裂隙在上下表面发育并沿 σ_2 方向扩展，形成近似沿 σ_2-σ_3 平面的破裂面，试件上、左表面边缘亦伴有剪切破坏，裂纹同样近似与 σ_2-σ_3 平面平行。

与路径 1 相比，路径 3 在阶段 2 实现中间主应力和最小主应力方向对调，但对调前后二者与层理方向的空间位置关系保持不变。据图 2-19c 可知，试件上表面并未出现明显的裂纹，仅左下角因破碎块体脱落出现一个三角形缺口，试件四周边缘均产生明显的剪切破坏且伴有块体的脱落，脱落后断面局部可观察到剪切破坏所形成的块体轮廓，因此该应力路径下试件呈共轭剪切破坏特征，试件下表面破碎程度高，有近似与 σ_2 平行的裂隙，亦有近似与 σ_3 平行的裂隙，二者相互交切。据图 2-19a 可知，当最大主应力与层理方向垂直时，试件主要表现为剪切破坏，剪切裂隙的扩展方向大致沿 σ_1-σ_2 平面，由于路径 3 在阶段 2 中间主应力和最小主应力方向互换，伴随 σ_1-σ_2 平面发生 90° 旋转，推测阶段 1 沿原 σ_1-σ_2 平面的剪切裂纹萌生，进入阶段 2 由于最大主应力的加载引起该裂纹扩展，同时，沿旋转后的 σ_1-σ_2 平面又形成新的剪切破裂面，最终试件内部由于空间上近似垂直的剪切裂隙作用导致破坏后试件破碎程度极高。

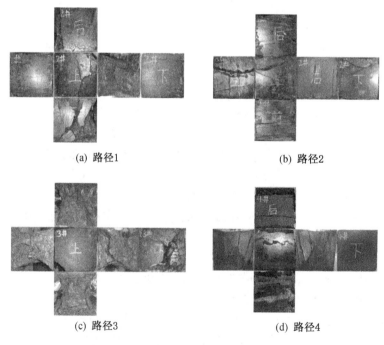

(a) 路径1　　　　　　　　　　　(b) 路径2

(c) 路径3　　　　　　　　　　　(d) 路径4

图 2-19　不同应力路径下试件破坏形貌

据图 2-19d 知，在应力路径 4 作用下，试件侧面的裂隙数量明显多于上下表面，具有明显的共轭剪切破坏特征。阶段 2 应力方向调整后，$\sigma_1-\sigma_2$ 平面与层理平行，最大主应力作用于左右表面，剪裂纹在左右表面密集发育且沿层理方向逐步扩展，致使前后表面被横向裂隙切割，试件下表面除边缘有 1 条张拉裂纹外未见明显的裂隙发育，试件上表面有 2 条大致垂直的裂隙，分别沿 $\sigma_1-\sigma_3$ 平面和 $\sigma_2-\sigma_3$ 平面，前者为剪切裂隙扩展所致。

为掌握不同应力路径下煤体内部的破裂特征，开展了 CT 扫描并完成三维重构。最终，每个方向可提取出约 2500 张图像，考虑到切片数过大，仅对水平 2 个方向和竖直方向不同位置的 8 张切片图像（等间隔提取）进行展示（图 2-20~图 2-23）。以图 2-22a 为例，由上表面至下表面，切片的放置顺序为第一排左一→第一排右一→第二排左一→第二排右一，其余方向切片放置顺序相同，不再标注。切片图像中，颜色深浅代表介质对 X 射线的吸收程度，黑色为低吸收区，即低密度区，对应试件边缘和内部裂隙的具体位置，白色为高吸收区，即高密度区，对应试件内部未发生宏观破坏的部分。

图 2-20 为路径 1 煤体内部的裂隙演化特征，据图 2-20a 可知，最靠近上表面的切片中微裂隙发育程度最高，此时有 2 条剪切裂隙相交于一点，交汇之后融合为 1 条裂隙，继续向下表面发展，上述 2 条剪切裂隙逐渐靠近并融合，此时，裂隙中部沿 σ_2 方向扩展，在切片边缘处，裂隙沿一定弧度向边角扩展；结合图 2-20b，试件贯通度最强的剪切裂隙在轴向上近似沿对角线发育，与伴生的剪切裂隙共同将试件切割为更多独立的块体。由前表面→后表面的切片图像可以看出，右表面块体脱落是剪切破坏所致，此时试件边缘呈 "〈" 形剪裂隙，裂隙近似沿 $\sigma_1-\sigma_2$ 平面发育，靠近左表面区域呈 "〉" 形剪裂隙，但并未沿 σ_2 方向完全贯通，所以左表面无块体脱落。从图 2-20c 第 4 张切片起，靠近后表面区域出现 "〉" 形剪裂隙，其形状并不规则，裂隙近似沿 $\sigma_1-\sigma_3$ 平面发育，裂隙沿 σ_3 方向未完全贯通，无块体脱落现象。基于此，认为当最大主应力垂直层理加载且不涉及应力方向变换时，试件四周将形成 "〈" 形或 "〉" 形剪裂隙，近似沿 $\sigma_1-\sigma_2$ 平面和 $\sigma_1-\sigma_3$ 平面，使得试件边缘有脱落趋势。

图 2-21 为应力路径 2 煤体内部的裂隙演化特征，路径 2 在阶段 2 伴随最大主应力和中间主应力调换，完成调换后，最大主应力平行于层理，中间主应力与层理垂直。由图 2-21a 可知，靠近上表面主要产生一组剪切裂隙，呈 "〈" 形相交，将方形断面大致划分为 3 个三角形，下表面附近，有多组剪切裂隙共同作用，整体来看，剪切裂隙与 $\sigma_2-\sigma_3$ 平面近似平行并沿 σ_2 方向扩展；据图 2-21c 可知，无论切片位置，主要分布有沿层理方向的横向裂隙及与之垂直的纵向裂隙，前者是最大主应力压缩而导致沿层理方向的拉裂破坏，后者为平行于上下表面的

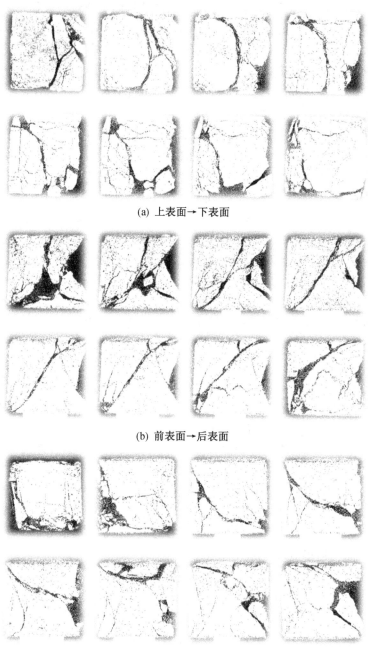

(a) 上表面→下表面

(b) 前表面→后表面

(c) 左表面→右表面

图 2-20　应力路径 1 煤体内部 CT 切面图像

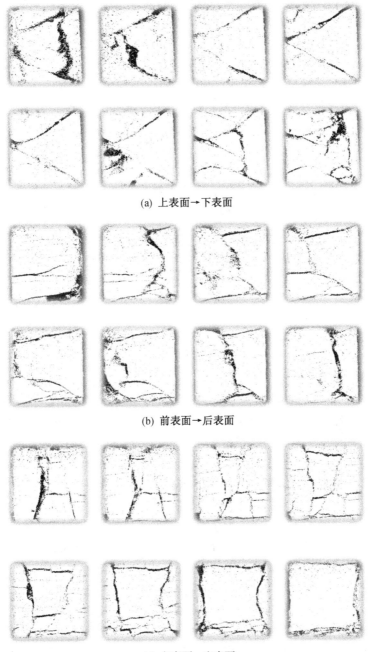

(a) 上表面→下表面

(b) 前表面→后表面

(c) 左表面→右表面

图 2-21　应力路径 2 煤体内部 CT 切面图像

剪切裂隙沿 σ_2 方向扩展形成，由左表面至右表面，纵向裂隙的贯通程度无明显变化，而横向裂隙的贯通程度逐渐增强，靠近左表面时，多数横向裂隙从试件边缘开始发育、与纵向裂隙产生交汇后停止发育，或仅在 2 条互相平行的纵向裂隙之间扩展发育，随着纵向裂隙间距逐渐增大，在其之间发育的横向裂隙长度有所增大。与前后表面平行的断面上，沿层理的横向裂隙分布密集，且贯通程度较高，与图 2-21c 中的横向裂隙不同，这些横向裂隙并不始终与层理平行，例如：从试件边缘起，原本平行发育的 2 条裂隙逐步产生交汇，如图 2-21b 第 4 ~ 第 6 张切片。

　　与路径 1 相比，路径 3 维持最大主应力方向不变，阶段 2 对调了中间及最小主应力方向，加卸载试验后，试件破碎块体数量明显多于应力路径 1，且破碎块体无法自稳，这种情况下，使用塑料泡沫、胶带等将其裹缠后完成了本次扫描。图 2-22 为应力路径 3 煤体内部的裂隙演化特征，图 2-22b 及图 2-22c 显示出该应力路径下煤体呈明显的剪切破坏特征。试件四周边缘均被"〈"形或"〉"形裂隙切割，破坏后相应块体脱落，而上表面附近破坏程度最轻，图 2-22a 第 1 张切片仅右侧边缘有宏观裂隙发育，继续向下表面延深，破坏逐渐加剧，从第 4 张切片位置起，可以看出煤体内宏观裂隙近似垂直，互相垂直的裂隙实际是剪切破裂面沿最大主应力方向扩展所致，因路径 1 和路径 3 最大主应力方向相同，而路径 1 对应的切片图像未见类似交叉特征的裂隙，推断是中间及最小主应力方向互换而导致。前表面至后表面的裂隙分布（图 2-22b）表明，试件内部在该方向呈 "V" 形破坏，"V" 形两侧煤体较为破碎，平行于层理方向的裂隙极少发育。从左表面至右表面方向（图 2-22c）的第 3 张切片起，剪切裂隙近似沿对角线斜切发育，与应力路径 1 前表面至后表面方向贯通度最强的剪切裂隙扩展方向是一致的，且路径 1 左表面至右表面方向未见类似的裂隙扩展方向，再次说明中间主应力方向的变化引起了煤体裂隙扩展规律及破裂形态的改变。

　　图 2-23 为应力路径 4 煤体内部的裂隙演化特征，可以看出，由于阶段 2 发生应力方向变换后最大主应力作用于左、右表面，而最小主应力与层理垂直，平行于左、右表面（图 2-23c）的切片上发生明显的共轭剪切破坏，多数剪切裂隙与层理方向近似平行，另有沿对角线发育的破碎带贯穿始终，破碎带内裂隙相互平行、长度较短、密集发育，且几乎不与破碎带之外的裂隙交汇，整体表现得相对独立，该破碎带的存在和上述近似与层理平行的剪切裂隙共同作用下使得试件边缘容易发生块体脱落，脱落部分在切片图像中以黑色区域显示；其他 2 个方向的扫描图像表明，试件不同断面均分布有大量的横向裂隙，这些横向裂隙实质上是剪切裂隙沿层理方向扩展形成，除此之外，在试件上表面及右表面边缘有少量与之垂直的拉裂隙发育，拉裂隙平面与 σ_2-σ_3 平面平行，均未贯通整个切面，但

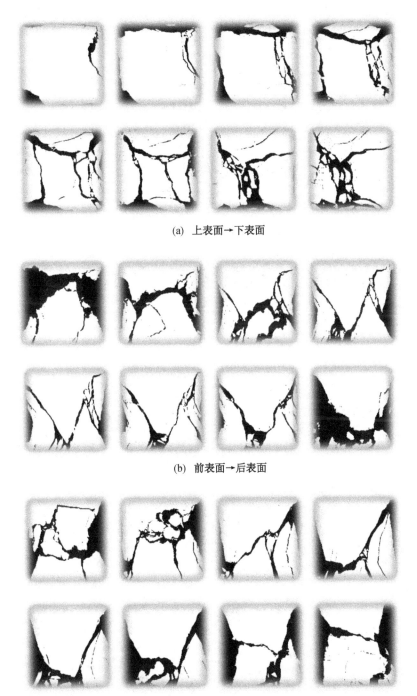

(a)　上表面→下表面

(b)　前表面→后表面

(c)　左表面→右表面

图 2-22　应力路径 3 煤体内部 CT 切面图像

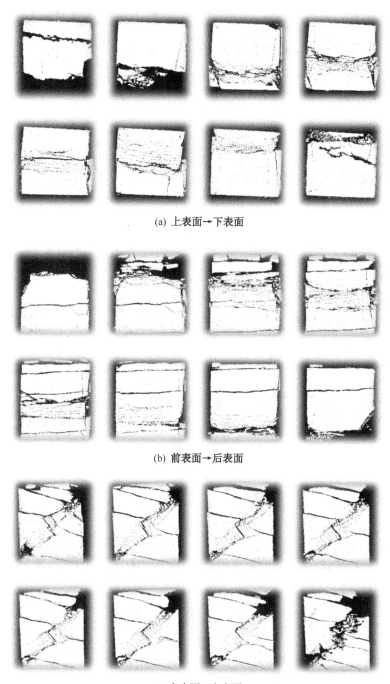

(a) 上表面→下表面

(b) 前表面→后表面

(c) 左表面→右表面

图 2-23　应力路径 4 煤体内部 CT 切面图像

在其贯通范围内，由于剪切裂隙沿层理的扩展，上表面及右表面边缘附近区域已被切割成更小的块体结构，如图 2-23 所示。

综上所述，三向应力方向变化使得煤体裂隙扩展方向及破坏形态随之改变。当最大主应力垂直层理面时，试件四周剪切裂隙发育，试件内部主破裂面大致沿对角线纵向发育，若伴有中间主应力与最小主应力方向调换，试件四周剪切破坏程度加剧，且试件内部更破碎；当最大主应力、中间主应力与层理方向平行，在最大主应力作用面分布有密集的剪切裂隙，剪裂隙沿层理方向扩展形成破裂面；当最大主应力、最小主应力与层理方向平行，在最大主应力作用面仅分布有张拉裂隙，最小主应力作用面亦有张拉裂隙发育，但贯通度较弱，主破裂面沿垂直于层理的方向。可见，当最大主应力与层理方向平行时，煤体的破坏形态取决于中间主应力方向。

2.3　采场覆岩三向采动应力旋转效应与失稳过程

2.3.1　数值模型及测线布置

为了分析采场上覆岩层的采动应力时空演化特征，以淮南新集口孜东煤矿千米深井超长工作面大采高开采为工程背景，采用 3DEC 数值模拟软件分析得出了沿工作面推进方向、工作面长度方向上覆岩层的三向采动应力变化规律。

口孜东煤矿 121304 工作面开采 13^{-1} 号煤层，煤层厚度为 2.20~6.66 m，平均厚度 5.18 m，煤层普氏硬度系数为 0.8~1.6，埋深约为 1000 m，平均倾角约为 9°，采用大采高一次采全厚开采方法，工作面长度为 350 m，最大开采高度为 5.8 m，煤层顶底板岩层赋存情况如图 2-24 所示，通过现场取样并进行力学测试获取其物理力学参数，见表 2-1。

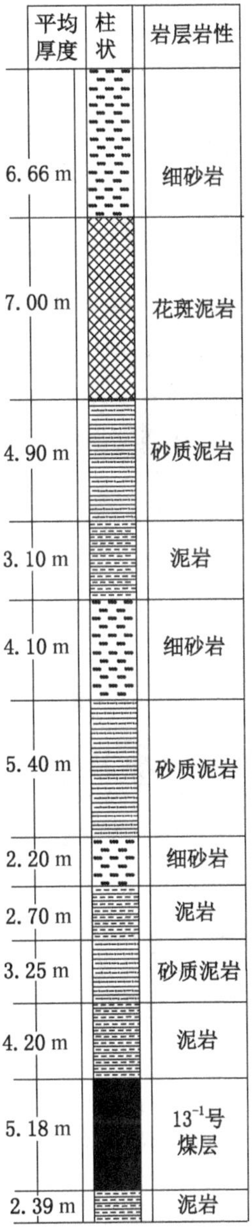

平均厚度	柱状	岩层岩性
6.66 m		细砂岩
7.00 m		花斑泥岩
4.90 m		砂质泥岩
3.10 m		泥岩
4.10 m		细砂岩
5.40 m		砂质泥岩
2.20 m		细砂岩
2.70 m		泥岩
3.25 m		砂质泥岩
4.20 m		泥岩
5.18 m		13^{-1}号煤层
2.39 m		泥岩

图 2-24　煤层柱状图

表 2-1 顶底板岩层物理力学参数

岩性	密度/ （kg·m⁻³）	内聚力/ MPa	内摩擦角/ （°）	弹性模量/ GPa	泊松比	抗拉强度/ MPa
细砂岩	2587	7.53	38	24.07	0.135	6.6
花斑泥岩	2514	5.62	36	17.273	0.191	3.75
砂质泥岩	2643	5.84	38	14.266	0.199	4.4
煤层	1345	1.8	28	2.183	0.155	1.42
泥岩	2654	3.67	38	14.978	0.304	2.32

基于口孜东煤矿 121304 工作面煤层赋存条件建立 3DEC 数值计算模型，在模型顶部施加上覆岩层的自重载荷，在模型四个侧面施加准静水压力约束，根据围岩的节理裂隙分布特征，确定离散元块体尺寸，采用软件自带模块随机生成次生节理，为消除模型边界效应影响，工作面两侧各留 50 m 煤柱。工作面每次开挖 5 m，为了揭示工作面周期来压过程中采动应力循环加卸载的时空演化特征，沿工作面推进方向布置一条测线（距煤柱 100 m），沿工作面长度方向布置四条测线，其中两条测线位于工作面前方实体煤侧，两条测线位于工作面后方采空区侧，如图 2-25 所示，选取工作面推进 115 m 时（工作面已完成初次来压及周期

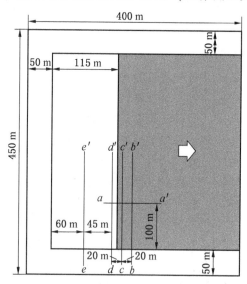

a–a′：工作面推进方向测线；*b–b′*：工作面前方 30 m 沿工作面长度方向测线；
c–c′：工作面前方 10 m 沿工作面长度方向测线；*d–d′*：工作面后方 10 m 沿工作面长度方向测线；
e–e′：工作面后方 55 m 沿工作面长度方向测线

图 2-25 测线布置

来压），对工作面前、后方不同位置煤层基本顶（砂质泥岩）的应力状态（σ_x、σ_y、σ_z、τ_{xy}、τ_{yz}、τ_{zx}）进行监测。

　　由于煤层开挖形成的周期性采动应力是一种复杂的循环加卸载过程，通过对沿工作面推进方向、工作面长度方向不同测点的三向采动应力状态进行分析，便可以得出一个周期内采动应力的时空演化特征，为深部采场围岩稳定控制提供基础。

2.3.2　沿工作面推进方向采动应力时空演化特征

　　为了分析沿工作面推进方向采动应力的时空演化特征，对工作面前方 75 m、后方 15 m 范围内顶板岩层的应力状态进行监测（沿工作面推进方向测线 a-a'），并基于弹塑性力学理论，采用 Matlab 自主开发了三向采动应力数据处理程序，计算得出了各监测点的三向主应力大小及主应力方向，采用极射赤平投影的方法绘制了最大与最小主应力方向的变化规律，其中沿工作面长度方向为正北方向，工作面顶板岩层的三向采动应力变化过程如图 2-26 所示。

　　工作面后方 15 m 至工作面前方 75 m 处，由于工作面后方顶板岩层发生断裂、垮落，其三向主应力均较小，但在工作面煤壁处其最大主应力显著增大，并在工作面前方 15 m 处达到峰值，随后又出现缓慢下降。中间主应力与最小主应力的变化趋势基本一致，在工作面煤壁处其主应力值迅速增大，但在工作面前方 45 m 处其主应力值再次显著增大。

　　在工作面前方 75 m 处，最大主应力的方向近似为垂直方向，中间主应力方向近似为沿工作面推进方向，最小主应力方向近似为沿工作面长度方向；由工作

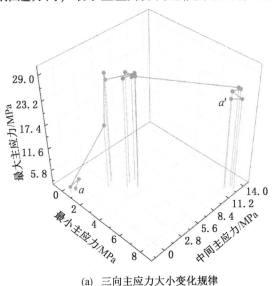

(a)　三向主应力大小变化规律

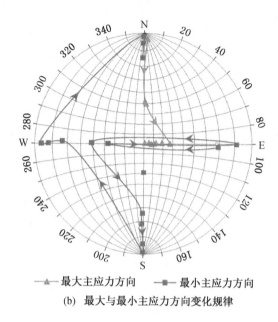

(b) 最大与最小主应力方向变化规律

图 2-26 *a–a′* 测线三向主应力变化曲线

面前方 75 m 处至工作面煤壁处，其最大主应力的方向逐渐向工作面推进方向偏转，在工作面前方 15 m 处（最大主应力峰值位置），最大主应力的方向出现显著偏转，并在工作面煤壁处与工作面推进方向角度约为 50°，而到工作面后方 10 m 处，最大主应力的方向则近似为沿工作面推进方向，最大主应力的方向发生了近似 90° 旋转。

在工作面前方 75 m 处，最小主应力的方向近似为工作面长度方向，由工作面前方 75 m 处至工作面煤壁处，最小主应力的方向逐渐发生偏转，在工作面前方 15 m 处（最大主应力峰值位置），最小主应力与工作面推进方向约为 32°，与工作面长度方向约为 117°，在工作面煤壁处，则近似与工作面长度方向垂直，而与工作面推进方向约为 40°，在工作面后方则近似与工作面推进方向垂直，最小主应力方向同样发生大幅偏转。

因此，由工作面前方 75 m 至工作面前方 15 m 处，工作面顶板岩层呈现垂直方向主应力增大，而水平方向主应力降低，即轴压增大、围压降低，其最大与最小主应力的差值呈逐渐增大趋势，如图 2-27 所示（横轴负值表示采空侧与煤壁的距离），且最大主应力逐渐向工作面推进方向偏转；由工作面前方 15 m 至工作面煤壁位置，其最大、最小主应力均显著下降，但其最大与最小主应力的差值未发生显著变化；在工作面后方，由于上覆岩层发生了明显破断，最大与最小主应力均显著降低，且最大与最小主应力的差值也显著降低，最大主应力方向近似与工作面推进方向平行，最小主应力则与工作面长度方向和垂直方向均成一定夹角，三向主应力的大小、方向均发生了显著变化。

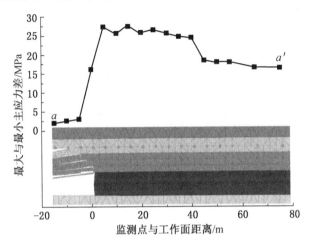

图 2-27　最大、最小主应力差值变化规律

由上述分析可知，在煤层开采过程中不仅主应力的大小发生了变化，其方向也发生了显著偏转，尤其是最大主应力方向发生了近似 90° 偏转。基于上述三向采动应力强扰动判别指标，计算得出了工作面前方不同位置的采动应力扰动系数 k_{3d}，如图 2-28 所示（横轴负值表示采空侧与煤壁的距离）。在工作面前方 40 m

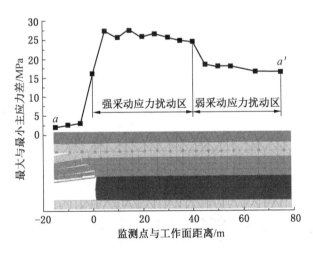

图 2-28　采动应力扰动强度分区

范围内，其采动应力强度系数均大于1，且呈现出逐渐降低的趋势；在工作面前方40~75 m范围内，其采动应力强度系数均小于1。因此，将工作面前方40 m范围视为强采动应力扰动区，工作面前方40 m范围以外，则视为弱采动应力扰动区。由于工作面后方上覆岩层已发生断裂破坏，难以再用应力扰动强度进行表征，可视为强采动应力扰动导致的损伤破坏区。

2.3.3 沿工作面长度方向采动应力时空演化特征

为了分析工作面不同位置采动应力的时空演化特征，对工作面前方强采动应力扰动区（前方10 m、30 m位置），以及工作面后方强采动应力扰动导致的损伤破坏区（后方10 m、55 m位置）的三向采动应力进行了监测，测线布置沿工作面长度方向，测点布置如图2-29所示（横轴负值表示煤柱侧与工作面的距离），获得了距工作面不同位置沿工作面长度方向的三向采动应力变化曲线，利用自主开发的三向采动应力数据处理程序获取了最大、最小主应力方向变化情况，绘制了最大与最小主应力方向变化的极射赤平投影图，如图2-30所示。

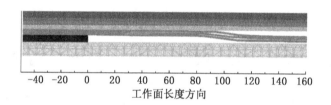

图2-29 沿工作面长度方向测点布置

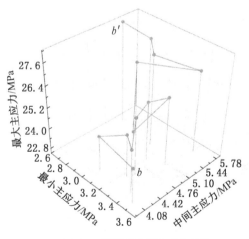

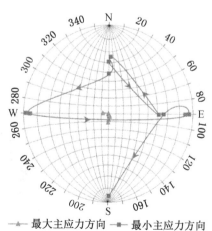

(a) b—b′测线采动应力变化规律   (b) b—b′测线最大与最小主应力方向变化规律

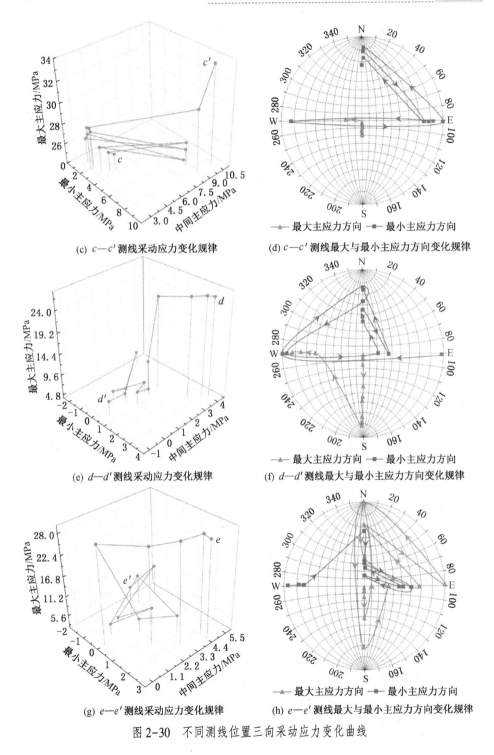

(c) c—c′测线采动应力变化规律

(d) c—c′测线最大与最小主应力方向变化规律

(e) d—d′测线采动应力变化规律

(f) d—d′测线最大与最小主应力方向变化规律

(g) e—e′测线采动应力变化规律

(h) e—e′测线最大与最小主应力方向变化规律

图 2-30　不同测线位置三向采动应力变化曲线

对工作面前方 30 m 位置（b-b'测线）的各测点数据进行分析，由煤柱向工作面长度方向，其最大主应力呈现逐渐增大的趋势，而最小主应力则呈现逐渐减小的趋势，最大、最小主应力的差值增大。由于上覆岩层尚未发生破坏，最大主应力的方向为垂直方向，且各测点未发生显著变化，但最小主应力的方向沿 b-b'测线逐渐向工作面推进方向发生了部分偏转，在工作面中部位置近似与工作面方向平行。

对工作面前方 10 m 位置（c-c'测线）的各测点数据进行分析，由于受采动应力影响较大，煤柱侧的最大主应力较工作面前方 30 m 位置（b-b'测线）增加，且同样出现由煤柱向工作面长度方向最大主应力逐渐增大的现象，但最小主应力出现较大波动，且出现了三次突然增大的现象，分析认为主要是由于煤层开采导致上覆岩层发生初始裂隙错动所致。在工作面中部位置则出现最大主应力与最小主应力均明显增大的现象，主要是由于工作面中部受采动应力影响较大。在煤柱侧，最大主应力的方向为近似垂直，但由煤柱向工作面长度方向，最大主应力的方向发生了偏转，向工作面推进方向偏转了约 22°。最小主应力则由近似沿工作面推进方向，向垂直方向偏转，并且沿工作面长度方向也出现了一定角度的偏转。

对工作面后方 10 m 位置（d-d'测线）的各测点数据进行分析，由于工作面上覆岩层已发生破断，在煤柱上方顶板岩层出现了应力集中，导致煤柱上方顶板的最大主应力较工作面前方 10 m、30 m 位置显著增大，且最大、最小主应力的差值也较工作面前方 10 m、30 m 位置增大，如图 2-31 所示。在煤柱侧，最大主应力的方向为近似垂直，但在工作面侧 5 m 测点位置，最大主应力的方向已经发生了近 43°偏转，且与工作面长度方向和工作面推进方向均成一定角度。由煤柱与工作面交界位置向工作面长度方向，由于上覆岩层发生了损伤、断裂，最大主应力显著降低，且最大主应力的方向逐渐偏转至与工作面推进方向近似平行。最小主应力则在煤柱与工作面交界位置已经发生显著降低，说明上覆岩层断裂的范围较工作面开采区域更大。在工作面侧 75 m 位置，出现了一个二向水平主应力均突然显著增大的点（图 2-30e 中的上翘点），水平主应力突然显著增大表明该位置为上覆岩层断裂后形成的铰接点。

对工作面后方 55 m 位置（e-e'测线）的各测点数据进行分析，由于该位置上覆岩层的断裂垮落更加充分，所以在煤柱侧的应力集中程度更大，煤柱上方岩层的最大主应力更大，且最小主应力进一步降低，最大、最小主应力的差值进一步增大。在工作面采空区侧，沿工作面长度方向 10 m 位置的最大主应力仍然较大，且水平主应力近似降低为零，说明该处岩层已经完全断裂垮落，且断裂后与

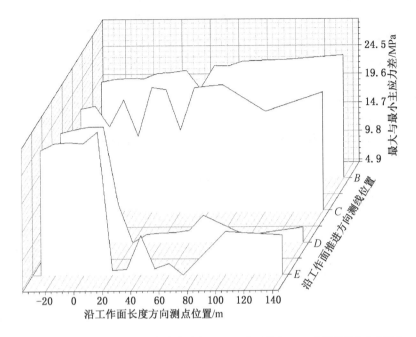

B—工作面前方 30 m 位置沿面长方向测线；C—工作面前方 10 m 位置沿面长方向测线
D—工作面后方 10 m 位置沿面长方向测线；E—工作面后方 55 m 位置沿面长方向测线

图 2-31　不同测线位置最大与最小主应力差值变化曲线

周边岩层完全断开，并未形成铰接结构。最大主应力方向主要向沿工作面推进方向发生偏转，最小主应力则由工作面推进方向逐渐向垂直方向偏转，但并未发生 90°偏转。

　　基于上述分析可知，由工作面前方（b-b'测线）向工作面后方（e-e'测线），在煤柱侧，煤柱上方岩层的最大主应力逐渐增大，且最大、最小主应力的差值也逐渐增大（图 2-31）；在工作面侧，工作面上方岩层的最大主应力在工作面前方位置（b-b'测线、c-c'测线）也略有增大，但最大、最小主应力的差值则有一定波动；在工作面后方位置（d-d'测线、e-e'测线）最大、最小主应力均显著下降，最大、最小主应力的差值也显著下降，且主应力方向发生了明显偏转。

2.3.4　三向采动应力演化与覆岩断裂失稳过程的映射关系

　　由上述采场上覆岩层的采动应力时空演化分析结果可知，煤层开采导致工作面上方岩层内三向采动应力的大小、方向、最大与最小主应力差值等均发生了显著变化，导致上覆岩层产生损伤、破断，但关于上覆岩层在不同破断阶段的应力演化特征鲜有研究。

为了分析采场上覆岩层破断过程的应力演化特征，采用3DEC数值模拟方法对口孜东煤矿上覆岩层的断裂过程与应力场的变化规律进行了模拟分析，得到了采场上覆岩层由初始原岩应力状态至采动损伤破坏、离层、断裂失稳、压实等整个过程的采动应力演化特征，获取了工作面上覆岩层的全周期采动应力-位移曲线，如图2-32所示。

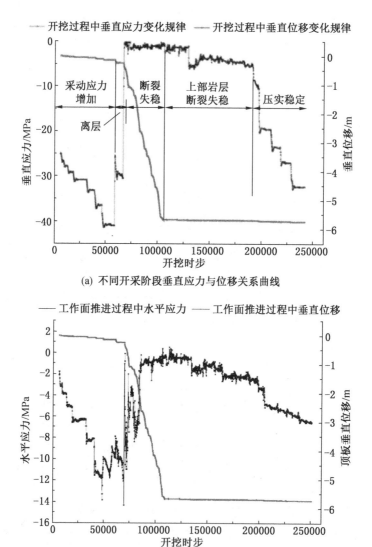

(a) 不同开采阶段垂直应力与位移关系曲线

(b) 不同开采阶段水平应力与位移关系曲线

图2-32 不同开采阶段上覆岩层的采动应力与位移关系曲线

基于工作面上覆岩层破断过程的采动应力与位移关系曲线，笔者将工作面顶板岩层的破断过程细分为五个阶段：

（1）采动应力增加阶段。随着工作面煤层的持续开采，工作面前方煤体的垂直应力持续增加，其水平应力也逐渐增大；由前述深部采场的采动应力时空演化特征分析结果可知，煤层开挖促使工作面上覆岩层的三向采动应力大小、方向发生变化，导致围岩体发生损伤破坏，同时由于受到垂直应力增加的作用，工作面顶板岩层发生了压缩变形，其垂直位移量也表现出略有增大的现象，如图2-32a 所示。

（2）顶板岩层发生离层阶段。当工作面推进至监测位置时（即开挖时步为 56355 时），监测岩层的垂直位移略有明显增大，但垂直应力出现突然显著降低的现象，并迅速降低至近似为零，这主要是由于顶板岩层发生离层后，在垂直方向不再具备传力条件，所以垂直方向的应力迅速大幅下降，并趋于零。但该阶段水平应力出现剧烈波动，并出现水平应力的最大值（图2-32b），说明顶板岩层在离层过程中发生了水平旋转、挤压，导致水平应力波动增大。

（3）顶板岩层断裂失稳阶段。当水平应力达到最大值后，其水平应力波动下降，同时顶板岩层的垂直位移迅速显著下降，并达到最大值，此时，顶板岩层发生了断裂失稳，当垂直位移达到最大值的近三分之一处时，其水平应力已降低至近似为零，即顶板岩层已经发生完全断裂。

（4）顶板岩层的上部岩层发生断裂失稳阶段。当顶板岩层发生断裂失稳后，有相当长一段时间顶板岩层的垂直应力、水平应力、垂直位移并未发生显著变化，只是发生了小范围的波动，对模拟结果进一步分析发现，顶板岩层的上部岩层并未随顶板岩层发生同步断裂，所以不具备垂直应力与水平应力的传力条件，导致垂直应力、水平应力均近似为零。

（5）上覆岩层压实稳定阶段。当顶板岩层的上部岩层发生断裂失稳后，将对垮落的顶板岩层形成力的传递，表现为垮落的顶板岩层垂直应力、水平应力均持续显著增加，同时其垂直位移也略有增大，主要是受上覆岩层压实过程中在垂直方向发生了压缩变形，导致其垂直位移量略有增大。

由上述工作面顶板岩层破断过程的采动应力与位移关系分析结果可知，顶板岩层在发生断裂失稳前会先发生离层，而在离层阶段顶板岩层的垂直应力已经近似为零，而水平应力则出现波动增加的现象，即由离层阶段至断裂失稳阶段，围岩断裂结构的稳定性主要受水平应力影响。

基于大量地应力现场实测结果可知，随着埋深的增加，垂直应力、水平应力均显著增大，但水平应力增加的速度较垂直应力增加的速度小，即最大剪应力随

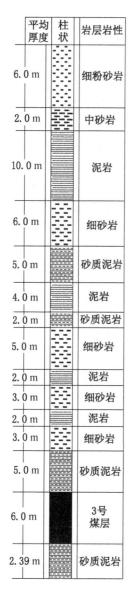

平均厚度	柱状	岩层岩性
6.0 m		细粉砂岩
2.0 m		中砂岩
10.0 m		泥岩
6.0 m		细砂岩
5.0 m		砂质泥岩
4.0 m		泥岩
2.0 m		砂质泥岩
5.0 m		细砂岩
2.0 m		泥岩
3.0 m		细砂岩
2.0 m		泥岩
3.0 m		细砂岩
5.0 m		砂质泥岩
6.0 m		3号煤层
2.39 m		砂质泥岩

图2-33　3号煤层上覆岩层
钻孔柱状图

着埋深的增加而增大，而煤层开采形成的采动应力促使工作面前方顶板岩层的最大主应力进一步增大，最小主应力降低，其最大剪应力进一步增大，导致顶板岩层更容易发生剪切破坏。但是，由上述分析可知，顶板岩层在离层阶段已经不具备垂直应力的传力条件，顶板岩层断裂结构是否发生失稳主要受水平应力的影响。因此，采场上覆岩层是否发生损伤破坏主要受三向采动应力状态及变换形式的影响，而上覆岩层离层后形成的损伤断裂结构是否发生失稳则主要受水平应力的影响。

2.4　区段煤柱三向采动应力旋转效应与失稳过程

2.4.1　数值模型及测线布置

唐安煤矿目前主要开采3号煤层，煤层厚度为3.35~6.76 m，平均厚度约为6.0 m，煤层结构简单，内生裂隙较为发育，普氏硬度系数约为$f=0.5$，煤层倾角约为3°~7°，属于近水平煤层，煤层埋深约为350 m，煤层底板主要为砂质泥岩、粉砂岩，顶板主要为砂质泥岩、细砂岩等，如图2-33所示。

唐安煤矿3号煤层采用综采放顶煤开采方法，且3311工作面、3313工作面为相邻工作面，工作面长度均约为240 m，推进长度约为521 m，工作面位置关系如图2-34所示。工作面开采高度约为3.0 m，放煤厚度约为3.0 m，采用采一放一、全部垮落法管理顶板，工作面两端头区域不进行放煤；巷道断面尺寸为5.0 m×3.5 m，煤柱宽度为20 m。在3313工作面采用取芯钻机对上覆岩层进行取芯，并进行岩石物理力学参数测试，上覆岩层的物理力学参数测试结果见表2-2。

表2-2 3号煤层顶底板岩层物理力学参数

岩性	密度/ (kg·m⁻³)	内聚力/ MPa	内摩擦角/ (°)	体积模量/ GPa	剪切模量/ GPa	抗拉强度/ MPa
细粉砂岩	2650	2.64	26.04	21.37	11.02	5.14
中粒砂岩	2754	8.25	33.97	14.75	10.16	2.44
泥岩	2300	1.88	21.05	10.81	4.42	5.14
细砂岩	2754	8.25	33.97	14.75	10.16	4.73
砂质泥岩	2650	2.64	26.04	21.37	11.02	3.34
泥岩	2304	1.93	22.28	10.24	4.45	3.20
砂质泥岩	2322	2.10	23.52	9.75	4.50	2.44
细砂岩	2300	1.88	21.05	10.81	4.42	3.15
泥岩	2297	1.88	24.77	9.38	4.58	5.14
细砂岩	2754	8.25	33.97	14.75	10.16	4.73
泥岩	2650	2.64	26.04	21.37	11.02	3.23
细砂岩	2322	2.12	23.52	10.23	4.72	4.73
砂质泥岩	2650	2.64	26.04	21.37	11.02	3.34
3号煤层	1520	3.29	20.32	1.57	0.61	0.61
砂质泥岩	2650	2.64	26.04	21.37	11.02	5.14

根据唐安煤矿3号煤层赋存条件及工作面参数构建3DEC数值计算模型，为了提高模型计算效率，3311、3313工作面长度按对称结构均取一半，数值模型的尺寸为120 m（工作面推进长度）×270 m（工作面、巷道及煤柱宽度）×110 m（模型高度），在区段煤柱布置3条测线，对煤柱的三向主应力、位移变化规律进行监测，如图2-34所示。

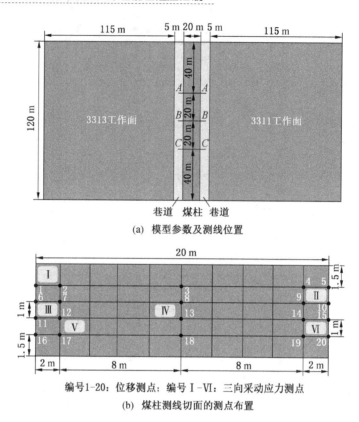

(a) 模型参数及测线位置

编号1-20：位移测点；编号Ⅰ-Ⅵ：三向采动应力测点

(b) 煤柱测线切面的测点布置

图 2-34 数值模型参数及测线、测点布置

模型的四个侧面及底面均施加位移边界，底面限制三个方向的位移，侧面限制水平方向的位移，在模型的上表面施加垂直方向为 6.25 MPa 的应力边界，模拟厚度为 266 m 的上覆岩层重力，确定 3DEC 模型块体尺寸，随机生成次生节理。在煤柱距离模型两侧 40 m 位置分别各布置一条测线（A—A、C—C），并在煤柱的中间位置布置一条测线（B—B），按煤层厚度将煤柱分为两个区域，上部 2.5 m 为顶煤区域，下部 3.5 m 为巷道开挖、工作面回采影响区域，分别在两个区域沿水平方向不同位置布设测点，对煤柱的三向采动应力、位移、破坏区进行监测，如图 2-34b 所示。

严格按照工程现场巷道及工作面回采顺序进行开挖模拟，首先进行两个巷道的开挖，由于主要对煤柱的采动应力进行研究，暂不考虑巷道锚网支护的影响，然后进行 3311 工作面开挖模拟，再进行 3313 工作面开挖模拟，由于工作面现场两端头不进行放煤，因此模型两端头也不进行放煤处理，最后进行一定时步计算，模拟工作面开采完毕之后的回采结束稳定阶段。

2.4.2　煤柱上部区域三向采动应力时空演化规律

煤柱上部区域指厚度为 2.5 m 的顶煤范围，在煤柱上部区域的两侧分别布设了 Ⅰ、Ⅱ测点，其中测点Ⅰ左侧为 3313 工作面，测点Ⅱ右侧为 3311 工作面，按照巷道开挖、右侧 3311 工作面回采、左侧 3313 工作面回采的顺序进行模拟。基于弹塑性力学理论，通过编写 fish 函数计算测点的三向主应力值，及三向主应力与垂直方向、工作面长度方向、工作面推进方向的余弦值，采用 Python 语言自主开发了数据分析软件，可以自动获取三向主应力值及在各个方向的应力分量。受文章篇幅限制，仅对 B—B 测线进行分析，测点Ⅰ、Ⅱ的三向主应力大小、方向变化如图 2-35 所示，由于三个主应力的方向正交，仅列出了最大、最小主应力的方向变化。为了方便对主应力的方向变化进行标识，采用三维空间象限划分的方法对最大、最小主应力点所在的空间位置进行标记，分析三向主应力全周期时空演化规律。

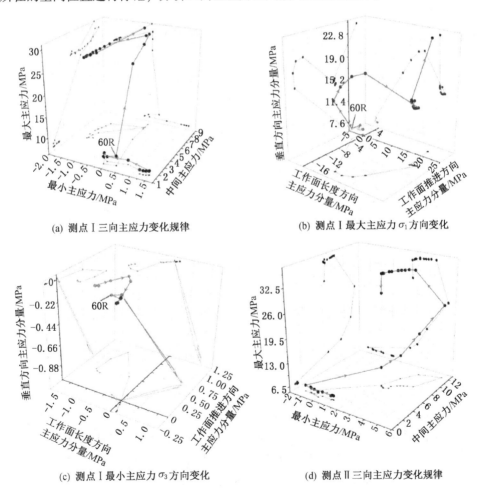

(a) 测点Ⅰ三向主应力变化规律

(b) 测点Ⅰ最大主应力 σ_1 方向变化

(c) 测点Ⅰ最小主应力 σ_3 方向变化

(d) 测点Ⅱ三向主应力变化规律

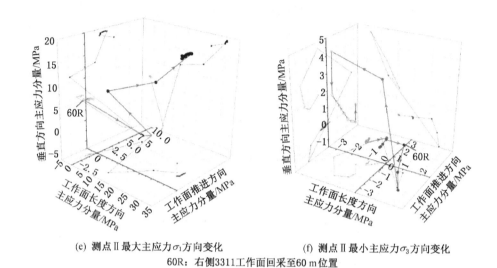

(e) 测点 Ⅱ 最大主应力 σ_1 方向变化　　　　　(f) 测点 Ⅱ 最小主应力 σ_3 方向变化

60R：右侧3311工作面回采至60 m位置

图 2-35　*B—B* 测线 Ⅰ、Ⅱ 测点三向主应力大小及方向变化

通过对测点 Ⅰ 的三向主应力大小及方向演化特征进行分析发现，在巷道掘进期间，其三向主应力大小均呈现缓慢增加趋势，但增幅均较小，最大主应力方向为近似沿垂直方向，最小主应力方向为近似沿工作面长度方向（与工作面推进方向有一定夹角），中间主应力方向为近似沿工作面推进方向（与工作面长度方向有一定夹角），且在巷道掘进期间未发生显著变化。

右侧 3311 工作面开始回采时，测点 Ⅰ 的最大主应力发生微幅上升，但其中间主应力出现较大增幅，且最小主应力出现显著下降，最大主应力方向变化不大，但中间主应力、最小主应力开始进行一定角度旋转；随着工作面继续推进，最大主应力出现波动增加，中间主应力则出现小幅震荡，最小主应力则由压应力变为拉应力（文中统一按压为正、拉为负）。当 3311 工作面推进至 51 m 时，其最大主应力出现较大增幅，中间主应力、最小主应力则出现大幅下降，最大主应力方向仍未发生显著变化，但中间主应力已经由沿工作面推进方向逐渐向沿工作面长度方向旋转，且更偏向于工作面长度方向，最小主应力则更偏向于工作面推进方向。当工作面推进至 60 m 位置时（图中 60R 标记点），三向主应力均出现大幅增加，最小主应力由拉应力变为压应力，且最大主应力开始向工作面推进方向旋转（仍为近似垂直方向，但已旋转至第三象限），中间主应力则再次旋转回近似沿工作面推进方向，但与垂直方向有一定夹角，最小主应力则旋转回近似沿工作面长度方向。当工作面继续推进至 72 m 时，其最大主应力发生大幅增加（由 8.33 MPa 增至 24.58 MPa），且最大主应力方向同时向工作面长度方向、工作面推进方向旋转（由第三象限旋转至第四象限），并与工作面推进方向和垂直方向的夹角基本相等；中间主应力同样发生了大幅增加（由 1.79 MPa 增至 5.66 MPa），且主应力向工作面长度方向旋转，并与工作面长度方向、工作面推进向的夹角基本相等；最小主应力则大幅减少（由 0.33 MPa 降至 0.017 MPa），并与工作面长度方向、垂直方向的夹角基本相等；随着工作面继续推进，其最大主应力值、中间主应力值继续增加，但增幅逐渐降低，最小主应力值则近似保持不变，最大主应力方向逐渐向工作面长度方向发生小幅偏转，中间主应力则向工作面推进方向发生小幅偏转，最小主应力方向则基本保持不变。当 3311 工作面全部回采完毕后，其最大主应力值出现小幅下降（由 29.11 MPa 降至 26.61 MPa），中间主应力值则同样发生小幅下降（由 7.83 MPa 降至 7.2 MPa），最小主应力则由压应力变为拉应力（由 0.17 MPa 变为-1.24 MPa），其最大主应力方向则向工作面长度方向大幅旋转（位于第一象限），中间主应力则向垂直方向大幅旋转，最小主应力则旋转幅度较小。

随后左侧 3313 工作面回采过程中，最大主应力发生小幅下降，但在左侧 3313 工作面推进至 60 m 位置时（B—B 测线位置），其应力值出现了一定幅度的增加（由 25.59 MPa 增至 26.5 MPa），随后便开始小幅下降，但在最终回采结束稳定阶段发生了小幅增大（由 25.99 MPa 增至 30.94 MPa），最大主应力方向则缓慢向垂直方向旋转，最终与工作面推进方向近似正交，而与工作面长度方向、垂直方向的夹角近似相等。

中间主应力则在左侧 3313 工作面回采过程中其应力值呈现小幅减少，但在工作面末采及回采结束稳定阶段出现了小幅增大（由 4.94 MPa 增至 7.73 MPa），其主应力方向则逐渐向工作面推进方向旋转，最终近似沿工作面推进方向（夹角余弦值 0.922），并与工作面长度及垂直方向有小幅夹角。

最小主应力在左侧 3313 工作面回采过程中呈现先增大、再减小（推进至 60 m 位置时）、再增加、再减小的规律，且一直保持为拉应力，最终应力值较小（-0.02 MPa），其主应力方向变化较小，最终与垂直方向、工作面长度方向的夹角近似相等，但同时与工作面推进方向保持一定夹角。

采用同样的方法对测点 II 的三向主应力大小及方向演化过程进行分析，在巷道掘进阶段，其三向主应力同样出现缓慢增加，且主应力方向基本不变；在右侧 3311 工作面回采初期，其最大主应力、中间主应力缓慢增大，但最小主应力下降，并由压应力变为拉应力，拉应力值逐渐增大；三个主应力的方向在回采初期并未发生显著变化。当工作面推进至 51 m 时，其最大主应力出现了小幅下降（由 6.47 MPa 降至 6.38 MPa），中间主应力也出现了下降（由 1.26 MPa 降至 0.92 MPa），最小主应力则降低至接近于零（由-0.82 MPa 降至-0.009 MPa），但最大主应力方向并未发生显著变化，而中间主应力方向突然向工作面推进方向发生大幅旋转，但与工作面长度方向的夹角降幅较小；最小主应力方向则向工作面长度方向大幅旋转，但与工作面推进方向的夹角降幅较少。当工作面推进至 60 m 时，其最大主应力、中间主应力出现小幅增大，最小主应力则增幅明显，但仍为拉应力；最大主应力的方向逐渐向工作面长度方向、工作面推进方向旋转，但仍以垂直方向为主；中间主应力方向则旋转至近似沿工作面推进方向，同时与其他两个方向存在小幅夹角；最小主应力方向则旋转至近似沿工作面长度方向（由第八象限旋转至第四象限）。在右侧 3311 工作面后续推进过程中，其三向主应力均保持较大幅度的增大，且最小主应力由拉应力变为压应力；最大主应力方向发生了大幅旋转，由近似垂直方向旋转至与工作面推进方向近似正交，但与工作面长度方向、垂直方向均呈一定夹角，且更偏向于工作面长度方向（旋转至第一象限）；中间主应力则先向工作面垂直方向大幅旋转，再向工作面推进方向旋转，并最终近似沿工作面推进方向；最小主应力则先向工作面推进方向旋转，然后再向垂直方向旋转，最终与工作面推进方向近似正交，但与工作面长度方向、垂直方向均存在一定夹角，且更偏向垂直方向（旋转至第三象限）。当右侧 3311 工作面回采结束时，其最大主应力出现大幅增大（由 25.3 MPa 增至 36.05 MPa），中间主应力、最小主应力则出现小幅下降，最大主应力方向未出现显著变化，中间主应力方向则向工作面长度方向、垂直方向发生了一定角度旋转，最小主应力则向工作面推进方向发生了一定角度旋转。

在左侧 3313 工作面回采过程中，最大主应力、最小主应力一直出现小幅下降，当工作面推进至 60 m 时，其最大主应力、最小主应力出现了小幅增加，但随后仍然缓慢下降；中间主应力则一直降低，且在工作面推进至 60 m 时，其应力值仍然出现下降；最大主应力方向在左侧工作面回采期间基本未发生显著变化，中间主应力向垂直方向发生了小幅旋转，最小主应力则向工作面推进方向发生了小幅旋转，但旋转幅度均较小。在工作面回采结束稳定阶段，最大主应力出现大幅下降（由 35.02 MPa 降至 30.25 MPa），而中间主应力、最小主应力则变化不大，最大主应力方向未发生显著变化，但中间主应力向工作面推进方向发生旋转，最小主应力则向工作面长度方向、垂直方向旋转。

2.4.3　煤柱下部区域三向采动应力时空演化特征

测点Ⅲ、Ⅳ、Ⅴ、Ⅵ位于煤柱的下部区域，其中测点Ⅲ、Ⅵ位于紧邻左右两条巷道壁的位置，测点Ⅳ则位于整个煤柱的近似中心位置，采用同样方法对四个测点的三向主应力变化进行分析，三向主应力大小、方向变化如图 2-36 所示，受文章篇幅所限, 仅详细阐述测点Ⅲ (靠近巷帮一侧) 与测点Ⅳ (靠近煤柱中心) 的三向采动应力时空演化特征。

通过对测点Ⅲ的全周期三向采动应力进行分析, 其三向主应力在巷道开挖阶段均出现小幅增加, 最大主应力方向基本未发生变化, 但中间主应力在巷道开挖后期向工作面长度方向发生小幅旋转; 最小主应力则在开挖后期向工作面推进方向发生小幅旋转。

右侧 3311 工作面回采初期, 其三向主应力均出现小幅增加, 且主应力方向在此阶段已经发生旋转, 最大主应力逐渐向工作面长度方向、工作面推进方向旋转, 且与二者的夹角相差不大; 中间主应力则由沿工作面推进方向旋转至偏向工作面长度方向 (工作面初次开挖), 然后再向工作面推进方向旋转; 最小主应力则先向工作面推进方向旋转, 然后再向工作面长度方向旋转, 并与垂直方向近似

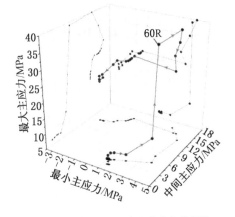

(a) 测点Ⅲ三向主应力变化规律

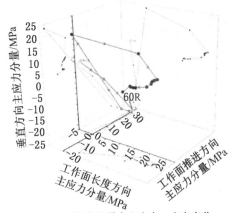

(b) 测点Ⅲ最大主应力 σ_1 方向变化

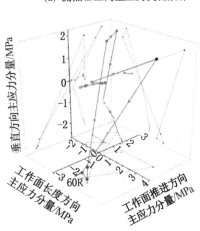

(c) 测点Ⅲ最小主应力 σ_3 方向变化

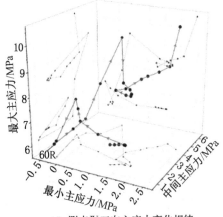

(d) 测点Ⅳ三向主应力变化规律

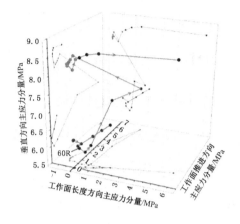

(e) 测点Ⅳ最大主应力σ₁方向变化

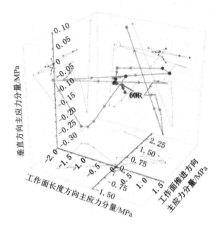

(f) 测点Ⅳ最小主应力σ₃方向变化

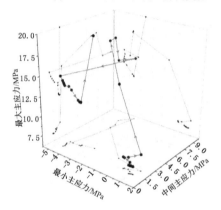

(g) 测点Ⅴ三向主应力变化规律

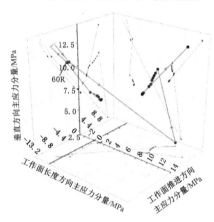

(h) 测点Ⅴ最大主应力σ₁方向变化

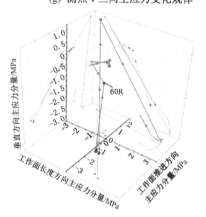

(i) 测点Ⅴ最小主应力σ₃方向变化

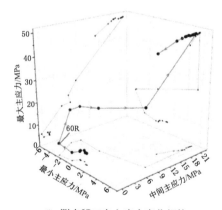

(j) 测点Ⅵ三向主应力变化规律

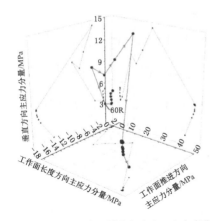 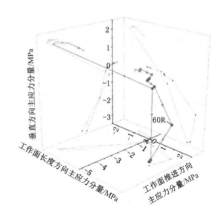

(k) 测点Ⅵ最大主应力σ₁方向变化　　　　(l) 测点Ⅵ最小主应力σ₃方向变化

60R：右侧3311工作面回采至60 m位置

图 2-36　B—B 测线Ⅲ-Ⅵ测点三向主应力大小及方向变化

正交。当工作面推进至 51 m 时，其最大主应力出现了大幅增加（由 7.04 MPa 增至 12.86 MPa），中间主应力则由 3.66 MPa 增至 5.26 MPa，最小主应力由 2.18 MPa 增至 3.83 MPa，同时其最大主应力向工作面推进方向大幅旋转（第三象限旋转至第六象限），并与工作面长度方向近似正交，中间主应力则向垂直方向、工作面长度方向发生一定角度旋转（第一象限旋转至第二象限），最小主应力则向垂直方向旋转（第六象限旋转至第一象限）。当工作面推进至 60 m 时，其最大主应力值发生大幅增加（由 12.86 MPa 增至 39.04 MPa），其方向向垂直方向旋转；中间主应力出现一定增幅，其方向向工作面长度方向旋转；最小主应力小幅下降，其方向向工作面推进方向、垂直方向旋转。当工作面推进至 72 m 时，最大主应力出现小幅上涨，中间主应力则发生大幅增加（由 7.08 MPa 增至 13.01 MPa），最小主应力也发生小幅增加，但三向主应力的方向并未发生显著变化。在后续 3311 工作面回采阶段，最大主应力持续下降，主应力方向则向工作面长度方向旋转，3311 工作面回采结束时最大主应力方向近似沿工作面长度方向，并与其他两个方向有一定夹角（第四象限）；中间主应力则呈现波动增加，其方向向工作面推进方向旋转，3311 工作面回采结束时中间主应力方向近似与工作面长度方向正交，偏向于工作面推进方向，但与垂直方向也有一定夹角（第一象限）；最小主应力呈现波动减少，3311 工作面回采结束时最小主应力由压应力变为拉应力，且最小主应力方向向垂直方向旋转（第五象限）。

左侧 3313 工作面回采期间，最大主应力逐渐下降，且在工作面推过 60 m 时，出现了较大降幅，主应力方向未发生显著变化；中间主应力同样出现逐渐下降，但降幅逐渐减少，主应力方向向工作面长度方向发生小幅旋转；最小主应力一直表现为拉应力，且拉应力值持续增大，主应力方向发生小幅变化。

最终回采结束稳定阶段，最大主应力明显增大，其方向向工作面推进方向小幅旋转；中间主应力未发生显著变化，但向工作面长度方向发生小幅旋转；最小主应力则出现小幅下降，但主应力方向未发生显著变化。

测点Ⅳ位于煤柱近似中心位置，在巷道掘进阶段，最大主应力的大小、方向均未出现显著变化；中间主应力值则略有增大，且应力方向由沿工作面推进方向向工作面长度方向发生大幅旋转；最小主应力值同样有所增大，且应力方向由沿工作面长度方向向工作面推进方向发生大幅旋转。

右侧3311工作面回采初期，最大主应力值出现小幅增大，并在工作面推进至42 m时出现阶段峰值（7.10 MPa），随后逐渐下降，当工作面推进至72 m时，降至阶段低值，然后随着工作面推进距离逐渐增大，主应力方向在工作面推过72 m后逐渐向工作面推进方向旋转；中间主应力值的变化规律与最大主应力值变化规律相同，但主应力方向发生了大幅旋转，由沿工作面长度方向向工作面推进方向、垂直方向旋转；最小主应力由压应力变为拉应力，并在工作面回采后期再次变为压应力，主应力方向向工作面长度方向旋转。

左侧3313工作面回采初期，最大主应力值出现小幅下降，工作面推进至60 m时，出现阶段应力低值，随后应力值逐渐增大，最大主应力方向出现显著变化；中间主应力出现先减小再增大的现象，应力方向逐渐向工作面长度方向旋转；最小主应力呈现先增大、再减少、再增大的现象，应力方向逐渐向工作面推进方向旋转。

在回采结束稳定阶段，最大主应力、最小主应力均出现了一定幅度的增大，中间主应力则小幅降低，但最大主应力、最小主应力均出现大幅旋转，最大主应力向工作面长度方向旋转，中间主应力向垂直方向旋转，最小主应力方向未发生显著变化。

2.4.4 三向采动应力演化规律对比分析

通过对煤柱不同测点的三向采动应力全周期时空演化规律进行对比分析，发现其三向采动应力大小及方向的数据分布具有一定的相似性，即数据分布呈现两簇或三簇的规律，数据簇之间的分割点主要为右侧3311工作面推进至51 m或60 m，及右侧3311工作面回采完毕。左侧3313工作面回采期间，当工作面推进至60 m时，数据出现了一定的"离群"特征，说明右侧3311工作面回采对煤柱影响较大，且右侧3311工作面回采结束时，煤柱测点位置的主应力值达到阶段峰值；左侧3313工作面回采导致煤柱应力叠加（"离群"值），但主要在左侧3313工作面推进至60 m位置时较为明显。

　　煤柱中心位置（测点Ⅳ）的数据相对较为离散，数据分布并未明显呈现"簇"的特征，主要是由于煤柱中心位置受采动应力及叠加的影响均较小。

　　对比不同回采阶段三向主应力的演化规律，在巷道掘进阶段，各测点的三向主应力变化差异较小，表现为小幅增加或波动，煤柱上部区域的三向主应力值及方向均未发生显著变化，但煤柱下部区域测点的中间主应力及最小主应力方向发生旋转，这主要是由于中间主应力、最小主应力的初始方向为近似水平方向，煤柱下部区域的测点均直接受到巷道掘进影响，导致水平方向的应力发生一定程度旋转，但旋转方向仍然沿水平方向。

　　测点Ⅰ、Ⅱ位于煤柱上部区域的两侧，在右侧 3311 工作面推进至 60 m 位置时，其三向主应力变化规律基本一致，但测点Ⅰ在 3311 工作面推进至 72 m 时，其最大主应力值就大幅增加至 24.58 MPa，且中间、最小主应力值及方向均发生大幅变化，而测点Ⅱ在 3311 工作面推进至 72 m 时，其最大主应力值仅为 10.02 MPa，且二者最大主应力的旋转方向差异不大，但水平主应力的旋转方向存在较大差异，测点Ⅰ的中间主应力主要向工作面长度方向旋转，最小主应力向垂直方向旋转，而测点Ⅱ的中间主应力则主要向工作面垂直方向旋转，最小主应力则向工作面推进方向旋转。随后测点Ⅰ的最大主应力逐渐下降，三向主应力方向均未出现显著变化，而测点Ⅱ的最大主应力则出现大幅增大，且三向主应力均出现大幅旋转。当右侧 3311 工作面回采完毕时，测点Ⅱ的最大主应力（36.05 MPa）显著高于测点Ⅰ的最大主应力值（26.6 MPa），但二者的最大主应力方向则相差不大；中间主应力、最小主应力的应力值及方向均存在较大差异。

　　左侧 3313 工作面回采过程中，测点Ⅰ、Ⅱ的主应力大小、方向均存在一定差异，尤其是最小主应力大小、方向，测点Ⅰ的最小主应力为拉应力，应力方向偏向垂直方向和工作面长度方向，而测点Ⅱ的最小主应力则为压应力，应力方向偏向工作面推进方向与垂直方向。

　　在最终回采结束稳定阶段，测点Ⅰ、Ⅱ的最大主应力值相差不大，但三向采动应力方向均有较大差异。上述测点Ⅰ、Ⅱ的三向主应力大小、方向的差异，主要由工作面回采顺序不同、上覆岩层断裂结构不同造成。

　　测点Ⅲ、Ⅵ分别位于煤柱下部区域的两侧，其三向主应力演化规律的差异性与上述测点Ⅰ、Ⅱ的差异性基本一致。煤柱上部区域与下部区域则存在较大差异，煤柱下部区域的主应力值明显高于煤柱上部区域，测点Ⅰ的最大主应力峰值为 29.11 MPa，而测点Ⅲ的最大主应力峰值达到 39.98 MPa，同样，测点Ⅱ的最大主应力峰值为 36.07 MPa，而测点Ⅵ的最大主应力峰值达到 49.79 MPa，这不仅与煤柱不同位置的初始应力值、覆岩断裂结构有关，还受到工作面端头不进行放煤，导致煤柱上部区域存在顶煤支撑，而煤柱下部区域在回采初期已经进行了巷道开挖，测点位置受到的采动影响更大。

对沿工作面长度方向煤柱不同测点的主应力值进行对比分析发现，越靠近煤柱中心位置，煤柱的最大主应力峰值越小，且最大与最小主应力的差值也越小，测点Ⅲ最大主应力峰值为 39.98 MPa，最大与最小主应力的差值为 35.97 MPa；测点Ⅴ最大主应力峰值为 17.8 MPa，最大与最小主应力的差值为 21.53 MPa（最小主应力为拉应力）；测点Ⅵ最大主应力峰值为 10.53 MPa，最大与最小主应力的差值为 8.59 MPa，即越靠近煤柱中心位置，煤柱越不容易发生破坏。

2.4.5 基于莫尔-库仑准则的煤柱损伤破坏过程

通过对不同测点位置煤柱的三向采动应力全周期时空演化过程进行监测，获取了煤柱的最大、最小主应力变换形式，由于篇幅有限，仅对 B—B 测线测点Ⅰ、Ⅳ、Ⅵ进行分析，如图 2-37 所示。

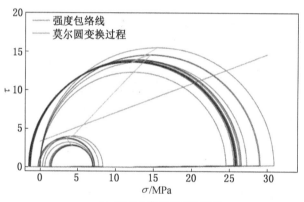

(a) 测点Ⅰ莫尔圆变换形式

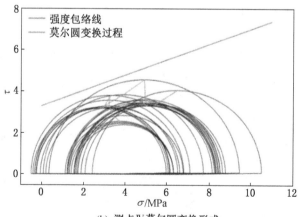

(b) 测点Ⅳ莫尔圆变换形式

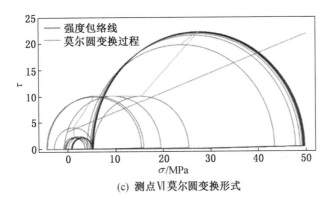

(c) 测点Ⅵ莫尔圆变换形式

图 2-37　B—B 测线不同测点莫尔圆变换形式

测点Ⅰ位于煤柱左侧，在巷道开挖阶段莫尔圆状态未发生显著变化，当右侧 3311 工作面回采时，其莫尔圆的圆心位置向左侧偏移，同时莫尔圆半径大幅增大，但并未超过强度包络线。当右侧 3311 工作面推进至 72 m 时，莫尔圆的圆心大幅向右侧偏移，且半径增大，莫尔圆超出其强度包络线，即测点位置煤柱发生破坏。左侧 3313 工作面回采期间，莫尔圆始终与强度包络线相割，且由于最小主应力出现拉应力，导致莫尔圆出现近似水平向左平移。

测点Ⅳ位于煤柱近似中心位置，巷道开挖阶段莫尔圆状态未发生显著变化，右侧 3311 工作面回采初期，莫尔圆半径大幅增大，并向左侧偏移，但未与强度包络线相割；当工作面推过 60 m 位置时，其莫尔圆逐渐向右侧偏移，且半径增大；左侧 3313 工作面回采阶段，莫尔圆的半径减少，在最终回采结束稳定阶段，莫尔圆再次向右侧偏移，远离强度包络线，该测点位置煤柱始终未发生破坏。

测点Ⅵ位于煤柱右下侧，巷道开挖阶段莫尔圆状态未发生显著变化，在右侧 3311 工作面回采初期莫尔圆逐渐向左侧偏移，当工作面推进至 60 m 时，莫尔圆向左侧偏移，且半径大幅增大，导致该测点位置煤柱发生破坏，随后莫尔圆近似发生向右侧平移的现象，在右侧 3311 工作面回采结束稳定阶段，莫尔圆半径突然大幅增大，并向左侧偏移，但仍与强度包络线相割。在左侧 3313 工作面回采期间，莫尔圆未发生显著变化。

通过对不同位置煤柱测点的莫尔圆变换进行分析发现，在工作面推进不同阶段，煤柱应力发生了复杂的变换。当最小主应力出现拉应力时，莫尔圆向左侧偏移，极易导致煤柱发生破坏；最大与最小主应力同时大幅增大，导致莫尔圆向右侧偏移，但未必导致煤柱发生破坏。测点Ⅳ的莫尔圆变换形式表示该处煤柱未发生破坏，而左侧测点发生了破坏，因此，B—B 测线处煤柱的破坏深度约为 8 m。

2.4.6 采动应力-位移-断裂结构映射关系

煤柱的损伤破坏不仅与煤体强度、尺寸参数等有关，还受到上覆岩层断裂结构、采动应力等影响，分析煤柱上覆岩层断裂结构与煤柱采动应力、位移的映射关系，将有助于揭示煤柱损伤破坏机理，对煤柱参数优化及巷道支护设计具有重要意义。

2.4.6.1 煤柱上覆岩层断裂结构分析

以 B—B 测线为基准对模型进行剖切，分析 B—B 测线煤柱上覆岩层断裂结构及失稳全过程。巷道开挖诱发巷道周边围岩应力重新分布，但并没有导致煤柱上覆岩层断裂失稳。右侧 3311 工作面回采阶段，由于顶煤厚度较薄，工作面回采后其端头未放出的顶煤发生垮落，顶煤上方的直接顶也随之垮落，但上部的基本顶及覆岩形成了断裂承载结构，导致煤柱及 3313 工作面一侧煤体内形成超前支承压力。由于一次采（放）出的煤层厚度较大（6 m），导致上覆岩层大范围断裂，且形成的断裂线较陡，部分覆岩的断裂线位于煤柱正上方，如图 2-38 所示。

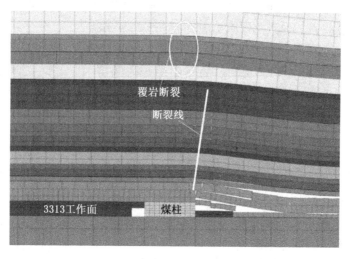

图 2-38　单侧工作面回采后上覆岩层断裂结构

左侧 3313 工作面回采阶段，其上覆岩层同样发生了周期性断裂失稳，并形成了断裂承载结构，但由于右侧 3311 工作面已经回采完毕，同层位上覆岩层的断裂位置更偏向于 3313 工作面一侧，且断裂线倾角相对比较缓和，如图 2-39 所示。

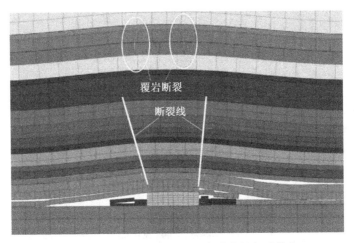

图 2-39　双侧工作面回采后上覆岩层断裂结构

通过上述分析发现，由于工作面回采顺序不同，导致煤柱上覆岩层断裂结构及断裂线呈非对称性，煤柱上覆岩层的断裂位置更偏向于后开采工作面一侧，由此导致煤柱不同位置测点的采动应力、位移呈现较大差异。

2.4.6.2　煤柱水平位移全周期变化规律

如图 2-40 所示，通过对 $A—A$、$B—B$、$C—C$ 三条测线不同测点的水平位移量进行监测，发现在 3311 工作面回采期间及 3313 工作面回采前期（推进至测线位置之前），三条测线靠近 3311 工作面一侧测点的水平位移量明显大于 3313 工作面一侧测点，且煤柱上部区域测点受到顶煤挤压作用，位移量较小，但靠近3313 工作面一侧测点的最终水平位移量明显大于 3311 工作面一侧。

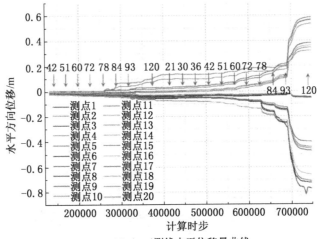

(a) $A—A$测线水平位移量曲线

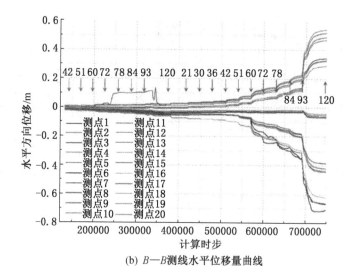

(b) B—B测线水平位移量曲线

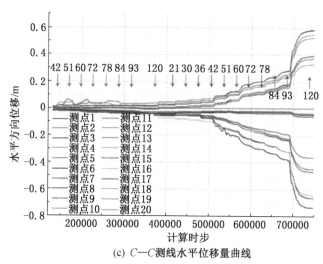

(c) C—C测线水平位移量曲线

图 2-40 不同测线测点的水平位移量曲线

当右侧 3311 工作面推进至三条测线位置时，煤柱上部区域测点 5 的水平位移量出现了大幅增加，测线 B—B、C—C 在测点 5 的水平位移量出现了先增大后减少的现象，测点 A—A、C—C 在测点 10 的水平位移量也出现了先增大后减少的现象，说明由于受到上覆岩层断裂挤压的作用，导致煤柱上部区域测点的水平位移量短时间大幅增大，但当上覆岩层断裂稳定后，断裂的覆岩给煤柱施加部分水平推力，导致其水平位移量降低。

当左侧 3313 工作面推进至测线位置时，三条测线靠近 3313 工作面的测点均出现明显增加，且增加幅度明显大于靠近 3311 工作面一侧的测点，表现为位移曲线更加陡峭。当两侧工作面均回采稳定以后，测线 A—A 的测点 6、测点 15 位移量最大，测线 B—B 的测点 1、测点 10 位移量最大，测线 C—C 的测点 1、测点 15 位移量最大，说明煤柱的最终水平位移最大点位于煤柱（含顶煤）的中上部。

2.4.6.3　覆岩断裂结构-采动应力-位移映射关系

工作面煤层开采导致煤柱及围岩体内的应力、应变发生变化，当采动应力达到岩体破坏极限时，上覆岩层发生断裂失稳，并同时对煤柱及围岩内的应力、位移产生影响，煤柱上覆岩层断裂结构、采动应力、位移之间存在复杂的映射关系。

以 B—B 测线为例，通过对不同开采阶段的煤柱三向采动应力、上覆岩层断裂结构、位移变化规律进行分析，发现当右侧 3311 工作面回采后，由于左侧 3313 工作面尚未回采，上覆岩层类似于固定支撑梁（板）结构，导致其断裂线位置偏向于煤柱侧，且断裂线角度较陡；当左侧 3313 工作面回采时，右侧 3311 工作面上覆岩层已经发生断裂，导致左侧 3313 工作面上覆岩层类似于铰支梁（板）结构，其断裂线位置更偏向于左侧 3313 工作面采空区，即上覆岩层出现了非对称断裂结构。

当右侧 3311 工作面推进至 72 m 时，右侧煤层开采导致煤柱及左侧 3313 工作面形成了侧向超前支承压力，煤柱左侧测点 Ⅰ、Ⅲ、Ⅴ 的三向采动应力大幅增加，测点 Ⅰ 最大主应力由 8.33 MPa 增至 24.58 MPa，测点 Ⅲ 最大主应力由 12.86 MPa 增至 39.04 MPa，测点 Ⅴ 最大主应力由 8.07 MPa 增至 17.65 MPa，至右侧 3311 工作面回采完毕，其最大主应力一直保持较高值；而煤柱右侧则处于应力降低区，工作面上方断裂的上覆岩层向煤柱施加方向沿左下方的作用力，因此，煤柱右侧测点 Ⅱ、Ⅴ 的最大主应力仅出现小幅增大。

当左侧 3313 工作面推进至 72 m 时，上覆岩层断裂导致煤柱应力集中区的部分应力得到释放，但断裂的上覆岩层对煤柱施加了沿右下方的作用力，因此，煤柱左侧测点 Ⅰ、Ⅲ、Ⅴ 的三向主应力出现大幅下降，较好地解释了右侧 3311 工作面回采时，煤柱左侧测点的三向应力值大幅增大，而煤柱右侧测点的三向应力值则增幅不大；在左侧 3313 工作面回采期间，煤柱左侧测点的三向应力值大幅下降，而煤柱右侧测点的三向主应力值则小幅增大。

右侧 3311 工作面回采阶段，煤柱左侧及 3313 工作面处于应力增高区，叠加右侧上覆岩层断裂向煤柱施加向左下方的作用力，导致该阶段煤柱左侧测点的水平位移量明显大于右侧测点，如图 2-41 所示。左侧 3313 工作面回采阶段，上覆岩层断裂结构呈现明显的非对称性，且断裂线位置更偏向于左侧 3313 工作面一侧，导致上覆岩层断裂后对煤柱左侧施加了更大的作用力，较好地解释了右侧 3311 工作面回采时煤柱左侧水平位移量较大，且左侧 3313 工作面推进至测点位置时，煤柱左侧测点水平位移量大幅增大的现象，且煤柱左侧测点的水平位移量明显大于煤柱右侧测点。

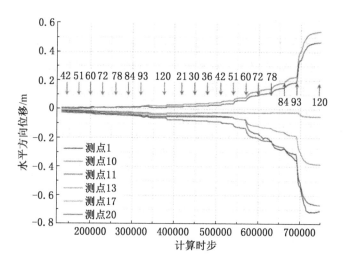

图 2-41　*B—B* 测线不同测点水平位移量曲线

左侧 3313 工作面回采后期至回采稳定阶段，上覆断裂岩层逐渐压实稳定，导致煤柱上部、下部区域测点的最大主应力明显高于煤柱中部区域，由于煤柱上覆岩层断裂后，煤柱上部区域有更大的水平自由度，在上覆非对称断裂结构作用下，其上部区域的水平位移量较大，较好的解释了煤柱上部水平位移量明显大于煤柱中下部的现象。

3 采场围岩断裂失稳力学模型

3.1 采动应力演化与覆岩断裂失稳映射关系

3.1.1 数值模型及测线布置

以中煤新集口孜东煤矿大采高开采实践为工程背景，研究煤层开采过程中采动应力与覆岩断裂失稳的映射关系。口孜东煤矿主要开采 13^{-1} 号煤层，121304 工作面煤层厚度为 2.20~6.66 m，平均厚度（含夹矸）为 5.18 m，含一层夹矸，岩性为泥岩或炭质泥岩，平均厚度为 0.44 m，煤层倾角为6°~13°，平均约为9°，煤层埋深约 1000 m，采用大采高一次采全厚开采方法，最大开采高度 5.8 m，工作面长度 350 m。

13^{-1} 号煤层的直接顶板为泥岩，以泥质结构为主，厚度为 0~5.50 m，平均厚度约为 4.20 m；基本顶板为砂质泥岩，厚度为 2.15~4.33 m，平均厚度约为 3.25 m；底板为泥岩，泥质结构，厚度为 1.90~7.85 m，13^{-1} 号煤层赋存情况如图 3-1 所示。

岩层的岩性、力学参数及应力状态是采场上覆岩层发生断裂失稳的主要影响因素，基于 13^{-1} 号煤层赋存条件，采用 3DEC 软件建立了 121304 工作面的数值计算模型，模型的四个侧面施加静水压力约束，模型底部施加固定约束，上部施加上覆岩层的自重载荷。通过现场取样并进行力学试验获取岩石的物理力学参数，见表 3-1。为消除模型边界效应影响，煤层开挖区域四周各留设50 m 煤柱。

为了分析煤层开采过程中上覆岩层的三向采动应力演化过程，在工作面前方 95 m 处沿工作面长度方向分别布置测点 A 与测点 B（图 3-2）。其中，测点 A 位于工作面中部位置，测点 B 位于工作面端头位置。通过监测煤层开采过程中测点 A 与测点 B 的三向采动应力变化过程，分析工作面不同区域的三向采动应力演化规律。

3.1.2 采场中部区域采动应力演化特征

通过对工作面开采过程中（每次开采 5 m）采场中部测点 A 的采动应力变化过程进行模拟分析，基于弹塑性力学理论，采用 MATLAB 计算得出了测点 A 三向主应力的大小与方向变化过程，揭示了采场中部三向采动应力与上覆岩层断裂失稳之间的关系，如图 3-3、表 3-2 所示。

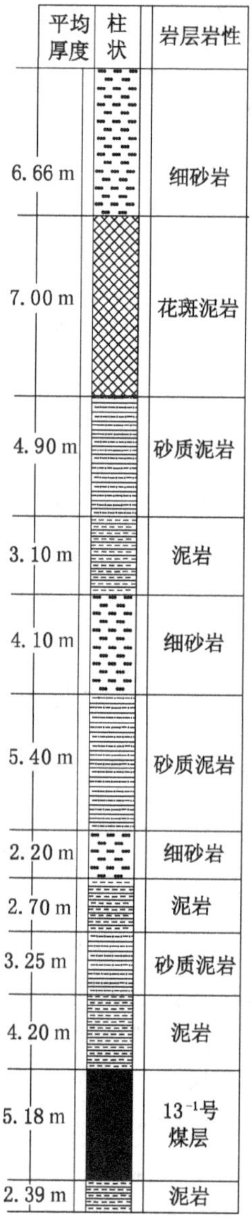

平均厚度
柱状
岩层岩性
6.66 m
细砂岩
7.00 m
花斑泥岩
4.90 m
砂质泥岩
3.10 m
泥岩
4.10 m
细砂岩
5.40 m
砂质泥岩
2.20 m
细砂岩
2.70 m
泥岩
3.25 m
砂质泥岩
4.20 m
泥岩
5.18 m
13⁻¹号煤层
2.39 m
泥岩

图 3-1 煤层柱状图

表 3-1 岩层物理力学参数

岩性	密度/(kg·m^{-3})	内聚力/MPa	内摩擦角/(°)	弹性模量/GPa	泊松比	抗拉强度/MPa
细砂岩	2587	7.53	38	24.07	0.135	6.6
花斑泥岩	2514	5.62	36	17.273	0.191	3.75
砂质泥岩	2643	5.84	38	14.266	0.199	4.4
煤层	1345	1.8	28	2.183	0.155	1.42
泥岩	2654	3.67	38	14.978	0.304	2.32

50 m
50 m
175 m
95 m
A
450 m
B
7.5 m
50 m

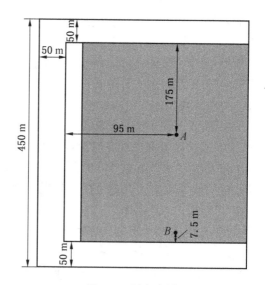

图 3-2 测点布置

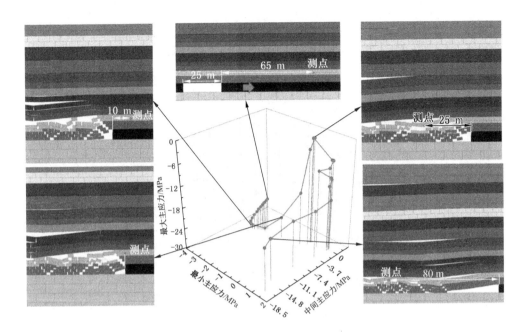

图 3-3　工作面中部三向采动应力变化与覆岩破坏关系

表 3-2　测点 A 主应力方向变化

最大与最小主应力	与推进方向角度/ (°)	与工作面长度方向角度/ (°)	与垂直方向角度/ (°)
	89.0655	89.9428	0.9362
	89.2039	89.9018	0.8020
	89.4671	89.8762	0.5470
	89.5632	89.8493	0.4620
	89.8766	89.7978	0.2368
	89.9712	90.2242	179.773
	89.5325	90.2701	179.460
最大主应力（σ_1）	89.1733	90.2874	179.1247
	89.8837	90.2533	179.7212
	87.4803	90.1983	177.4725
	85.1108	90.0052	175.1108
	79.8860	89.8678	169.8851
	75.5094	90.5470	165.4986

表 3-2（续）

最大与最小主应力	与推进方向角度/ （°）	与工作面长度方向角度/ （°）	与垂直方向角度/ （°）
最大主应力（σ_1）	61.8130	95.7463	151.1285
	57.2275	87.1479	147.0718
	75.4859	162.477	99.6044
	84.6629	44.9598	134.4641
	71.1067	139.8460	56.1066
	75.8526	136.143	49.5853
	76.8839	13.1165	89.8814
	81.6383	8.7794	87.3429
	80.2972	10.2199	86.8205
	82.0295	167.2935	80.1689
	72.5788	154.6212	72.1397
	69.7584	151.1372	70.3291
	70.0273	143.904	61.3143
	65.2315	149.7794	73.8018
	76.2589	160.2758	76.1284
	77.0455	160.9973	76.3404
	72.1509	157.6360	76.9712
	78.6784	162.6247	76.9953
最小主应力（σ_3）	62.8619	76.8497	149.354
	77.5187	167.3739	91.8765
	87.4635	150.1570	60.2871
	83.3943	171.3688	84.4692
	83.9163	173.5008	92.2777
	85.62387	175.3136	88.3265
	86.8512179	175.7620	92.8336
	88.4366	178.282	90.7105
	89.9104	0.0896	89.9973
	87.7980	2.59690	88.6239
	89.7372	177.6201	92.3652
	62.50870	152.0317	85.2500

表 3-2（续）

最大与最小主应力	与推进方向角度/(°)	与工作面长度方向角度/(°)	与垂直方向角度/(°)
最小主应力（σ_3）	30.3731	116.8074	76.7843
	28.4230	83.3730	62.4982
	33.0604	87.4452	57.0641
	88.3304	91.0103	1.9516
	64.0623	53.3988	47.6862
	71.1471	50.6081	45.4103
	69.2454	123.5703	138.9463
	68.0869	94.1767	157.6515
	36.0582	95.8575	125.4288
	27.5184	97.1775	116.4117
	19.4003	85.3547	108.792
	21.0266	77.7917	106.8497
	25.0067	77.2556	111.136
	73.08453	69.9160	26.7493
	59.70605	91.86823	149.636
	80.4701	101.727	164.8021
	87.3703	103.3570	166.3771
	88.7648	103.1962	166.7439
	87.7577	102.720	167.076

　　通过对模拟结果进行分析发现，工作面中部测点 A 的三向采动应力呈现类似"几"字形变化，在工作面开采初期，由于测点 A 距工作面位置较远，其三向主应力受开采扰动影响较小，基本顶岩层沿三个方向的主应力均呈缓慢增大的现象。当工作面推进至距测点 A 位置 10 m 时，测点 A 的最大主应力与最小主应力均达到峰值，此时，中间主应力已出现下降趋势。当工作面继续推进至测点 A 正下方时，其三向主应力的大小、方向均呈现剧烈变化；由于煤层开挖导致煤壁的承载能力降低，较高的采动应力使测点 A 位置下方的煤体与直接顶岩层发生压缩，其最大与最小主应力出现急剧下降，中间主应力也出现下降，但下降幅度较小；但由于受到煤层与直接顶板的支撑，此时基本顶板岩层尚未发生失稳。随着工作面继续推进，测点 A 位置的煤层开挖后应力得到释放，其最大主应力迅速下

降，基本顶岩层开始出现离层，并逐渐完全脱离上覆岩层，当工作面推过测点 A 位置约 25 m 时（此时测点 A 位于采空区），测点 A 位置的基本顶岩层与上部岩层完全脱离，导致其最大主应力降低至近似为零，由于基本顶板岩层断裂结构的下铰点（测点 A 位置）出现损伤破坏并诱发基本顶失稳，导致其三向主应力均近似为零。随着工作面继续推进，基本顶板上方的岩层也逐渐出现断裂失稳，断裂的岩层与基本顶板岩层接触，并将上覆岩层的压力传递至基本顶板岩层，导致测点 A 的三向主应力开始增加，当工作面推过测点位置约 80 m 时，测点 A 的最大与最小主应力基本趋于稳定。

通过对采场中部测点 A 的三向采动应力方向变化过程进行分析发现，工作面开采初期，测点 A 的最大主应力近似沿垂直方向，最小主应力近似沿工作面长度方向，当工作面推进至距测点 A 约 10 m 时，其最大主应力开始发生旋转，与垂直方向的夹角增大，同时与推进方向的夹角减小；在工作面推过测点 A 位置时，其最大主应力的方向出现波动性变化，这主要是由于测点 A 位置的基本顶板岩层发生断裂失稳所致；当工作面推过测点 A 位置 25 m 时，其最大主应力与垂直方向、沿工作面长度方向均呈 45°左右，随着工作面继续推进，其最大主应力方向逐渐偏向沿工作面长度方向。在工作面开采初期，其最小主应力主要沿工作面长度方向，随着工作面推进，其最小主应力逐渐向垂直方向旋转，当工作面推过测点 A 位置 20 m 时，其最小主应力近似沿垂直方向，随后又开始向工作面长度方向及推进方向旋转；随着工作面继续推进，其最小主应力最终近似与工作面推进方向垂直，并呈现近似沿垂直方向。

3.1.3 采场端头区域采动应力演化特征

通过对测点 B 处上覆岩层的采动应力与断裂失稳过程进行模拟分析，得到了工作面端头区域的三向采动应力与覆岩断裂失稳之间的对应关系（图 3-4），对应的三向采动应力方向变化见表 3-3。

工作面端头测点 B 的三向采动应力呈现类似"勾"形变化，其最大主应力表现出先增大、后迅速降低、再缓慢增大并趋于稳定的趋势，由于存在侧面煤柱的支撑作用，测点 B 处的基本顶板岩层形成了自稳定结构，未出现断裂失稳的现象，如图 3-4 所示。由于垂直方向与水平方向具有较好的传力条件，其最大主应力变化范围明显小于工作面中部测点 A。

在煤层开采初期，随着工作面推进，测点 B 处的最大主应力逐渐增大，当测点 B 位于工作面前方 10 m 时，其最大主应力达到峰值（与测点 A 位置相同）；当测点 B 位于工作面前方 5 m 时，其最大主应力开始出现迅速下降；当测点 B 位于工作面后方 5 m 时（测点 B 位于采空区），其最大主应力降低至最小值；当测点 B 位于工作面后方 10 m 时，其最大主应力开始缓慢增大，且当测点 B 位于工

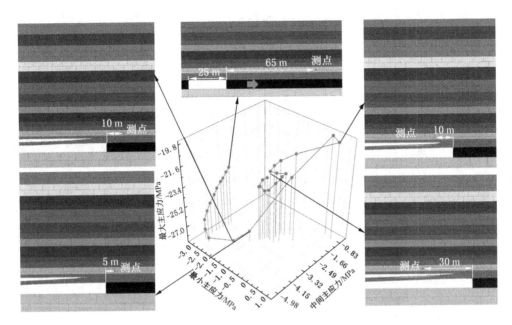

图 3-4　工作面端头三向采动应力变化与覆岩破坏关系

作面后方 30 m 时,其最大主应力基本处于稳定缓慢增长的状态。由于采场端部区域上覆岩层未能发生断裂失稳,也未形成明显的离层,其运动形式表现为整体下沉,上覆岩层具备较好的传力条件,由于受到侧向煤柱支撑作用的影响,其三向主应力的变化过程与采场中部测点 A 存在较大差异。

表 3-3　测点 B 主应力方向变化

最大与最小主应力	与推进方向角度/ (°)	与工作面长度方向角度/ (°)	与垂直方向角度/ (°)
最大主应力(σ_1)	83. 67498	85. 38276	7. 842156
	83. 75860	85. 37485	7. 77931
	83. 88109	85. 24247	7. 76199
	83. 98095	85. 3020	7. 64612
	84. 0863	85. 2437	7. 59968
	84. 1766	85. 1842	7. 56727
	84. 3389	84. 9818	7. 57591
	84. 4742	84. 8522	7. 56303
	84. 80167	84. 8277	7. 34323

表 3-3（续）

最大与最小主应力	与推进方向角度/（°）	与工作面长度方向角度/（°）	与垂直方向角度/（°）
最大主应力（σ_1）	85.4775	84.5294	7.10665
	86.2452	83.9450	7.13206
	89.7291	98.1663	171.829
	86.8510	100.329	169.1909
	80.6259	108.885	158.755
	82.6669	116.324	152.518
	87.5981	122.360	147.528
	88.6282	54.9788	35.0560
	86.3948	54.1738	36.0644
	85.6207	54.2369	36.1145
	85.4951	54.6180	35.7555
	85.2975	55.2104	35.1993
	85.3802	55.7191	34.6790
	85.6516	55.4361	34.9155
	85.5219	55.3194	35.0529
	85.6114	54.9290	35.4268
	85.4888	54.2969	36.0762
	85.1634	53.9029	36.5238
	85.0789	53.9736	36.4684
	85.3068	54.2957	36.1079
	85.2626	54.7394	35.6740
	85.3660	55.1871	35.2107
最小主应力（σ_3）	49.4760	41.5527	97.6634
	51.565	39.4256	97.4729
	52.1615	40.2879	101.800
	52.0589	38.9645	97.5794
	53.4622	37.5206	97.3788
	52.7629	38.2685	97.5860
	55.7705	38.0584	104.608
	56.3397	38.2384	105.988

表 3-3（续）

最大与最小主应力	与推进方向角度/ (°)	与工作面长度方向角度/ (°)	与垂直方向角度/ (°)
最小主应力（σ_3）	50.9711	39.9767	97.3210
	48.7047	42.2029	97.2073
	56.4556	41.3899	111.288
	33.0670	57.32910	94.5535
	24.5543	65.6016	92.5973
	11.2998	80.9133	83.3395
	75.2539	28.4294	113.7236
	45.2646	52.0020	110.757
	10.0409	82.6095	96.7593
	8.92680	85.4757	97.6792
	11.5666	83.9535	99.8232
	12.6993	82.9541	100.511
	17.9328	78.5178	103.585
	24.2437	73.05995	106.817
	24.5736	72.7442	106.945
	23.3443	73.8107	106.357
	18.6838	77.6928	103.835
	13.7051	82.2331	101.2214
	8.68810	86.9618	98.1318
	8.61386	87.3864	98.2020
	6.50813	89.0874	96.4432
	5.43774	90.2789	95.4305
	7.63642	87.7399	97.2905

　　通过对工作面端头区域测点 B 的三向采动应力方向变化进行分析发现，工作面开采初期，其最大主应力近似沿垂直方向，一直持续至测点 B 距工作面约 10 m 位置；随着工作面继续推进，其最大主应力与垂直方向的夹角逐渐增大，与工作面长度方向的角度逐渐减小，但是与工作面推进方向的角度则基本保持不变。测点 B 位置的最小主应力初始值与工作面推进方向、长度方向的夹角近似约为 40°~50°，随着工作面推进，其逐渐向工作面推进方向旋转，最终近似与工作面

推进方向平行。整个开采过程中，最小主应力的方向一直近似与垂直方向呈 100° 左右，且受煤层开采影响不大，即工作面推进过程中，最小主应力一直围绕近似与垂直方向进行旋转。

3.1.4 上覆岩层采动应力与断裂失稳关系

由上述深部采场上覆岩层采动应力演化特征分析结果可知，煤层开采导致工作面上方岩层内三向采动应力的大小、方向均发生了显著变化，促使上覆岩层产生损伤、破断，但关于上覆岩层采动应力与断裂失稳的对应关系则鲜有报道。

如图 3-5 所示（横坐标中的负值表示工作面尚未推进至测点 A 位置，正值则表示测点 A 位于采空区），通过对测点 A 的垂直应力、水平应力、垂直位移三者的关系进行分析，测点 A 沿工作面推进方向的水平应力出现了先增大、后减小、再增大的过程，其垂直应力也出现了先增大、后减小的过程，垂直位移量则呈现出缓慢增大、迅速增大、波动调整、缓慢增大、趋于稳定的过程。

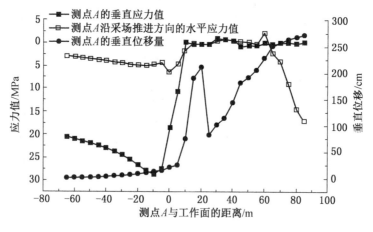

图 3-5　测点 A 的应力与垂直位移变化关系

通过对测点 A 的垂直应力、水平应力及垂直位移之间的对应关系进行分析发现，测点 A 的垂直应力首先出现迅速减小，此时垂直位移量仍然缓慢增加，但增加幅度略有增大，这主要是由于随着工作面推进，其垂直应力值增大，导致测点 A 位置的岩层出现轻微的压缩，表现为垂直位移量缓慢增大；当工作面推进至接近测点 A 位置时（测点 A 位于工作面前方 5 m 处），测点 A 处的顶板岩层逐渐出现离层，导致其垂直应力迅速减少，当测点 A 位于工作面后方（采空区）5 m 位置时，其垂直位移量迅速增大，在此过程中，测点 A 沿工作面推进方向的水平应力出现先迅速增大、然后又迅速降低的现象（图 3-5 中呈向下尖端突出的形状），这主要是由于岩层失稳过程中首先出现了沿工作面推进方向的水平挤压，当水平挤压力大于自承载结构的平衡力时，基本顶板岩层出现失稳，表现为垂直位移量迅速增大，即图3-5中测点 A 位于工作面后方5 m 位置时，其沿工作面推进方向的水平应力迅速降低，同时垂直位移迅速增大。由于基本顶板岩层发生断裂失稳时，其首先要出现离层，而顶板岩层与上覆岩层发生离层后则不具备垂直方向的传力条件，从而导致垂直应力首先出现迅速减小；上覆岩层发生离层后导致其水平应力增大，当水平挤压应力大于岩层的承载极限时，顶板岩层将会发生断裂失稳，此时表现为水平应力迅速降低，而垂直位移则迅速增大的现象。

通过对测点 B 的垂直应力、沿采场推进方向的水平应力与垂直位移变化关系进行分析，如图3-6所示，由于工作面端头测点 B 处的基本顶板岩层未发生明显的断裂失稳，基本顶板岩层的运动形式为缓慢下沉，该处基本顶板岩层的垂直应力、沿采场推进方向的水平应力及垂直位移均呈现出近似"S"形变化。

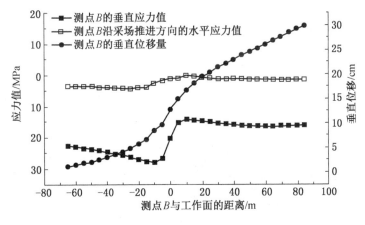

图 3-6　测点 B 的应力与垂直位移变化关系

当测点 B 位于工作面前方10 m 位置时，其垂直应力开始迅速降低，并且当测点 B 位于工作面后方（采空区）10 m 位置时，其垂直应力值降低至最小，随后开始缓慢增大。测点 B 处沿采场推进方向的水平应力值则在位于工作面前方20 m 位置时增加至最大值，并在工作面前方15 m 位置开始迅速下降，其垂直位移量与水平应力的变化规律基本相似。

基于工作面上覆岩层的采动应力与断裂失稳对应关系分析结果，顶板岩层在发生断裂失稳前会先发生离层，而在离层阶段顶板岩层的垂直应力已经近似为零，而水平应力则出现波动增加的现象，即由离层阶段至断裂失稳阶段，围岩断裂结构的稳定性主要受水平应力影响。

3.2　大采高采场覆岩"悬臂梁+砌体梁"力学模型

3.2.1　顶板岩层断裂结构

　　基于前述章节不同层位细砂岩的应力路径效应研究结果，距离工作面垂直距离越小的细砂岩，其受到的峰值应力与差应力均越大、强度-应力比则越小，导致岩层越容易发生破坏、破坏后块度也越小，难以形成自承载结构；而距离工作面垂直距离越大的细砂岩，则受到的峰值应力与差应力均越小、强度-应力比越大，导致岩层越不容易发生破坏、破坏的块度也越小，破断的岩层较容易形成自承载结构。

　　为了确定大采高工作面顶板岩层的断裂结构，采用 UDEC 数值模拟软件对金鸡滩煤矿8.0 m大采高工作面的开挖过程进行了模拟分析，建立的数值计算模型如图3-7所示，其中，模型的左、右两侧限制水平方向位移，模型的底部则限制水平与垂直方向位移。

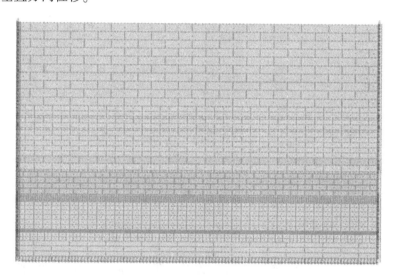

图3-7　8.0 m超大采高工作面数值模拟计算模型

　　工作面每次开挖5 m，开挖后对顶板岩层的断裂、垮落情况进行监测，工作面推进至20 m、40 m、55 m、85 m时顶板岩层的断裂结构如图3-8所示。

　　通过对上图中8.0 m超大采高工作面顶板岩层断裂结构进行分析，由于直接顶板岩层为厚度较小（约2.91 m）、强度不大的粉粒砂岩，且受到采动应力场的峰值应力与差应力值均较大，岩层的强度-应力比较小，导致直接顶板岩层基本能够随采随冒，但由于直接顶板岩层厚度较薄，冒落的直接顶板岩层断裂后难以

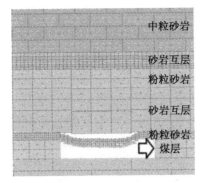

(a) 工作面推进至20 m时顶板岩层断裂情况

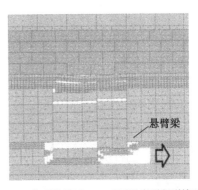

(b) 工作面推进至40 m时顶板岩层断裂情况

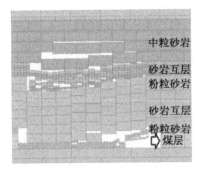

(c) 工作面推进至55 m时顶板岩层断裂情况

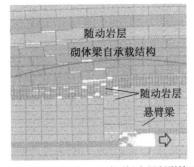

(d) 工作面推进至85 m时顶板岩层断裂情况

图 3-8　8.0 m 超大采高工作面顶板岩层断裂结构

对采空区进行有效充填，直接顶板上部岩层具有较大的运动空间，难以形成自承载结构，上部基本顶板岩层在采动应力场的作用下呈现分层断裂垮落的现象（图3-8a），当工作面推进至40 m时，出现基本顶板的初次断裂来压（图3-8b），由于顶板岩层的断裂范围较小，此次来压强度也较小。由于工作面开采高度较大，冒落的直接顶板岩层对采空区充填效果较差，导致断裂的基本顶板岩层存在较大的回转变形量，且极易出现滑落失稳，不能形成自承载结构，工作面上方的基本顶板岩层断裂后呈现悬臂梁结构。基本顶板岩层及上部随动岩层（粉粒砂岩与砂岩互层）断裂后对采空区进一步进行充填，为上部岩层形成自承载结构提供条件，当工作面推进至55 m时，上部厚度较大、强度较大的中砂岩出现分层破断现象（图3-8c）。当工作面推进至85 m时，厚度较大、强度较大的中砂岩层发生完全破断，且上部随动岩层出现破断。由于该岩层厚度较大，且距工作面的垂直距离较大，其受到的采动应力的峰值应力与差应力均相对较小，岩层破断块度较大，且由于下部直接顶板、基本顶板及随动岩层破断后对采空区进行了有效的充填，该岩层可以形成"砌体梁"自承载结构（图3-8d）。

由于强度较小的直接顶板岩层、基本顶板岩层受到的峰值应力和差应力均较大，岩层非常容易发生破坏，且其破坏后的块度较小，破断块度较小的基本顶板岩层容易发生滑落失稳，从而不能形成自承载结构，且基本顶板上部的随动岩层与基本顶板岩层同时发生破坏与失稳，同样不能形成自承载结构。由于直接顶板岩层、基本顶板岩层及基本顶板岩层的随动岩层断裂失稳后对采空区进行了较好的充填，基本顶板上部层位较高、厚度较大、强度较大的中粒砂岩运动空间较小，且受到的峰值应力与差应力值也相对较小，导致其难以发生断裂，岩层发生破断的块度也相对较大，容易形成自承载结构。基本顶板岩层形成的悬臂梁结构发生断裂失稳，对工作面形成小周期来压，相对来压强度也较小；基本顶板岩层上部的中粒砂岩发生周期性破断，形成大周期来压，相对来压强度也较大，较好地解释了超大采高工作面易出现动载矿压与大小周期来压的现象。

模拟结果显示，金鸡滩煤矿 8 m 超大采高工作面顶板岩层断裂易形成"悬臂梁+砌体梁"承载结构，不同层位顶板岩层的周期性断裂形成动载矿压与大小周期来压。通过对煤层开采过程中顶板岩层发生断裂失稳的监测数据进行分析，金鸡滩煤矿 8 m 工作面基本顶板断裂形成的平均小周期来压步距约为 15 m，上部中粒砂岩断裂形成的大周期来压步距约为 30 m。

3.2.2 大采高工作面"悬臂梁+砌体梁"力学模型

金鸡滩煤矿工作面最大开采高度 8.0m，由于工作面开采高度较大，直接顶板岩层垮落后难以对采空区形成有效充填，直接顶板上部的基本顶板岩层难以形成有效的自承载结构，岩层断裂后形成"悬臂梁"结构状态。由于直接顶板岩层、亚关键层 1 及随动岩层垮落后对采空区进一步充填，促使亚关键层 2 断裂后发生回转失稳，形成"砌体梁"自承载结构（图 3-9）。因此，笔者认为大采高工作面上部覆岩的断裂结构形式主要为"悬臂梁+砌体梁"，该结构发生周期性失稳在工作面形成动载矿压与大小周期来压现象。

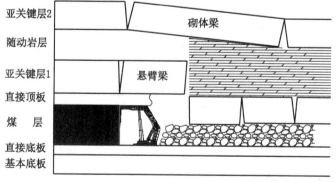

图 3-9 超大采高工作面"悬臂梁+砌体梁"断裂结构

为了分析大采高工作面顶板"悬臂梁+砌体梁"断裂结构形成的力学机理，对图 3-9 中亚关键层 1 的断裂形态进行分析，亚关键层 1 断裂形成"悬臂梁"的条件如下。

3.2.2.1　亚关键层 1 形成悬臂梁的空间条件分析

当亚关键层 1 发生断裂时，岩块 A 与岩块 B 发生回转变形，若直接顶板岩层垮落后对采空区充填效果较好，岩块 A、B 达到垮落回转极限时，仍然未与冒落的直接顶板接触，则岩块 A、B 发生回转失稳，亚关键层 1 断裂后不能形成自承载结构，呈现"悬臂梁状态"，如图 3-10 所示。

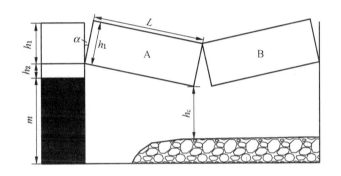

图 3-10　"悬臂梁"断裂结构空间条件分析

假设亚关键层岩块 A、B 断裂后的最大回转角为 α（最大回转角主要受亚关键层 1 的厚度及铰接点破碎程度影响），则

（1）若 $\alpha > \operatorname{arccot} \dfrac{h_1}{L}$，且 $h_c > 0$，则亚关键层 1 形成悬臂梁结构，且 A、B 岩块易发生回转失稳。

（2）若 $\alpha > \operatorname{arccot} \dfrac{h_1}{L}$，且 $h_c \leqslant 0$，则亚关键层 1 形成悬臂梁结构，但 A、B 岩块易发生滑落失稳。

其中，h_1 为亚关键层厚度；L 为 A 岩块长度；h_c 为 A、B 岩块达到最大回转角时 A 岩块下角点距冒落岩层的高度；

$$h_c = m + (1 - k)h_2 - \frac{Lh_1}{\sqrt{L^2 + h_1{}^2}} \tag{3-1}$$

式中，m 为工作面开采高度；k 为直接顶板的碎胀系数；h_2 为直接顶板岩层厚度。

（3）若 $\alpha \leqslant \text{arccot}\dfrac{h_1}{L}$，且 $h_c > 0$，则亚关键层 1 易形成悬臂梁结构，且 A、B 岩块易发生滑落失稳。

（4）若 $\alpha \leqslant \text{arccot}\dfrac{h_1}{L}$，且 $h_c \leqslant 0$，则亚关键层 1 不易形成悬臂梁结构。

3.2.2.2　悬臂梁发生滑落失稳的力学条件

假设亚关键层 1 断裂失稳后满足形成"悬臂梁"结构的空间条件，则悬臂梁结构最终发生回转失稳或滑落失稳还需满足一定的力学条件，亚关键层 1 中断裂岩块 A 的受力状态如图 3-11 所示。

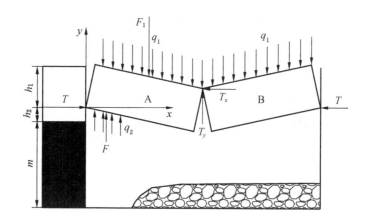

图 3-11　"悬臂梁"断裂岩块的受力状态分析

通过对图 3-11 进行受力分析，"悬臂梁"的 A 块体发生滑落失稳的力学判据如下：

$$
\begin{cases}
T \cdot f + F + T_y - Mg - F_1 \leqslant 0 \\
F = \displaystyle\int_0^l q_2 \mathrm{d}x \\
F_1 = \displaystyle\int_{h_1\sin\alpha}^{(h_1+L)\sin\alpha} q_1 \mathrm{d}x \\
T = \delta \cdot \dfrac{\sigma_c}{2} \\
\delta = 0.5h_1 - 0.5h_1\tan(\beta - \theta)\cot\beta - L(1 - \cos\theta)\tan(\beta - \theta)
\end{cases}
\tag{3-2}
$$

式中，T 为断裂块体 A 受到完整块体的水平挤压力；f 为亚关键层 1 岩层之间的摩擦力；F 为液压支架对块体 A 的垂直支撑力；T_y 为块体 B 对块体 A 的垂直力；M 为块体 A 的质量；F_1 为上部岩层对块体 A 的压力；l 为支架的支护长度；q_2 为液压支架对顶板块体的单位支护力；q_1 为上部岩层对块体 A 的单位压力；σ_c 为亚关键层 1 的单轴抗压强度；β 为亚关键层 1 的岩层断裂角；θ 为亚关键层 1 的回转角。

通过对式（3-2）进行分析，当煤层赋存条件及开采技术参数确定时，提高改变液压支架对顶板岩层的支护力，可以在一定程度抑制上部亚关键层 1 块体发生滑落失稳，即可得抑制亚关键层 1 断裂块体 A 发生滑落失稳需要的支护阻力，如下：

$$F > Mg + \int_{h_1\sin\alpha}^{(h_1+L)\sin\alpha} q_1 \mathrm{d}x - \delta \cdot \frac{\sigma_c}{2} \cdot f - T_y \tag{3-3}$$

通过对大采高工作面"悬臂梁+砌体梁"力学模型进行空间与力学分析，大采高工作面形成"悬臂梁+砌体梁"结构首先必须满足亚关键层 1 形成"悬臂梁"结构的空间条件，即

$$\begin{cases} \alpha > \operatorname{arccot} \dfrac{h_1}{L} \\ \alpha \leqslant \operatorname{arccot} \dfrac{h_1}{L}, \ \text{且} \ h_c \leqslant 0 \end{cases} \tag{3-4}$$

形成"悬臂梁"结构的空间条件主要与工作面煤层开采高度、直接顶厚度、碎胀系数、悬臂梁断裂长度等有关。

当亚关键层 1 具备形成"悬臂梁"结构的空间条件，则其断裂块体将可能发生回转失稳或滑落失稳，通过对其发生两种失稳方式的力学条件进行计算分析，当液压支架对顶板岩层的支护作用力满足式（3-3）时，则亚关键层 1 的块体 A 将以发生回转失稳为主，否则，亚关键层 1 的块体 A 将极易发生滑落失稳，导致工作面顶板支护困难。

由于上述计算主要采用静力学计算，当上部砌体梁结构发生断裂失稳，并诱发亚关键层 2 发生断裂失稳时，可能形成较大的动载荷，液压支架对顶板岩层的被动支护作用力也会瞬间增大，并利用安全阀泄液来充分利用砌体梁结构的自承载能力。

由于通过静力学平衡计算难以解决超大采高工作面顶板岩层断裂失稳形成的冲击动载荷问题，其动载冲击过程即涉及能量的积聚—释放—传递—响应过程，同时也是液压支架与顶板岩层的动力学耦合过程，后续将通过建立液压支架与围岩的耦合动力学模型进行超大采高液压支架合理支护阻力的分析。

3.3 大采高工作面煤壁片帮的"拉裂-滑落"力学模型

3.3.1 煤壁片帮的应力路径效应

煤壁片帮是制约厚及特厚煤层大采高综采工作面安全、高效开采的重要因素，随着大采高工作面机采高度的逐渐增加，工作面煤壁片帮的机率呈跳跃式增大，片帮掉落的煤体不仅极易砸伤工人，而且还导致液压支架前方的空顶距增大，进一步诱发顶板冒顶等安全事故。

工作面围岩体发生变形、破坏不仅与围岩的物理力学性质等有关，还受到应力路径效应的影响。由于工作面煤层开挖导致煤岩体内的应力重新分布，工作面前方煤体、岩体的应力平衡状态发生变化，在工作面前方的煤岩体内形成超前支承压力，即煤岩体处于加载状态；而工作面煤壁则处于降压区，顶板对煤体的垂向压力降低；采煤机割煤后，为防止采煤机滚筒与支架顶梁发生干涉，液压支架护帮板一般要滞后几台支架对煤壁进行支护，此时煤壁水平方向处于无支护状态，其法向载荷为零，即煤壁同时处于垂向与水平的卸载状态，随着工作面的推进，煤壁经历了加载与卸载的过程，其应力变化规律与弹塑性区分布状态如图3-12所示。

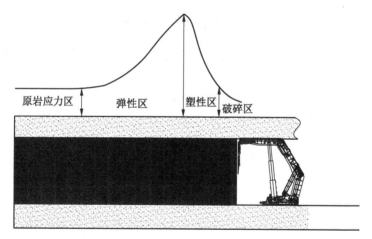

图3-12 工作面前方支承压力变化及围岩弹塑性区分布状态

为了比较清晰的反应工作面推进过程中煤壁的应力路径，以金鸡滩煤矿2-2上号煤层8.0 m超大采高综采实践为基础，采用FLAC3D数值模拟软件进行了煤层开挖的模拟分析，分别对工作面中部与端头处前方煤体内的主应力值进行监测，在工作面前方煤体的中部位置布置监测点，测点之间的水平间隔距离为2.5 m，煤体内应力测点的布置方式如图3-13所示。

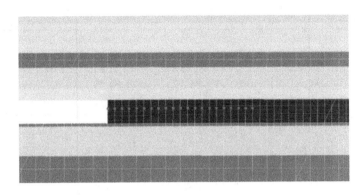

图 3-13 工作面前方煤体测点布置

工作面推进 60 m 时，工作面中部、端头处的主应力分布情况见表 3-4、表 3-5 及图 3-14、图 3-15。

表 3-4 工作面中部前方煤体主应力值

序号	距煤壁距离/m	最大主应力/MPa	中间主应力/MPa	最小主应力/MPa
1	50	5.698	3.534	2.44
2	47.5	5.719	3.549	2.45
3	45	5.746	3.564	2.46
4	42.5	5.774	3.581	2.473
5	40	5.806	3.602	2.487
6	37.5	5.843	3.623	2.5
7	35	5.879	3.648	2.52
8	32.5	5.921	3.677	2.538
9	30	5.972	3.71	2.561
10	27.5	6.03	3.748	2.588
11	25	6.098	3.794	2.621
12	22.5	6.178	3.848	2.659
13	20	6.277	3.911	2.7
14	17.5	6.404	3.988	2.756
15	15	6.566	4.078	2.818
16	12.5	6.788	4.183	2.862
17	10	7.065	4.287	2.82
18	7.5	7.484	4.381	2.63

表 3-4（续）

序号	距煤壁距离/m	最大主应力/MPa	中间主应力/MPa	最小主应力/MPa
19	5	8.081	4.395	2.09
20	2.5	8.372	4.086	1.135
21	0	8.171	3.779	0

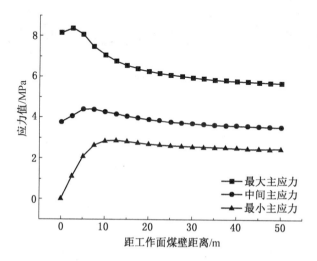

图 3-14　工作面中部前方煤体主应力分布曲线

表 3-5　工作面端头处前方煤体主应力值

序号	距煤壁距离/m	最大主应力/MPa	中间主应力/MPa	最小主应力/MPa
1	50	5.547	3.444	2.387
2	47.5	5.562	3.454	2.394
3	45	5.578	3.465	2.398
4	42.5	5.596	3.478	2.406
5	40	5.616	3.489	2.414
6	37.5	5.636	3.504	2.423
7	35	5.668	3.519	2.433
8	32.5	5.695	3.536	2.444
9	30	5.717	3.559	2.457
10	27.5	5.759	3.582	2.471
11	25	5.795	3.611	2.489

表 3-5(续)

序号	距煤壁距离/m	最大主应力/MPa	中间主应力/MPa	最小主应力/MPa
12	22.5	5.854	3.644	2.511
13	20	5.913	3.684	2.54
14	17.5	5.997	3.734	2.565
15	15	6.106	3.794	2.602
16	12.5	6.265	3.864	2.638
17	10	6.467	3.937	2.621
18	7.5	6.755	4.001	2.466
19	5	7.138	4.022	2.067
20	2.5	7.341	3.813	1.291
21	0	7.207	3.528	0

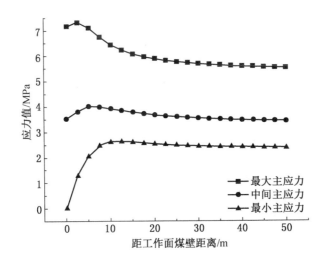

图 3-15   工作面端头处前方煤体主应力分布曲线

通过对监测结果进行分析可知,工作面前方煤体内的主应力剧烈影响范围约为 15 m,三个方向的主应力(σ_1、σ_2、σ_3)均出现了先增大后降低的现象,但最大主应力 σ_1 则以增大为主,其降低的趋势很小,只在煤壁前方约 2.5m 处出现了降低的趋势,但下降的量很小,主要是由于工作面煤壁处的煤体处于破碎区,煤体的承载能力下降;而最小主应力 σ_3 则以下降为主,其增加幅度很小,其剧烈影响范围在工作面前方 7.5 m,在工作面煤壁处应力值迅速降低为零,主要是由于工作面煤壁处于裸露状态，无支护应力；中间主应力值 σ_2 同样增加幅度不大，但其降低的幅度也不大，其剧烈影响范围在工作面前方约 5.0 m。另外，工作面端头与工作面中部相比，其主应力值有所降低，但主应力（σ_1、σ_2、σ_3）的总体变化趋势基本相同。

为了更加清晰的显示煤壁的应力路径变化，绘制了（σ_1，σ_2，σ_3）三维应力空间的主应力路径曲线，如图 3-16 所示。

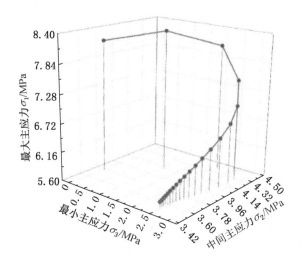

(a) 工作面中部煤壁主应力路径曲线

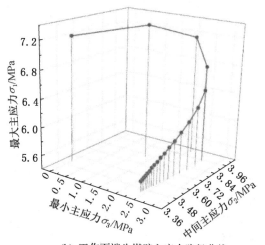

(b) 工作面端头煤壁主应力路径曲线

图 3-16　工作面中部、端部煤壁应力路径曲线

通过对工作面煤壁的主应力路径曲线进行分析：工作面前方煤体的应力路径呈现出螺旋上升的形状，由工作面内部至工作面煤壁处，煤体承受的应力值呈现出螺旋增大的趋势，并且距离工作面越近，测点的各项主应力值变化幅度越大，表现为曲线中的测点值越发散，即各向主应力的差应力值变化增大；主应力差值是导致煤体发生破坏的重要因素，若主应力差值很小，煤体处于近似静水压力状态，则煤体很难发生破坏；若主应力差值很大，则煤体近似处于单向压应力状态，煤体极易发生破坏，如图 3-16 所示。

通过对工作面中部与端头处的主应力路径曲线进行对比分析，其主应力差值曲线同样呈螺旋上升状，距离煤壁越远，其主应力差值越小，距离煤壁越近，则主应力差值越大，并且最大主应力差值变化较大，而中间主应力差值和最小主应力差值则变化相对较小。由于工作面中部比端头处的最大主应力增大了 1.031 MPa，并且距离煤壁越近其增加幅度越大，最小主应力在靠近煤壁处则出现了折线式降低，即工作面中部煤壁的主应力差值显著高于工作面端头处，应力差值增大导致煤壁更易发生片帮，因此，工作面中部较端头处更容易发生煤壁片帮，如图 3-17 所示。

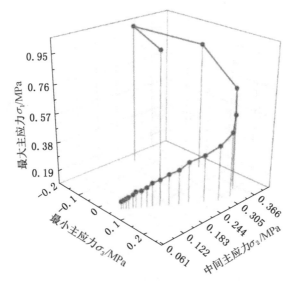

图 3-17 工作面中部、端头煤壁受到的主应力差值

通过对工作面煤壁的应力路径曲线进行分析可知，由于煤层开挖是一个卸载与加载交互作用的过程，且煤壁主要以卸载为主，并在局部应力集中区域出现加载，工程现场中煤壁受到的加卸载过程与实验室试验过程存在较大差异，实验室试验一般以加载为主，且很难进行任意应力路径的煤岩体加卸载试验。由于煤壁

应力路径中最大主应力显著增大，而最小主应力显著降低，中间主应力变化不大，而且煤壁的破坏方向为向采空区侧发生破坏，因此，可将工作面煤壁的应力路径近似视为轴向主应力逐渐增大（加载）与水平主应力逐渐降低（卸载）的过程。

基于前述章节煤体真三轴加卸载试验结果，煤样的应力-应变全过程曲线呈近似的"几"字形，在达到应力峰值之前，三种煤样的应力-应变曲线相差不大，且以线弹性变形为主，但在峰后阶段三种煤样均出现了应变软化，其变化规律相差较大，这主要与三种煤样受到的应力路径差异较大相关，即降低煤样受到的围压后，煤样内裂隙之间的摩擦力下降，轴向压力导致煤样破裂体之间发生滑动，其应变值增加，但由于煤样仍然承受一定的围岩，其仍然具有一定的承载能力和完整性，类似于工作面煤壁发生了肉眼可见的明显破坏裂隙，但破坏的煤体并没有掉落，一般煤壁未发生掉落则视为煤壁未发生片帮。因此，煤体内裂隙的扩展、贯通直至发生破坏，仅仅是煤壁发生片帮的必要条件，煤壁发生破坏后是否会继续发展为片帮，则主要受液压支架对煤壁的支护作用力影响，液压支架对煤壁的支护作用力与上述实验中煤样受到的围岩具有相同的性质，如图 3-18 所示。

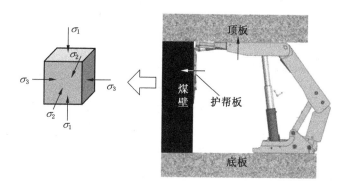

图 3-18   工作面前方煤体单元受力状态分析

因此，煤壁的强度极限、最终破坏形式不仅与煤体的材料变形参数、尺度效应、边界条件等有关，还受到煤壁加卸载方式的影响。

3.3.2   硬煤煤壁片帮的拉裂破坏力学模型

3.3.2.1   煤壁破坏失稳形式

煤壁发生变形破坏是煤壁片帮的前提，通过对大采高工作面进行大量现场监测，发现煤壁片帮与工作面顶板来压密切相关，在工作面未来压期间，煤壁片帮量很小，直接顶岩层初次垮落时煤壁出现局部片帮，但片帮量较小；基本顶板初次来压时，工作面煤壁常出现"煤炮"现场，工作面片帮严重，甚至出现了局部冒顶，见表 3-6。通过分析将煤壁片帮破坏形式分为两种：

（1）半煤壁片帮，即在矿山压力作用下，煤壁发生变形破坏，在距离顶板约 0.35 倍的采高处煤壁的侧向位移最大，煤壁发生失稳，导致上半部分煤壁发生片帮，如图 3-19a 所示。

（2）整个煤壁发生片帮，即在矿山压力或采煤机扰动影响下，煤壁在整个采高范围内发生变形破坏，引发煤壁片帮，如图 3-19b 所示。

表 3-6　大采高工作面煤壁片帮统计

片帮深度	≤300 mm	300~600 mm	600~1000 mm	≥1000 mm
主要分布频率/%	正常推进	正常推进	来压时期	来压时期
	43	16	31	10

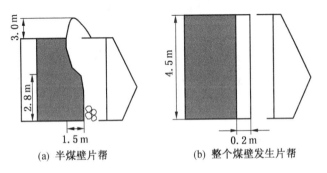

(a) 半煤壁片帮　　　　　(b) 整个煤壁发生片帮

图 3-19　煤壁破坏失稳形式

部分学者通过对屯留大采高工作面煤壁稳定性进行研究，发现工作面煤壁片帮形式有四种：顶部片帮、中部片帮、底部片帮、整体片帮，并以顶部片帮和中部片帮为主，其中顶部片帮约占 48.6%，这种片帮形式增大了支架前端的空顶距，极易诱发顶部冒顶事故，如图 3-20 所示。煤壁片帮同样易发生在工作面顶板来压期间，工作面煤壁片帮冒顶统计结果见表 3-7。

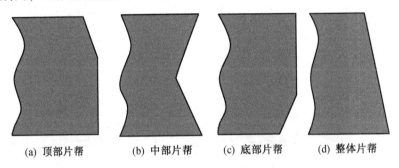

(a) 顶部片帮　　　(b) 中部片帮　　　(c) 底部片帮　　　(d) 整体片帮

图 3-20　屯留矿煤壁破坏失稳形式

表3-7　屯留矿工作面煤壁片帮冒顶统计

片帮深度	≥1000 mm	600~1000 mm	400~600 mm	≤400 mm
频率/%	3.27	13.24	20.34	63.15
冒顶高度	≥1000 mm	600~1000 mm	400~600 mm	≤400 mm
频率/%	1.87	6.41	8.42	83.30

部分学者对寺河煤矿 6.0 m 大采高工作面煤壁片帮失稳形式进行了现场监测，发现煤壁片帮破坏形式主要以顶部片帮和中部片帮为主，约占煤壁片帮总量的78%，工作面中部片帮明显多于工作面两端部，在采高较小时或非来压期间煤壁片帮量较小，采高增大及工作面来压时煤壁片帮量大幅增大，煤壁片帮统计结果见表3-8。

表3-8　寺河矿工作面煤壁片帮冒顶统计

片帮类型	顶部片帮	中部片帮	底部片帮	整体片帮
频率/%	78	1.5	12.1	8.4
片帮深度	≥900 mm	600~900 mm	300~600 mm	≤300 mm
频率/%	7.2	32.8	22.9	37.1

部分学者通过对赵固一矿大采高综采工作面煤壁片帮进行现场监测分析，发现煤壁破坏形式主要有两种：拉裂破坏与剪切破坏，认为对于硬煤及脆性较大的煤层，由于煤壁容许的变形量很小，煤壁在顶板矿山压力作用下易发生拉裂破坏；而对于松软煤层，煤壁会在矿山压力作用下产生横向拉应力，当煤壁内的最大剪切应力大于抗剪强度时，煤壁发生剪切滑动失稳，煤壁片帮破坏形式如图3-21所示。

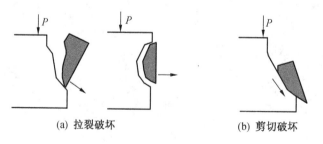

(a) 拉裂破坏　　　　　　　(b) 剪切破坏

图 3-21　煤壁破坏失稳形式

　　基于上述研究成果及西部矿区坚硬煤层煤壁片帮现场监测结果，认为由于西部神府矿区坚硬煤层的横向极限变形量很小，且韧性较小，煤体很难通过发生横向变形来释放煤体内的横向拉应力，导致煤壁很容易发生拉裂破坏，并以工作面顶部拉裂破坏片帮为主，即本文的研究对象主要为易发生顶部拉裂破坏片帮的硬煤为主，并建立硬煤煤壁顶部片帮的力学模型，对西部矿区超大采高工作面煤壁片帮进行初步探索。

　　通过对工作面煤壁片帮过程进行大量现场观测分析，结合上述煤样的真三轴试验破坏过程研究结果，认为煤壁发生破坏仅仅是煤壁发生片帮的先决条件，若发生破坏的煤体未掉落，则煤壁没有发生片帮，若发生破坏的煤体发生掉落，则煤壁发生片帮。在我国西部矿区大采高工作面现场经常会发生煤壁已经发生了很明显的拉裂破坏，但破坏的煤体并未发生掉落，仍然"悬挂"在煤壁上，此时煤壁并未发生片帮（图 3-22）。工作面前方煤体发生拉裂破坏只是煤壁发生片帮的必要条件，而并非充分条件，其充分条件为拉裂破坏体在液压支架支护作用力与矿山压力耦合作用下是否进一步发生滑落失稳。因此，笔者将坚硬厚煤层煤壁的片帮过程细分为"拉裂破坏"与"滑落失稳"两个过程，液压支架的支护作用力在煤壁片帮的两个过程中发挥不同的作用。

图 3-22　煤壁发生破坏却未发生片帮

3.3.2.2　煤壁与液压支架耦合的拉裂破坏力学分析

　　通过对金鸡滩煤矿 8.0 m 大采高工作面进行数值模拟分析，确定工作面前方煤体内的应力分布状态，在煤壁的上部和下部工作面前方煤体对煤壁的作用力较大，而在工作面中部作用力较小，其水平力分布则更加明显，如图 3-23b 所示。

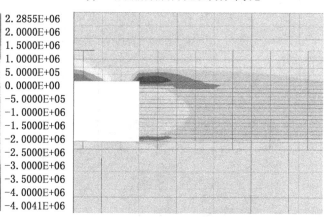

(a) 工作面前方煤体内总应力分布状态

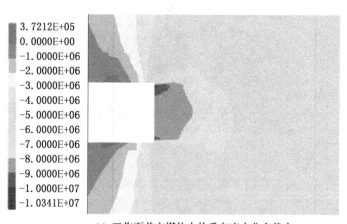

(b) 工作面前方煤体内水平应力分布状态

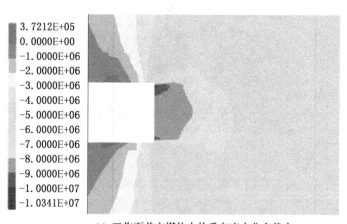

(c) 工作面前方煤体内的垂向应力分布状态

图 3-23 煤壁及前方煤体应力分布规律

工作面上部顶板岩层对煤壁的垂直应力则由煤体内向采空区方向逐渐降低，在工作面前方迅速增大，并形成应力峰值，如图3-23c所示。

如图3-24所示，基于上述工作面前方煤体内的应力分布数值模拟结果，进行工作面煤壁的力学分析。假设工作面机采高度为M，液压支架护帮板对煤壁的水平支护作用力为$F_{护帮}$，工作面前方煤体对煤壁的水平作用力为$F_{水平}$，工作面顶板对煤壁的压力为$F_{顶}$（该压力值为矿山压力与液压支架对顶板支护作用力的合力），工作面顶板下沉对煤壁产生的水平摩擦力为$F_{摩}$，以及底板岩层对煤壁的支撑作用力$F_{底}$及水平摩擦力$F_{摩}$。

坚硬厚煤层的煤壁破坏形式以拉裂破坏为主，取工作面前方厚度为b、单位宽度的煤体，基于工作面煤壁片帮现场观测结果，由于煤壁上端受到顶板压力，顶板下沉导致煤壁产生垂直位移，但煤壁的水平位移量很小，而煤壁下端则一般不会发生水平和垂直位移，因此，将工作面煤壁简化为上端为铰接支撑、下端为固定支撑的长柱体，建立煤壁与液压支架支护作用下的拉裂破坏耦合力学模型，如图3-25所示。

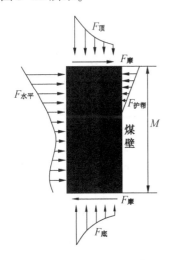

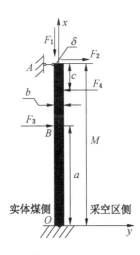

图3-24 工作面煤壁的受力分析   图3-25 液压支架与煤壁的拉裂破坏力学模型

如图3-23b所示，假设顶板岩层对煤壁的应力分布函数为$Q_1(y)$，其合力为F_1，合力作用点偏离长柱体中心线的距离为δ；顶板岩层对煤壁形成的摩擦力为F_2；工作面前方煤体对煤壁的水平应力分布函数为$Q_3(x)$，其合力为F_3，根据工作面前方煤体的水平应力分布特征，其合力作用点应位于煤壁中上部，与工作面底板的距离为a；液压支架护帮板的护帮合力为F_4，护帮合力作用点与工作面顶板的距离为c，其函数表达式如下：

$$
\begin{cases}
F_1 = F_{顶} = \displaystyle\int_{-\frac{b}{2}}^{\frac{b}{2}} Q_1(y)\,\mathrm{d}y \\[2mm]
F_2 = F_{摩} = F_1 \times f_1 \\[2mm]
F_3 = F_{水平} = \displaystyle\int_{0}^{M} Q_3(x)\,\mathrm{d}x \\[2mm]
F_4 = F_{护帮} = \displaystyle\int_{M-a}^{M} Q_4(x)\,\mathrm{d}x
\end{cases}
\tag{3-5}
$$

式中，f_1 为顶板岩层与煤体间的摩擦系数。

根据极限平衡区条件，顶板岩层对煤壁产生的应力分布函数如下：

$$
Q_1(y) = \int_{0}^{b} N_0 \mathrm{e}^{\frac{2f_1 \cdot x}{M}} \left(\frac{1+\sin\varphi}{1-\sin\varphi}\right) \mathrm{d}y
\tag{3-6}
$$

式中，N_0 为煤壁对顶板岩层的支撑力，φ 为煤体的内摩擦角。

工作面前方煤体对煤壁的水平应力分布函数 $Q_3(x)$ 与顶板岩层对煤壁的应力分布函数 $Q_1(y)$ 一般存在如下关系：

$$
Q_3(x) = k \cdot Q_1(y)
\tag{3-7}
$$

式中，k 为应力系数。

其中，$Q_1(y)$、$Q_3(x)$ 均受到工作面采高、原始地应力场分布状态、地质构造、工作面长度、液压支架支护作用力等影响，很难确定应力分布函数的解析解，为了方便对煤壁拉裂破坏过程进行力学分析，以合力进行简化替换，煤壁长柱体的力学分解如图 3-26 所示。

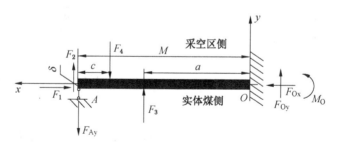

图 3-26　煤壁长柱体受力分析

建立煤壁长柱体的受力、力矩平衡方程如下：

$$
\begin{cases}
F_{Ay} = F_2 + F_3 - F_4 + F_{0y} \\[1mm]
F_{0x} = F_1 \\[1mm]
M_0 = F_2 M + F_3 a - F_1 \delta - F_{Ay} M - F_4(M-c)
\end{cases}
\tag{3-8}
$$

式（3-8）为超静定方程，根据长柱体的位移边界条件，即 A 点沿 y 轴方向的位移量为零，即：

$$\frac{(F_{Ay} - F_2)M^3}{3EI} + \frac{F_4(M - c)^2(2M + c)}{6EI} - \frac{F_3 a^2(3M - a)}{6EI} + \frac{F_1 \delta M^2}{2EI} = 0$$

$$(3-9)$$

式中，EI 为煤壁长柱体的弯曲刚度，其中 E 为煤体的弹性模量，I 为长柱体横截面的惯性矩。

联立式（3-8）、式（3-9）可得 A 点与 O 点的力及弯矩，结果如下：

$$\begin{cases} F_{Ay} = F_2 - \dfrac{F_4(M - c)^2(2M + c) - F_3 a^2(3M - a)}{2M^3} - \dfrac{3F_1 \delta}{2M} \\[3mm] F_{Ox} = F_1 \\[3mm] F_{Oy} = \dfrac{F_4(3M^2 c - c^3)}{2M^3} + \dfrac{F_3 a^2(3M - a)}{2M^3} - F_3 - \dfrac{3F_1 \delta}{2M} \\[3mm] M_O = F_3 a - \dfrac{F_3 a^2(3M - a)}{2M^2} - \dfrac{F_4(M^2 c - c^3)}{2M^2} + \dfrac{F_1 \delta}{2} \end{cases}$$

$$(3-10)$$

基于上述煤壁破坏形式分析结果，即坚硬厚煤层煤壁以拉裂破坏为主，根据最大拉应力理论，当煤壁内的最大拉应力值超过煤体的极限抗拉强度时，则煤体发生拉裂破坏，由此确定煤壁的拉裂破坏判据：

$$\frac{M_{煤壁}}{W_{煤壁}} > \sigma_t$$

$$(3-11)$$

式中，$M_{煤壁}$ 表示煤壁内的最大弯矩值，$W_{煤壁}$ 表示煤壁长柱体的抗弯截面系数，σ_t 表示煤体的抗拉强度，由于煤体的单轴抗拉强度小于三轴抗拉强度，此处可用煤体的单轴抗拉强度替代。

由式（3-11）可知，煤壁长柱体发生最大弯矩的点即为煤壁发生拉裂破坏的位置。由于煤壁受到的矿山压力 F_1、F_2、F_3 远远大于液压支架护帮板的护帮力 F_4，且考虑工作面开采工序的影响，为了防止采煤机截割液压支架顶梁，液压支架护帮板一般要滞后采煤机一定距离，然后再进行液压支架移架及对煤壁进行防护，因此，液压支架护帮板对煤壁形成的弯矩相对较小，煤壁长柱体的最大弯矩位置可能为 A、B、O 中的某一点，煤壁长柱体内的弯矩表达式如下：

$$\begin{cases} M_{(0, a)} = M_O + F_{Oy} \cdot x \\[2mm] M_{(a, m)} = M_O + (F_{Oy} + F_3) \cdot x - F_3 \cdot a \end{cases}$$

$$(3-12)$$

将式（3-10）代入式（3-12），可得

$$\begin{cases} M_{(o,\,a)} = F_3 a - \dfrac{F_3 a^2(3m-a)}{2m^2} + F_1 \dfrac{\delta}{2} + \left[\dfrac{F_3 a^2(3m-a)}{2m^3} - \dfrac{3F_1\delta}{2m} - F_3 \right] \cdot x \\[4mm] M_{(a,\,m)} = -\dfrac{F_3 a^2(3m-a)}{2m^2} + F_1 \dfrac{\delta}{2} + \left[\dfrac{F_3 a^2(3m-a)}{2m^3} - \dfrac{3F_1\delta}{2m} \right] \cdot x \end{cases}$$

$$(3-13)$$

$$\begin{cases} M_{(0,\,a)} = F_3(a-x) + F_1 \dfrac{\delta}{2}\left(1 - \dfrac{3x}{m} \right) + \dfrac{F_3 a^2(3m-a)}{2m^2}\left(\dfrac{x}{m} - 1 \right) \\[4mm] M_{(a,\,m)} = F_1 \dfrac{\delta}{2}\left(1 - \dfrac{3x}{m} \right) + \dfrac{F_3 a^2(3m-a)}{2m^2}\left(\dfrac{x}{m} - 1 \right) \end{cases}$$

$$(3-14)$$

计算 A、B、O 三点的弯矩值如下：

$$\begin{cases} M_A = -F_1\delta \\[3mm] M_B = \dfrac{F_3 a^2(3M-a)(a-M)}{2M^3} + \dfrac{F_1\delta(M-3a)}{2M} \\[4mm] M_O = F_3 a - \dfrac{F_3 a^2(3M-a)}{2M^2} + \dfrac{F_1\delta}{2} \end{cases}$$

$$(3-15)$$

由于 F_4 与 F_1、F_2、F_3 相差 2~3 个数量级，即液压支架护帮板对煤壁的护帮力很难抑制煤壁发生拉裂破坏，但由于液压支架对顶板的支护作用力（初撑力与工作阻力）可在一定程度上影响顶板岩层对煤壁的压力 F_1，因此，液压支架对顶板岩层的初撑力与工作阻力可在一定程度上影响煤壁的拉裂破坏。

为了更加清晰的对比 A、B、O 三点的弯矩值，代入煤壁片帮位置的研究结果并对式（3-15）进行进一步简化，可得：

$$\begin{cases} M_A = -F_1\delta \\[3mm] M_B = -0.1738 \cdot F_3 \cdot M - 0.95 \cdot F_1 \cdot \delta \\[3mm] M_O = 0.154 \cdot F_3 \cdot M + \dfrac{F_1\delta}{2} \end{cases}$$

$$(3-16)$$

根据图 3-26 可知，弯矩的方向为煤壁靠近实体煤侧受拉为正、受压为负，靠近采空区侧则受压为正、受拉为负。由式（3-16）可知，O 点的弯矩值为正，即在煤层底板处，靠近工作面采空区侧为煤壁受压区；A、B 两点的弯矩值为负，即在煤层顶板处、煤体内水平合力作用点处，靠近工作面采空区侧为煤壁受拉区。由于煤体的抗拉强度远小于抗压强度，即工作面靠近顶板处易发生煤壁的拉裂破坏，煤壁片帮机率较大，计算结果与现场观测结果相符合。

由于单元体的厚度 b 远小于煤层厚度 M，且 $\delta \ll M$，则顶板岩层对煤壁的压力 F_1 小于煤体内部的水平作用力 F_3，即

$$|M_A| < |M_0| < |M_B| \tag{3-17}$$

由式（3-17）可知，工作面煤壁 B 点处的弯矩值最大，即此处最易发生煤壁的拉裂破坏，其弯矩值如下：

$$M_B = F_1 \frac{\delta}{2}\left(1 - \frac{3a}{M}\right) + \frac{F_3 a^2 (3M - a)}{2M^2}\left(\frac{a}{M} - 1\right) \tag{3-18}$$

由式（3-18）可知，煤壁 B 点的弯矩值 M_B 为工作面采高 M 的单调增函数，即采高越大，煤壁越容易发生片帮，计算结果符合现场观测结果。

基于煤壁的拉裂破坏判据，联立式（3-11）与式（3-18），可得煤壁产生的拉裂破坏深度、宽度与工作面开采高度、煤体抗拉强度的关系，如下：

$$c \cdot b^2 < \frac{6\left[F_1 \frac{\delta}{2}\left(1 - \frac{3a}{M}\right) + \frac{F_3 a^2 (3M - a)}{2M^2}\left(\frac{a}{M} - 1\right)\right]}{\sigma_t} \tag{3-19}$$

由式（3-19）可知，煤壁的拉裂破坏深度、宽度与煤体抗拉强度呈反比，即煤体的抗拉强度越大，煤壁的拉裂破坏深度、宽度则越小，与工作面机采高度呈正比，即工作面机采高度越大，煤壁的拉裂破坏深度、块度也越大，煤壁片帮越剧烈。其中，顶板对煤壁的压力 F_1、深部煤体对煤壁的水平力 F_3 可通过数值模拟方法获得。

3.3.3　煤壁拉裂破坏体的滑落失稳力学模型

根据大量的煤壁片帮现场实测分析及煤样的真三轴试验结果，煤壁发生拉裂破坏不一定发生煤壁片帮，工作面是否发生煤壁片帮，还取决于煤壁拉裂破坏体是否进一步形成滑落失稳。由液压支架与煤壁的拉裂破坏力学模型可知，提高支架对顶板岩层的支护阻力，可以降低顶板岩层对煤壁的压力，而液压支架通过护帮板施加于煤壁的护帮力却难以抑制煤壁发生拉裂破坏，因此，可以通过液压支架抑制煤壁发生片帮的第二个阶段，即利用液压支架对顶板与煤壁的支护作用，阻止煤壁破坏体进一步发生失稳，从而防止煤壁发生片帮。

基于液压支架与煤壁耦合的拉裂破坏力学模型，假设煤壁形成的拉裂破坏深度为 b，拉裂破坏面与煤壁之间的夹角为 α，为便于进行力学计算分析，假设煤壁拉裂破坏体为三角形，煤壁拉裂破坏体受到顶板岩层的压力 F_d，顶板岩层与拉裂破坏体的水平摩擦力 F_{md}，液压支架顶梁对顶板的支护作用力 F_z，液压支架护帮板对煤壁的水平支护作用力 F_4，工作面前方煤体对拉裂破坏体垂直于拉裂破坏面的力 F_{3h}，拉裂破坏体与前方煤体沿拉裂破坏面的摩擦力 F_{mm}，建立液压支架与煤壁耦合的滑落失稳力学模型，如图 3-27 所示。

基于图 3-27 液压支架与煤壁耦合的滑落失稳力学分析，建立煤壁拉裂破坏体的受力平衡方程：

$$\begin{cases} F_{md} - F_4 + F_{3h}\cos\alpha - F_{mm}\sin\alpha = 0 \\ F_z - F_d - mg + F_{3h}\sin\alpha + F_{mm}\cos\alpha = 0 \\ F_{md} = (F_d - F_z) \times f_1 \end{cases} \tag{3-20}$$

式中，f_1 为煤层与顶板岩层间的摩擦系数，m 为煤壁拉裂破坏体的质量。

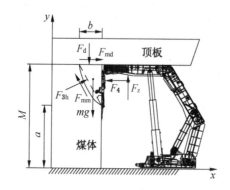

图 3-27　液压支架与煤壁耦合的滑落失稳力学模型

　　对上式求解可得液压支架护帮板抑制煤壁拉裂破坏体发生滑落失稳的最小护帮力——"临界护帮力"。液压支架护帮板的"临界护帮力"定义如下：针对一定煤层赋存条件、工作面长度、机采高度、工作面推进速度等，当液压支架顶梁对顶板岩层施加一定支护作用力时，液压支架护帮板抑制煤壁拉裂破坏体发生滑落失稳的最小护帮力。

　　对式（3-20）进行求解可得液压支架"临界护帮力"的表达式，如下：

$$F_{4临} = \frac{F_{3h} + (F_d - F_z)(f_1\cos\alpha - \sin\alpha) - mg\sin\alpha}{\cos\alpha} \tag{3-21}$$

　　对上式进行分析可得，F_{3h}、F_d、f_1、m 均与工作面煤层赋存条件和开采技术参数相关，为定值，F_z 为液压支架对顶板岩层的支护作用力，α 为拉裂破坏面与煤壁的夹角，即液压支架护帮板的临界护帮力与液压支架的工作阻力呈负相关，液压支架的工作阻力越大，则需要的液压支架临界护帮力就越小；液压支架护帮板的临界护帮力与 α 呈负相关，拉裂破坏面与煤壁的夹角越大，则液压支架的临界护帮力越小，煤壁越不容易发生滑落失稳，煤壁片帮的概率也就越低。

　　通过上述分析可知，提高液压支架的初撑力与工作阻力可以有效降低液压支架护帮板的临界护帮力，即提高液压支架的初撑力与工作阻力不仅可以降低煤壁的拉裂破坏深度，而且还可以有效抑制煤壁拉裂破坏体发生滑落失稳。

3.3.4 煤壁片帮的单目标多因素敏感性分析

3.3.4.1 煤壁破坏的多因素敏感性分析

基于上述大采高工作面煤壁片帮的"拉裂-滑落"力学模型,将工作面煤壁片帮过程细分为煤体发生破坏及煤壁破坏体发生失稳两个阶段,若工作面煤壁发生破坏且破坏体发生失稳掉落,则工作面煤壁发生片帮;若工作面煤壁发生破坏,但破坏体未发生失稳掉落,则工作面煤壁未发生片帮,即工作面煤壁发生破坏只是煤壁发生片帮的必要条件,而并非煤壁片帮的充分条件,煤壁发生片帮的充要条件为:煤壁发生破坏,且煤壁破坏体进一步发生失稳掉落,工作面煤壁发生片帮。

基于上述煤壁破坏过程的应力路径效应分析结果,工作面煤壁是否发生破坏不仅与煤体的物理力学性质有关,还受到工作面矿山压力与液压支架支护作用力的大小及加卸载方式影响。通过对煤壁的受力状态进行分析,可将导致煤壁发生破坏的主要影响因素分为两类:①内部因素,主要指煤体自身的物理力学性质,如煤体的抗拉强度、内聚力、内摩擦角等;②外部因素,主要指煤体受到的外部载荷及相关因素,如工作面采高、煤层埋深、液压支架支护强度等。

由于很难通过理论计算方法确定煤壁的破坏深度,因此采用数值模拟方法对不同煤层抗拉强度、内聚力、内摩擦角、工作面采高、煤层埋深、支架支护强度等 6 个因素对煤壁破坏深度进行单因素影响分析,共计进行 30 组试验,结果如图 3-28 所示。

当其他因素不变时,煤体抗拉强度由 0 增加至 1 MPa,煤壁的破坏深度降低了 0.2 m,但随着煤体的抗拉强度继续增大,煤壁的破坏深度却基本保持不变,其超前支承压力峰值的变化幅度也非常小(图 3-28a)。随着煤层内聚力增加,煤壁的破坏深度及前方超前支承压力峰值均出现明显降低,说明增大煤体的内聚力可以显著降低煤壁前方的应力集中程度,从而降低煤壁的破坏深度(图 3-28b)。随着煤体内摩擦角的增加,煤壁的破坏深度显著降低,但煤壁前方的超前支承压力峰值显著增大,说明增大煤体的内摩擦角可以显著提高煤体的抗压与抗剪强度,从而降低煤壁的破坏深度(图 3-28c),随着工作面采高增加,煤壁的自稳定性降低,导致煤壁的破坏深度增大,工作面前方超前支承压力峰值的位置向煤体深处偏移,但其峰值应力显著降低(图 3-28d)。随着煤层埋深增加,煤壁受到的原岩地应力增大,导致工作面矿山压力增大,煤壁破坏深度、超前支承压力峰值的大小以及应力峰值与煤壁的距离均显著增大,工作面更易发生煤壁片帮(图 3-28e)。由于液压支架的支护强度显著低于工作面矿山压力,因此液压支架支护强度的变化对煤壁破坏深度、超前支承压力峰值及位置的影响均很小(图 3-28f),即很难通过增大液压支架支护强度来降低煤壁的破坏深度。

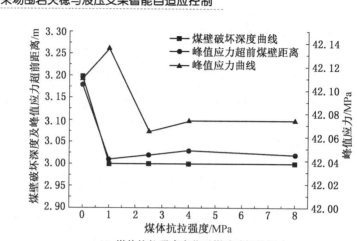

(a) 煤体抗拉强度变化对煤壁破坏的影响

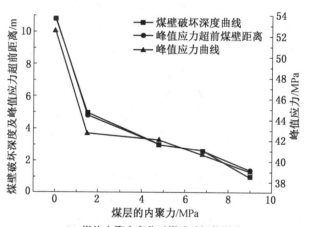

(b) 煤体内聚力变化对煤壁破坏的影响

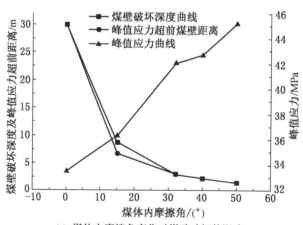

(c) 煤体内摩擦角变化对煤壁破坏的影响

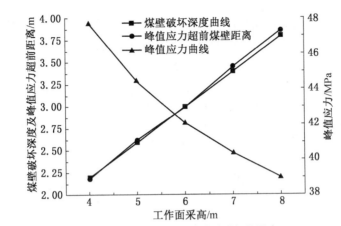

(d) 工作面采高变化对煤壁破坏的影响

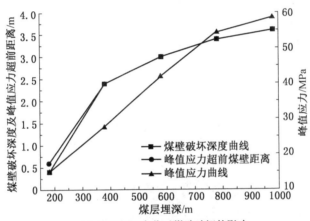

(e) 煤层埋深变化对煤壁破坏的影响

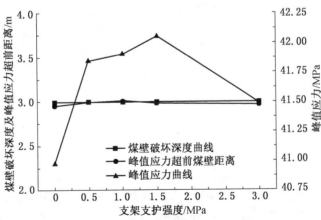

(f) 支架支护强度变化对煤壁破坏的影响

图 3-28 煤壁破坏的单因素变化数值模拟试验结果

如图 3-29 所示，通过对上述各影响因素对煤壁破坏深度的单因素影响结果进行分析发现，工作面煤壁破坏深度与工作面前方超前支承压力峰值的超前距离基本相当，说明工作面前方煤体自超前支承压力峰值处开始发生破坏，即工作面煤壁由原岩应力区→应力增高区→应力降低区的应力路径加卸载过程中在超前支承压力峰值处达到了煤体的强度极限，煤体发生破坏，导致承载能力下降，即工作面前方超前支承压力范围内的煤体处于破坏状态。

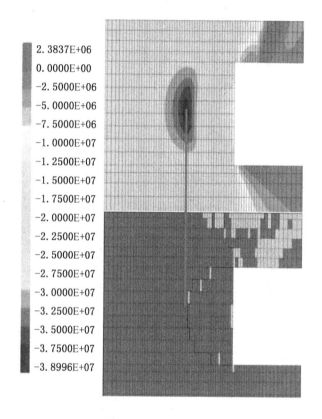

图 3-29　峰值应力位置与破坏区范围对比

由于煤壁发生破坏是一个多因素交互影响的复杂问题，上述单因素影响分析结果难以反映各影响因素对煤壁破坏的敏感性，为此引入正交试验设计方法进行不同影响因素对煤壁发生破坏的数值模拟分析。以煤壁破坏深度为试验研究目标，采用 SPSS 软件建立 6 个因素、5 个水平的煤壁破坏正交试验表，进行 25 组数值模拟正交试验，各主要影响因素的水平值见表 3-9，煤壁破坏深度的正交试验方案及模拟试验结果见表 3-10。

表 3-9　煤壁破坏深度主要影响因素水平值

水平	因素					
	埋深/m	抗拉强度/MPa	内聚力/MPa	内摩擦角/(°)	支护强度/MPa	采高/m
水平 1	180	0	0	0	0	4
水平 2	380	1	1.5	15	0.5	5
水平 3	580	2.5	4.8	32	1	6
水平 4	780	4	6.8	40	1.5	7
水平 5	980	8	9	50	3	8

表 3-10　煤壁破坏深度正交试验方案及结果

试验编号	埋深	抗拉强度	内聚力	内摩擦角	支护强度	采高	煤壁破坏深度/m
1	1	3	2	4	3	2	2.2
2	5	3	5	1	5	4	12.8
3	1	1	1	1	1	1	50
4	2	5	5	5	3	1	0
5	1	4	5	3	4	5	1.4
6	4	3	3	3	2	1	2.6
7	5	4	3	5	1	2	0
8	4	1	2	5	5	5	2.8
9	2	3	4	2	1	3	0.4
10	3	5	2	3	1	4	2.4
11	3	3	5	5	4	3	6.2
12	1	5	3	2	5	3	14
13	4	5	4	1	4	2	19.4
14	5	5	1	4	2	5	13.4
15	5	2	2	2	4	1	50

表3-10（续）

试验编号	埋深	抗拉强度	内聚力	内摩擦角	支护强度	采高	煤壁破坏深度/m
16	4	2	5	4	1	3	0
17	2	2	1	3	5	2	9.8
18	5	1	4	3	3	3	3.4
19	3	4	4	4	5	1	2.2
20	1	2	4	5	2	4	0.4
21	4	4	1	2	3	4	50
22	3	2	3	1	3	5	23
23	3	1	5	2	2	2	1.2
24	2	1	3	4	4	4	2
25	2	4	2	1	2	3	50

其中，第3、15、21、25组试验中煤壁破坏深度达到了模型边界，受模型几何尺寸限制，其煤壁破坏深度取50 m。以煤壁破坏深度为目标，采用线性模型进行煤壁破坏的单指标多因素分析，如下：

$$Y = U_0 + U_1 X_1 + \cdots + U_p X_p + e \tag{3-22}$$

式中，U_0 为常数项；U_i 为自变量 X_i 的回归系数，e 为随机误差，一般认为其服从正态分布。

通过对煤壁破坏主要影响因素进行正交试验，可以得出不同影响因素的煤壁破坏深度正态分布试验结果，如下：

$$K_{ij} = \sum_{k=1}^{n} Y_{ijk} \tag{3-23}$$

式中，Y_{ij} 为第 j 个影响因素取第 i 个水平值（X_{ij}）的试验结果；k 为试验次数；K_{ij} 为第 j 个影响因素在第 i 个水平的实验结果统计值。

通过对试验结果进行极差与方差分析，判断各影响因素对研究目标的敏感性，极差与方差值越大，则该因素对研究目标影响的敏感性也就越强，极差分析计算如下：

$$R_j = \max\{K_{1j}, K_{2j}, \cdots, K_{rj}\} - \min\{K_{1j}, K_{2j}, \cdots, K_{rj}\} \tag{3-24}$$

各影响因素的极差分析结果见表3-11。

表 3-11　各影响因素的极差分析结果

影响因素	埋深	抗拉强度	内聚力	内摩擦角	支护强度	采高
K_{1j}	68	59.4	129.4	155.2	52.8	104.8
K_{2j}	62.2	83.2	107.4	115.6	67.6	32.6
K_{3j}	35	14.2	41.6	19.6	78.6	73.6
K_{4j}	74.8	103.6	25.8	19.8	79	67.6
K_{5j}	79.6	49.2	15.4	9.4	41.6	41
R_j	44.6	89.4	114	145.8	37.4	72.2

由煤壁破坏深度各影响因素的极差分析结果可知，煤层的内摩擦角、内聚力及抗拉强度的极差值明显较其他因素更大，即这三个因素变化对煤壁破坏深度的影响更大、敏感性更强，也说明大采高工作面煤壁是否发生破坏主要取决于煤体的物理力学参数（内因）。工作面采高增大导致煤壁的自稳定性降低，即由于开采尺度效应引起了煤体的物理力学性质发生变化，其敏感性明显高于煤层埋深与支架支护强度，各主要影响因素对煤壁破坏深度影响的极差值计算结果如下：

$$R_D > R_C > R_B > R_F > R_A > R_E \qquad (3-25)$$

式中，A 为煤层埋深；B 为煤层的抗拉强度；C 为煤层的内聚力；D 为煤层的内摩擦角；E 为液压支架对顶板岩层的支护强度；F 为工作面采高。

采用 SPSS 软件对正交试验结果进行方差分析，见表 3-12。

表 3-12　各影响因素的方差分析结果

影响因素	第Ⅲ类平方和	自由度/df	平均值平方
埋深	244.042	4	61.01
抗拉强度	752.202	4	188.05
内聚力	2096.73	4	524.182
内摩擦角	3577.226	4	894.306
支护强度	215.658	4	53.914
采高	656.938	4	164.234

由煤壁破坏深度各影响因素的方差分析结果可知，煤层内摩擦角的第Ⅲ类平方和、平均值平方均明显高于其他因素，即该因素对煤壁破坏的影响最为显著，

其他依次为内聚力、抗拉强度、采高、埋深、支护强度，确定各主要影响因素对煤壁破坏的敏感性排序依次为：煤体的内摩擦角>煤体的内聚力>煤体的抗拉强度>工作面采高>煤层埋深>液压支架支护强度。

3.3.4.2 煤壁破坏体失稳的敏感性分析

基于上述煤壁破坏体滑落失稳过程分析结果，工作面煤壁发生破坏后是否会进一步发生滑落失稳导致煤壁发生片帮，主要取决于煤体破坏面的性质及外部载荷的大小，确定煤壁破坏体片帮失稳的主要影响因素如下：①煤体破坏面的力学性质，主要包括煤体破坏面的内摩擦角、内聚力及抗拉强度；②煤壁破坏体受到的外部载荷，由于煤层埋深、工作面采高、长度变化均导致矿山压力变化，因此笔者以煤层埋深为主要影响因素反应矿山压力变化对煤壁破坏体滑落失稳的影响，确定煤壁破坏体发生失稳的外部载荷影响因素主要为煤层埋深、支架支护强度及支架护帮板对煤壁的护帮力。

假设工作面采高为 8.0 m，煤壁片帮形式为顶部片帮，煤壁破坏体的形状为三角形整体结构，破坏体高度取 2 m，破坏面与煤壁的夹角取 30°。以煤壁破坏体的滑落位移量为试验研究目标，采用 3DEC 离散元程序对煤壁破坏体的失稳过程进行模拟试验分析，设计 6 因素、5 水平的煤壁破坏体片帮失稳正交试验表，煤壁破坏体发生片帮失稳的主要影响因素水平值见表 3-13，正交试验方案及结果见表 3-14。

表 3-13　煤壁破坏体失稳的主要影响因素水平值

水平	因素					
	埋深/ m	抗拉强度/ MPa	内聚力/ MPa	内摩擦角/ (°)	支护强度/ MPa	护帮/ MPa
水平 1	180	0	0	0	0	0
水平 2	380	0.2	0.3	10	0.5	0.05
水平 3	580	0.4	0.6	20	1	0.1
水平 4	780	0.6	0.9	30	1.5	0.15
水平 5	980	0.8	1.5	40	3	0.3

表 3-14　煤壁破坏体失稳的正交试验方案及结果

编号	埋深	抗拉强度	内聚力	内摩擦角	支护强度	护帮	滑落位移量/m
1	1	3	2	4	3	2	0

表 3-14（续）

编号	埋深	抗拉强度	内聚力	内摩擦角	支护强度	护帮	滑落位移量/m
2	5	3	5	1	5	4	0.06
3	1	1	1	1	1	1	6
4	2	5	5	5	3	1	0
5	1	4	5	3	4	5	0.01
6	4	3	3	3	2	1	0.01
7	5	4	3	5	1	2	0
8	4	1	2	5	5	5	0
9	2	3	4	2	1	5	0.023
10	3	5	2	3	1	4	0.029
11	3	3	1	5	4	3	0
12	1	5	3	2	5	3	0
13	4	5	4	1	4	2	6
14	5	5	1	4	2	5	0.032
15	5	2	2	2	4	1	2.631
16	4	2	5	4	1	3	0
17	2	2	1	3	5	2	0.008
18	5	1	4	3	3	3	0.002
19	3	4	4	4	5	1	2.001
20	1	2	4	5	2	4	0
21	4	4	1	2	3	4	6
22	3	2	3	1	3	5	0.009
23	3	1	5	2	2	2	0.012
24	2	1	3	4	4	4	0
25	2	4	2	1	2	3	6

通过对煤壁破坏体失稳过程的正交试验结果进行分析,第1、4、7、8、11、12、16、20、24组试验中煤壁破坏体的滑落位移量为零,而上述煤壁破坏过程的正交试验结果同样显示第4、7、16组试验的煤壁破坏深度为零,综合分析煤壁破坏与失稳的试验结果认为,第4、7、16组试验中煤壁的应力路径未能导致煤体发生破坏,因此也不会出现煤壁的片帮失稳;虽然第1、4、8、11、12、20、24组试验中煤壁发生了破坏,但煤壁破坏体的滑落失稳位移量为零,即煤壁破坏体没有进一步发生失稳而导致工作面发生煤壁片帮。

各组试验中煤壁破坏体的滑落位移量总体均较小,只有第3、13、21、25组试验中煤壁破坏体在工作面发生完全掉落,即煤壁发生片帮失稳的风险比较大,这四组试验中煤体破坏面的内摩擦角均较小,说明煤体破坏面的内摩擦角变化对煤壁破坏体的滑落位移量影响最大,各影响因素的极差分析结果见表3-15。

表3-15 各影响因素的极差分析结果

影响因素	埋深	抗拉强度	内聚力	内摩擦角	支护强度	护帮强度
K_{1j}	6.01	6.014	12.04	18.069	6.052	10.642
K_{2j}	6.031	2.648	8.66	8.666	6.054	6.02
K_{3j}	2.051	0.093	0.019	0.059	6.011	6.002
K_{4j}	12.01	14.011	8.026	2.033	8.641	6.089
K_{5j}	2.725	6.061	0.082	0	2.069	0.074
R_j	9.959	13.918	12.021	18.069	6.572	10.568

通过对煤壁破坏体各影响因素的正交试验结果进行极差分析,发现煤体破坏面的力学性质(内因)对煤壁破坏体是否进一步发生片帮失稳的影响较大,并且液压支架护帮强度的极差值高于煤层埋深及液压支架支护强度,这主要是由于煤壁发生破坏后,其内部形成了大量的裂隙,且煤体破坏体与顶板及前方煤体的接触面积降低,传力系数大幅下降,导致煤层埋深及液压支架支护强度对煤壁破坏体的滑落总位移量影响较小,但二者对煤壁破坏体是否发生位移及初始位移量的大小有一定影响,但对煤壁破坏体的最终位移量影响较小。液压支架护帮板对煤壁破坏体发生片帮失稳起到了很好的"护"的作用,可以有效降低煤壁破坏体的滑落位移量。正交试验确定各主要影响因素对煤壁破坏体发生失稳的敏感性排序依次为:煤壁破坏面的内摩擦角>内聚力>抗拉强度>护帮强度>埋深>支护强度。

3.3.4.3　煤壁片帮防治措施

基于上述大采高工作面煤壁发生破坏与片帮失稳的主要影响因素敏感性分析结果，可以从煤壁发生破坏及煤壁破坏体发生失稳的内部与外部影响因素对煤壁片帮进行综合防治：

（1）提高煤体的物理力学性质。从根本上降低煤壁破坏深度及煤壁破坏体发生失稳的几率。主要采用向煤壁进行超前预注浆（注入高水材料或水泥-水玻璃等材料）、向煤壁内打竹锚杆、木锚杆或采取"棕绳+注浆"等刚柔耦合的支护技术，提高煤体的物理力学性质，降低煤壁的破坏深度及煤体破坏体发生片帮失稳的机率；对于极软松散厚煤层，还可以通过向煤体内注水来提高煤体的内聚力及抗剪强度，降低工作面前方煤体的破坏深度。

（2）优化工作面开采工艺参数。合理控制工作面采高、长度及推进速度。增大工作面开采高度、长度，不仅导致工作面矿山压力显现加剧，而且降低了煤壁的自稳定性及工作面推进速度，增大了煤壁的暴露时间，导致煤壁发生片帮的机率增加。因此，合理的控制工作面采高、长度及推进速度，可以有效降低煤壁受到的外部载荷，降低煤壁发生片帮的几率。

（3）采取合理的支护工艺及设备。基于上述煤壁片帮的多因素影响敏感性分析结果，提高液压支架的初撑力与工作阻力虽然难以降低煤壁的破坏深度，但可以在一定程度降低顶板岩层对煤壁压力，从而降低煤壁片帮的机率；另外，采取合理的液压支架护帮结构及参数可以有效降低煤壁破坏体的滑落位移量，从而降低煤壁片帮机率。

（4）加强工作面煤壁片帮管理。规范工作面支护设备操作流程，采煤机割煤后及时打开液压支架护帮板对煤壁进行防护，液压支架采用带压擦顶移架，加强工作面液压支架供液系统管理，杜绝跑、冒、滴、漏现象，采用高压升柱系统提高液压支架的初撑力，当煤壁发生片帮后及时伸出液压支架的伸缩梁与护帮板，防止诱发顶板冒顶事故。

3.4　坚硬特厚煤层顶煤冒放结构力学模型

3.4.1　坚硬特厚煤层顶煤冒放结构力学分析

金鸡滩煤矿主采 $2^{-2\pm}$ 号煤层，东翼盘区煤层厚度 7.99~11.16 m，平均普氏硬度 $f=2.8$，埋深约为 240 m，属于埋深较浅、硬度较大的特厚煤层，目前采用的分层开采方法对煤层赋存条件适应性差，非常适宜采用大采高综放开采。

金鸡滩煤矿周边的榆阳矿区普遍分布 3 号煤层，该煤层与金鸡滩煤矿 $2^{-2\pm}$ 号煤层赋存条件十分相似（表 3-16），目前均采用大采高综放开采，但由于煤层埋深较浅，并且硬度、厚度均较大，导致顶煤的整体性强、冒放性差，现场观测发现，工作面中部液压支架顶梁上方的顶煤体呈现悬臂状态，冒落后的顶煤块度大，难以顺利放出。

表3-16 埋深较浅、坚硬、特厚煤层条件

矿井	煤层	平均厚度/m	普氏硬度 f	平均埋深/m
神树畔	3号	11.16	2.8	221
千树塔	3号	10.61	2.6	236
柳巷	3号	11.05	3.6	286
麻黄梁	3号	9.06	3.9	182

基于金鸡滩煤矿周边类似条件煤层现场观测结果，中部液压支架上方的顶煤呈悬臂状态（图3-30a），通过对支架上方顶煤进行力学分析，建立了顶煤体的悬臂梁力学模型（图3-30b）。

(a) 液压支架上部顶煤悬臂结构示意图

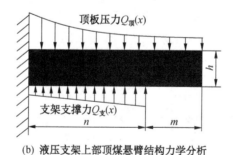

(b) 液压支架上部顶煤悬臂结构力学分析

图3-30 顶煤体悬臂梁力学模型

根据坚硬脆性顶煤的力学特性，其破坏形式主要以拉裂破坏为主。基于最大拉应力强度理论，若顶煤体内的弯曲正应力大于煤体的单轴抗拉强度，则顶煤体

发生断裂，可得顶煤体厚度（h）、强度（σ_t）与液压支架后方的极限悬臂长度（m）关系式：

$$\frac{6M}{bh^2} = \sigma_t \tag{3-26}$$

$$M = \left(\int_0^{m+n} Q_{顶}(x)\,\mathrm{d}x - \int_0^n Q_{支}(x)\,\mathrm{d}x \right) \cdot n + \int_0^n \int_0^n Q_{支}(x)\,\mathrm{d}x^2 - \int_0^n \int_0^n Q_{顶}(x)\,\mathrm{d}x^2 \tag{3-27}$$

式中，$Q_{顶}(x)$ 为顶板压力函数；$Q_{支}(x)$ 为液压支架对顶板的支撑力函数；M 为顶煤悬臂梁的弯矩，N·m；h 为顶煤体厚度，m；b 为顶煤体宽度，取单位宽度，m；n 为液压支架顶梁长度，m；m 为液压支架后部顶煤的极限悬臂长度，m；σ_t 为顶煤体的单轴抗拉强度，MPa。

由于很难通过数学方法获得顶板压力与液压支架支撑力函数的解析解，因此，以金鸡滩煤矿 $2^{-2上}$ 号煤层坚硬特厚煤层赋存条件为基础，进行了不同开采高度的数值模拟分析，得到了不同机采高度与顶煤的极限悬臂长度曲线，如图 3-31 所示。

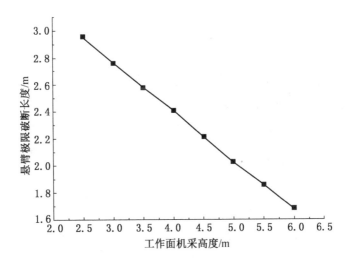

图 3-31　不同机采高度顶煤体极限悬臂长度曲线

通过对计算结果进行分析，工作面机采高度与顶煤体悬臂的极限破断长度为一近似直线，随着工作面机采高度增加，顶煤体厚度变薄，工作面矿山压力增大，导致顶煤体悬臂的极限破断长度缩短，即增加工作面机采高度可以有效提高顶煤的冒放性。

3.4.2 液压支架对顶煤体反复支撑破坏效果分析

液压支架作为综放工作面的核心设备，其不仅担负着维护工作面安全作业空间、提供顶煤放出通道的重任，而且还可以通过对顶煤的反复支撑来破碎顶煤，提高顶煤的冒放性。目前，尚未检索到有关液压支架反复支撑对顶煤体损伤破坏进行定量分析的文献。

通过大量综放工作面生产实践发现，液压支架对顶煤体主动支护作用力的大小、反复支撑作用次数均对顶煤体的损伤破坏产生重要影响。基于金鸡滩煤矿 $2^{-2\text{上}}$ 号煤层赋存条件，采用 UDEC 数值模拟软件分析了液压支架对顶煤体不同支护作用力、不同支撑作用次数的破坏效果。

引起顶煤发生破坏的外部载荷主要有矿山压力与液压支架反复支撑作用力两部分，为了避免矿山压力对模拟结果的影响，顶板岩层上部并未施加矿山压力边界条件，而是在模型四周均施加固定位移边界条件，建立的数值计算模型及测点布置（图 3-32），测点位于支架顶梁上部，测点之间的垂直间隔为 0.2 m，采用 fish 语言编写程序实现对顶煤的循环加载，模拟液压支架对顶煤升架（施加载荷）—降架（去除载荷）—移架—升架（施加载荷）的反复支撑作用过程。

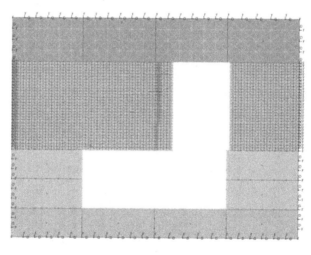

图 3-32 数值计算模型及测点布置

分别进行了液压支架主动支护作用力为 0.3 MPa、0.6 MPa、0.9 MPa、1.2 MPa 的模拟分析，得到了液压支架不同支护作用力、不同支撑作用次数（根据液压支架的顶梁长度与移架步距关系，反复支撑次数确定为七次）的顶煤位移量关系曲线，如图 3-33 所示。

通过对模拟结果进行分析发现，随着液压支架对顶煤体主动支护作用力增大，顶煤监测点的位移量增加，但首次反复支撑后顶煤监测点的位移量相差不大；随着液压支架对顶煤反复支撑次数增加，顶煤监测点的位移量迅速增大，但是当液压支架对顶煤的支护作用力不变时，增加液压支架的反复支撑作用次数并不能显著改变顶煤发生剧烈位移的深度，只是增加了已发生剧烈位移监测点的位移量，即当液压支架的支撑力不变时，增加反复支撑作用次数只是提高了液压支架对一定破坏深度顶煤体破碎块度的影响，而并不能显著提高顶煤体的破坏深度。当液压支架对顶煤的支护作用力较小时，虽然顶煤体发生剧烈位移的深度也较大，但是顶煤连续监测点的位移量出现了水平线或近似水平线，说明由于上部顶煤体的节理裂隙发生贯通，导致大块顶煤发生整体冒落，顶煤破碎块度较大，而当液压支架的支撑力增加至 1.2 MPa 时，顶煤监测点的位移量比较分散，并未出现水平或近似水平线，说明顶煤体破碎块度较小，如图 3-33a、图 3-33b、图 3-33c 所示。

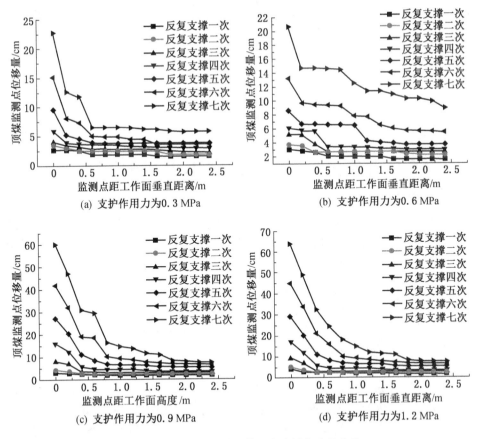

图 3-33 液压支架对顶煤反复支撑位移量曲线

通过对顶煤监测点位移量进行分析，得到了液压支架对顶煤体不同支撑作用力下的反复支撑次数与顶煤体破坏深度曲线，当液压支架对顶煤体的反复支撑次数小于四次时，顶煤体发生剧烈位移的深度较小，即顶煤体的破坏深度较小，而当反复支撑作用次数大于四次时，顶煤体发生剧烈位移的深度明显增加，即液压支架对顶煤体反复支撑四次时，顶煤体破坏深度发生突变，破坏深度明显增大，如图 3-34 所示。

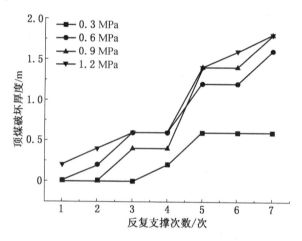

图 3-34 反复支撑次数与顶煤破坏深度关系曲线

3.5 综放工作面煤壁片帮防治与顶煤冒放性提高

3.5.1 机采高度对煤壁片帮的影响

增加综放工作面的机采高度，有利于提高工作面煤炭资源回采率，但导致工作面极易发生煤壁片帮冒顶，煤壁片帮控制难度增大。通过对塔山煤矿、同忻煤矿等典型特厚煤层大采高综放工作面顶煤、顶板运动规律及煤壁片帮进行现场实测分析，发现大采高综放工作面煤壁片帮不仅与工作面的开采高度、煤体强度、矿山压力等因素有关，而且还在一定程度上受到上部松散顶煤的影响，其煤壁片帮力学模型与大采高综采工作面具有显著差异。实测结果表明：相同煤层赋存条件及机采高度情况下，大采高综放工作面比大采高综采工作面更容易发生煤壁片帮。

目前，现有的煤壁片帮机理研究成果主要是针对大采高一次采全厚工作面，且综放工作面煤壁片帮机理研究也均未考虑支架上方松散破碎顶煤的影响。由于受工作面前方支承压力的影响，工作面上方的顶煤存在散体区、塑性区与弹性区（图 3-35a）。通过数值模拟分析发现，工作面采煤机割煤在煤壁前方形成的塑性区，位于整个煤层开采形成的大范围塑性区的下部，且受到整个煤层开采形成的大范围塑性区叠加影响（图3-35b）。基于上述大采高综放工作面顶煤、顶板结构分析，将工作面煤壁简化为下部固定支撑、顶部自由支撑，同时受到顶板压力 $Q_{顶}(x)$、采空区冒落岩层对顶煤的水平力 $Q_{矸石}(y)$、液压支架对顶煤的支撑力 $Q_{支架}(x)$ 及实体煤的水平力 $Q_{煤体}(y)$（图3-35a），得出了大采高综放工作面煤壁的受力状态（图3-35c）。

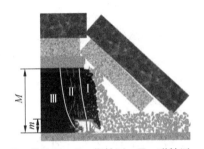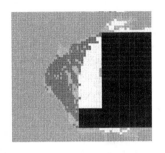

Ⅰ—散体区；Ⅱ—塑性区；Ⅲ—弹性区

(a) 大采高综放工作面顶煤、顶板结构分析　(b) 大采高综放工作面塑性破坏区分布

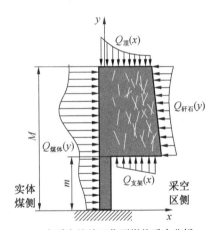

(c) 大采高综放工作面煤体受力分析

图3-35　大采高综放工作面煤壁力学分析

假设煤壁破坏深度为 b，整层煤层厚度为 M，工作面机采高度为 m，取单位厚度的煤体建立特厚煤层大采高综放工作面煤壁片帮的压剪力学模型，如图3-36所示。

基于弹塑性力学理论，可得长柱体的挠曲线方程：

$$\omega = \omega_1 - \omega_2 - \omega_3 \tag{3-28}$$

$$\omega_1 = \int_0^M \frac{Q_{煤体}(y)y^2}{24EI}(4My - 6M^2 - y^2)\,\mathrm{d}y \tag{3-29}$$

$$\omega_2 = \int_{-\frac{b}{2}}^{\frac{b}{2}} \frac{x^2 \int_{-\frac{b}{2}}^{\frac{b}{2}} x \cdot Q'_{顶}(x)\,\mathrm{d}x}{2EI}\,\mathrm{d}x \tag{3-30}$$

$$\omega_3 = \int_m^M \frac{Q'_{矸石}(y)y^2}{24EI}(4My - 6M^2 - y^2)\,\mathrm{d}y \tag{3-31}$$

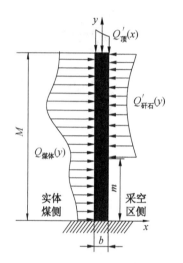

图 3-36　煤壁片帮的压剪力学模型

式中，ω 为长柱体的挠度总量；ω_1 为煤体内的水平应力 $Q_{煤体}(y)$ 对长柱体形成的挠度；ω_2 为顶板岩层 $Q_{顶}(x)$ 及液压支架 $Q_{支架}(x)$ 施加的合力 $Q'_{顶}(x)$ 对长柱体形成的挠度；ω_3 为采空区破碎矸石对散体顶煤施加的力 $Q_{矸石}(y)$，通过散体顶煤施加于长柱体的力 $Q'_{矸石}(y)$ 形成的挠度；E 为煤体的弹性模量；I 为长柱体的惯性距，$I = b^3/12$；M 为工作面一次开采煤层总厚度；m 为工作面机采高度；b 为长柱体宽度。

由于液压支架上方散体区的松散顶煤为典型的非连续介质，其放出量的大小、破碎块度、可压缩系数、刚度等都对其传力系数有很大影响，目前很难通过理论计算方法获得 $Q'_{矸石}(y)$ 与 $Q'_{顶}(x)$ 的解析解。为此，基于罐子沟煤矿 6 号特厚煤层赋存条件，采用 UDEC 离散元数值模拟软件进行了不同机采高度煤壁水平位移量的模拟分析，得到了不同机采高度的煤壁水平位移量曲线，如图 3-37 所示。

随着工作面机采高度增加，煤壁水平位移量增大，煤壁水平位移量较大点位于工作面的中上部。由于工作面煤壁水平位移曲线处于长柱体挠曲线的下部，受到上部松散顶煤的影响，工作面上部煤壁的位移量明显较下部增大，并且随着工作面机采高度增加，煤壁水平位移量增加的幅度逐渐增大，当工作面机采高度由 4.5 m 增加至 5.0 m 时，煤壁水平位移量增加明显，煤壁发生了明显的破坏失稳，而类似条件大采高综采工作面煤壁水平位移量则明显较小，很好地解释了相同机采高度情况下大采高综放工作面与大采高综采工作面相比，煤壁片帮更加剧烈的原因。

大同塔山煤矿开采 3^{-5} 号煤层，煤层厚度 9.42~19.44 m，煤层赋存条件与罐

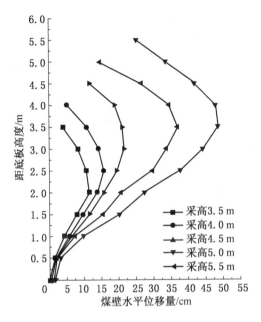

图 3-37　不同机采高度煤壁水平位移曲线

子沟煤矿相似，8105 工作面设计采用 ZF15000/28/52 型大采高综放液压支架，最大机采高度 5.0 m，在生产实践中发现，当机采高度大于 4.5 m 以后，煤壁片帮十分剧烈，煤壁稳定性控制难度很大，为保证工作面安全生产，工作面实际机采高度一般控制在 4.0~4.5 m，工作面煤壁片帮量明显降低。

3.5.2　煤壁片帮防治与提高顶煤冒放性矛盾

综放工作面煤炭资源回采率主要包括两部分：①采煤机截割部分的煤炭资源回采率，一般可达到 98%；②顶煤的放出率，一般仅为 70%~85%。因此，提高综放工作面的机采高度可以提高煤炭资源的回采率。基于金鸡滩煤矿煤层赋存条件，分别计算了煤层厚度为 8~12 m 时，不同机采高度的煤炭资源回采率（采煤机割煤的回收率按 98%，顶煤回收率按 75% 计算，假设采高增加后顶煤回收率保持不变）。工作面机采高度由 2.5 m 增加至 6.0 m 可提高工作面煤炭资源回采率 2.3%~5.9%，但机采高度增加，导致煤壁的自由度增大，煤壁自稳定性变差，极易发生煤壁片帮冒顶事故，如图 3-38 所示。

综放开采主要利用工作面前方形成的超前支承压力将顶煤体压碎，其破坏机理与煤壁片帮机理相同。为了提高顶煤的放出率，顶煤体的破坏程度越高越好，破坏后的块度越小越好，从而有利于顶煤顺利放出，但同时又希望工作面煤壁片帮越小越好。由于工作面煤壁片帮与顶煤的冒落放出均是由工作面前方的超前支

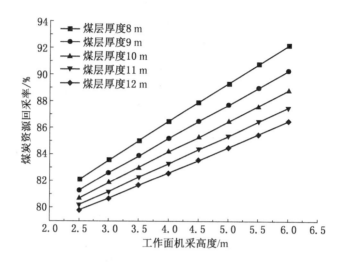

图 3-38 机采高度与煤炭回采率曲线

承压力作用引起,且力学机理相同,大采高综放工作面煤壁片帮防治与提高顶煤冒放性是一个矛盾综合体,如图 3-39 所示。

图 3-39 煤壁片帮防治与提高顶煤冒放性矛盾

基于坚硬顶煤的"悬臂梁"力学模型及液压支架反复支撑对顶煤破坏效果分析结果,通过适当提高液压支架的初撑力、优化液压支架结构参数可以有效缓解煤壁片帮防治与提高顶煤冒放性之间的矛盾。

大采高综放液压支架作为工作面煤壁片帮防护与顶煤冒落放出的关键设备,其架型结构参数直接影响工作面煤壁片帮控制效果与顶煤的放出率。基于金鸡滩煤矿坚硬、特厚煤层赋存条件，采用数值模拟方法进行了工作面机采高度 6.0 m，不同液压支架主动支护作用力时煤壁的水平位移量与顶煤破坏深度。模拟结果表明，随着液压支架对顶煤主动支护作用力的增大，工作面煤壁水平位移量逐渐减少，而顶煤体破坏深度则逐渐增加并趋于稳定，即适当提高液压支架对顶煤（板）的主动支护作用力，可以降低煤壁片帮，同时提高顶煤的冒放性，如图 3-40 所示。

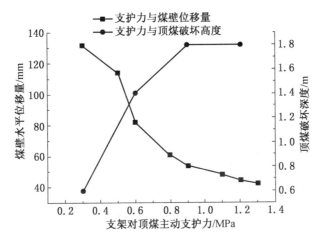

图 3-40　液压支架初撑力对煤壁及顶煤体破坏影响

目前，综放液压支架主要有四柱支撑掩护式带铰接前梁液压支架和两柱掩护式整体顶梁液压支架两种形式，四柱支撑掩护式带铰接前梁综放液压支架不仅容易出现前后立柱受力不均，并且液压支架铰接前梁部分对顶煤（板）的主动支护作用力明显小于后部顶梁，不利于煤壁片帮防治与提高顶煤的冒放性。

为了确定液压支架的合理架型结构，采用数值模拟软件进行了两种架型的模拟分析，将两种架型的不同力学特性简化为对顶煤的不同支护作用力分布形态，得到了两种不同架型的煤壁水平位移量与顶煤有效破坏深度曲线，如图 3-41 所示。

通过对模拟结果进行分析发现，两种液压支架的初撑力与工作阻力均相同时，两柱掩护式整体顶梁大采高综放液压支架的煤壁水平位移量明显小于四柱支撑掩护式带铰接前梁综放液压支架，而其对顶煤的破坏深度则又明显大于后者，由于煤壁的水平位移量越大，则表示煤壁越容易发生片帮，顶煤的有效破坏深度越大，则表示顶煤的冒放性越好，即采用两柱掩护式整体顶梁大采高综放液压支架可以降低煤壁片帮，同时提高顶煤的冒放性。

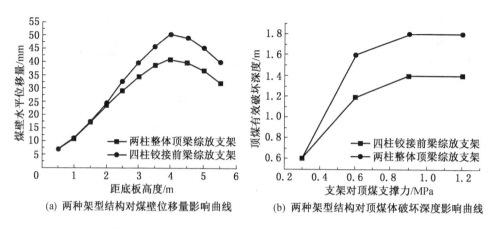

(a) 两种架型结构对煤壁位移量影响曲线　　(b) 两种架型结构对顶煤体破坏深度影响曲线

图 3-41　液压支架架型结构对煤壁及顶煤体破坏影响

3.5.3　提高顶煤回采率技术

基于上述理论分析与数值模拟分析结果，提高埋深较浅、坚硬、特厚煤层煤炭资源回采率可以采取以下技术措施：

3.5.3.1　适当提高工作面机采高度

综放工作面煤炭资源回采率主要由采煤机割煤与放顶煤两部分组成，适当提高工作面机采高度不仅可以有效提高下部煤层的回采率，而且可以增大工作面超前支承压力影响范围，导致工作面矿山压力显现加剧，提高矿山压力对顶煤的破碎效果。当煤层厚度不变时，机采高度增加导致顶煤厚度变薄，矿山压力加剧、顶煤厚度变薄则导致顶煤体极限悬臂长度变短，从而有利于顶煤的冒落放出。随着机采高度增加，煤壁发生片帮的概率增大，因此大采高综放工作面合理机采高度的确定，还应考虑煤壁片帮控制、综采设备与工程投资等因素。

3.5.3.2　优化液压支架架型结构及参数

适当提高液压支架对顶煤（板）的主动支护作用力，不仅可以降低煤壁片帮机率，同时还可以提高顶煤的冒放性；两柱掩护式整体顶梁大采高综放液压支架较四柱支撑掩护式带铰接前梁液压支架更有利于提高顶煤冒放性及降低煤壁片帮机率。

3.5.3.3　合理控制顶煤冒放块度

顶煤冒落块度的大小直接影响顶煤的放出率与含矸率，冒落块度较大的顶煤（板）则极易形成煤—煤成拱和煤—矸成拱，如图 3-42 所示。

为了分析顶煤冒落块度对回采率的影响，基于金鸡滩煤矿坚硬特厚煤层赋存条件，采用颗粒流数值模拟软件 PFC 分别进行了顶煤破碎块度为 0.15～0.25 m、

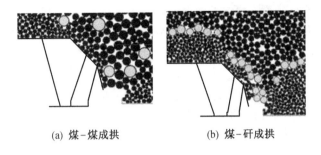

(a) 煤-煤成拱　　　　　　(b) 煤-矸成拱

图 3-42　顶煤成拱

0.25~0.3 m、0.3~0.35 m、0.35~0.4 m、0.4~0.45 m、0.45~0.5 m、0.5~0.55 m 时顶煤的放出率与成拱次数，如图 3-43 所示。

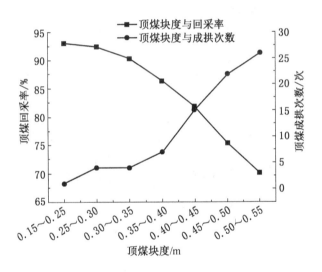

图 3-43　顶煤块度对回采率及成拱次数影响

模拟结果表明，随着顶煤块度增大，顶煤放出率降低约 23%，顶煤颗粒自成拱及煤矸成拱次数由 1 次增加至 26 次，当顶煤块度增大至 0.5~0.55 m 时，顶煤回采率降低至 70% 以下，顶煤块度增大导致成拱次数增多及大块煤体流入采空区是顶煤回采率降低的主要原因。因此，针对埋深较浅、坚硬、特厚煤层赋存条件，在必要时应采取预松动爆破、水压致裂等技术措施，降低顶煤冒落块度。金鸡滩煤矿周边类似条件矿井在采区相应技术措施后，顶煤的冒落块度一般小于 0.5 m，实测煤炭资源回采率可达到 78%~84%。

3.5.3.4 增大液压支架后部放煤空间

如图 3-44 所示，为了解决大块顶煤易成拱及混入采空区导致顶煤放出率低的问题，创新发明了大采高综放液压支架强扰动三级高效放煤机构，液压支架掩护梁长度由 3.98 m 减少至 3.3 m，一级尾梁与掩护梁夹角可达到 13°，液压支架后部放煤空间增大约 23%，降低了大块煤的成拱机率，提高了顶煤的放出效率。由于增大了摆动尾梁的活动半径，提高了摆动尾梁对后部顶煤成拱的破坏范围，有助于顶煤的冒落放出。

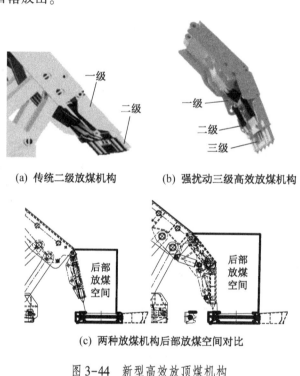

(a) 传统二级放煤机构   (b) 强扰动三级高效放煤机构

(c) 两种放煤机构后部放煤空间对比

图 3-44 新型高效放顶煤机构

3.5.3.5 提高工作面两端头顶煤回采率

如图 3-45 所示，为了解决工作面两端部过渡液压支架不能放煤导致顶煤损失的问题，创新采用后部刮板输送机与转载机交叉侧卸的布置方式，解决了传统综放工作面后部刮板输送机采用端卸布置方式驱动部占用过渡段空间导致无法放煤的问题，可提高煤炭资源回采率 1.5% 以上。

3.5.3.6 合理的放煤工艺参数

选择合理的放煤步距、放煤方式等放煤工艺参数也是保证综放工作面具有较高煤炭资源回采率的重要影响因素。

图 3-45　大采高综放工作面后部交叉侧卸布置方式

4　液压支架参数优化与支护失效机理

4.1　大采高液压支架工作阻力确定的"双因素"控制法

4.1.1　大采高液压支架与围岩的简化动力学模型

　　基于前面章节所述大采高液压支架与围岩强度耦合关系的定性分析结果，由于亚关键层2可以形成自承载结构，因此，可以将亚关键层2断裂瞬间的初速度与加速度作为耦合动力学模型的边界条件。为了获得上述动力学模型的数值解析解，采用 ADAMS（Automatic Dynamic Analysis of Mechanical Systems）动力学模拟软件进行系统的动力学分析，建立超大采高工作面液压支架与围岩的简化动力学仿真计算模型，模型尺寸按岩层实际尺寸建立，模型宽度为 250 mm，建立的 ADAMS 动力学数值仿真计算模型如图4-1 所示。

　　针对上述超大采高液压支架与围岩的简化动力学模型，将亚关键层2作为动力学模型的边界条件，利用 UDEC 数值仿真确定亚关键层2断裂回转的最大速度，并将其作为边界条件代入 ADAMS 数值仿真计算模型，液压支架立柱、平衡

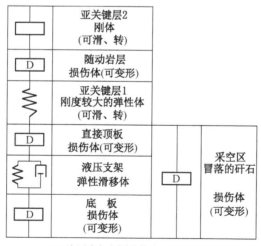

(a) 液压支架与围岩的力学特性简化分析

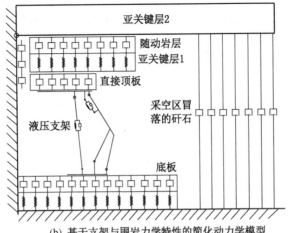

(b) 基于支架与围岩力学特性的简化动力学模型

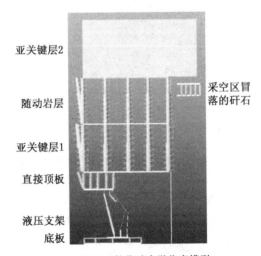

(c) ADAMS简化动力学仿真模型

图4-1 超大采高液压支架与围岩的简化动力学模型

千斤顶的等效刚度可按下式计算：

$$\begin{cases} K = \dfrac{4A_{\mathrm{P}}\beta_{\mathrm{e}}}{L} \\ A_{\mathrm{P}} = \dfrac{\pi(D_1^2 - D_2^2)}{4} \end{cases} \tag{4-1}$$

式中，K 为等效刚度系数；β_{e} 为液压介质体积弹性模量；L 为立柱千斤顶内液压缸的长度；A_p 为活塞的有效面积；D_1 为活塞直径；D_2 为活塞杆直径。

　　如图 4-2 所示，亚关键层 2 经过断裂回转触及采空区冒落的矸石，并将绝大部分的载荷及能量传递至采空区冒落的矸石上，图中载荷线的长短即显示采空区冒落矸石受到的载荷大小，即顶板岩层断裂失稳形成的动载荷仅有一小部分传递给液压支架，其他的载荷则以能量耗散的形式传递给采空区冒落的矸石，并通过触矸形成自承载结构。

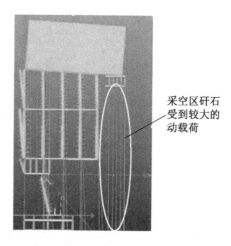

采空区矸石受到较大的动载荷

图 4-2　关键层 2 触矸传递较大的动载荷

　　通过进行 ADAMS 动力学数值仿真模拟，可得液压支架各主体结构受到顶板岩层动载荷的变化过程，计算结果如图 4-3 所示。

　　通过对上述耦合动力学模型进行动力学仿真分析，在亚关键层 2 发生断裂回转的过程中，亚关键层 2 形成的动载荷通过亚关键层 1 的随动岩层、亚关键层 1 及直接顶板岩层传递至液压支架的立柱与平衡千斤顶中，由于上述传递过程需要一定时间（很小），且传递过程中伴随着能量的耗散，因此，在动载荷形成初期，液压支架受到的动载冲击很小（0～3 s 内），但随着上部岩层的传力系数逐渐增加，传递至液压支架的动载也逐渐增大，在某一时刻瞬时增加至极大值。液压支架的顶梁前端、后端及四连杆机构均受到了较大的冲击动载荷，液压支架顶梁前端在来压初期受到了较大的动载荷，后续随着液压支架立柱的压缩变形，液压直接整体形态发生变化，支架顶梁前端受到的载荷逐渐降低；液压支架顶梁后端受到的动载荷则震荡降低，这主要是由于顶板岩层断裂过程中对液压支架顶梁后端形成了较大的动载荷，并在液压支架的姿态调整变化过程中震荡降低。液压支架四连杆承受的载荷则稍滞后于顶梁前端、后端的动载荷，且受到的载荷明显

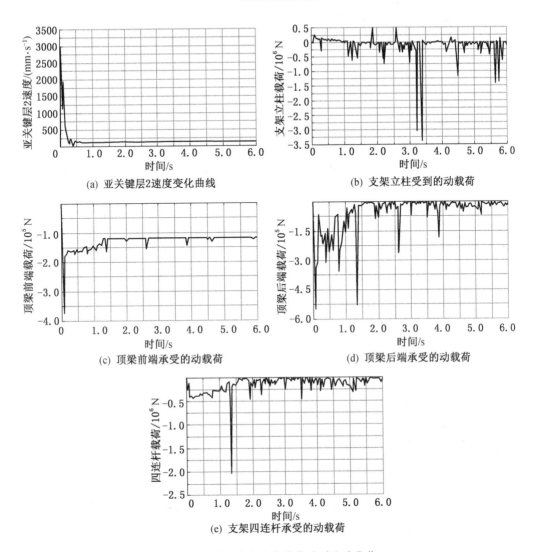

图 4-3　液压支架主体结构受到的动载荷

较大，并与顶梁后端的第二次峰值动载荷基本重合，四连杆机构作为液压支架的稳定性机构，其动载荷迅速增大后又迅速降低，表明液压支架在动载冲击的过程中存在结构失稳的可能性，因此，液压支架四连杆机构应具有合理的强度与刚度。

　　基于上述液压支架与围岩的耦合动力学分析、计算，可以通过 ADAMS 动力学仿真计算确定液压支架受到顶板岩层的最大冲击动载荷，但液压支架具有一定的可缩性，可以通过立柱安全阀泄液来进行合理让压，从而充分利用围岩的自承载能力，因此，不能简单将液压支架受到的最大冲击动载荷作为液压支架维护顶板岩层动载矿压应具有的合理支护力。

为了获得由液压支架受到的冲击动载荷至液压支架合理支护阻力之间的合理判据，对液压支架立柱的冲击性能要求进行分析，这里依据国家标准《煤矿用液压支架 第2部分：立柱和千斤顶技术条件》（GB 25974.2—2010）作为液压支架立柱受到的冲击动载荷至合理支护阻力的判据，国家标准中对立柱的冲击特性要求如下：冲击使立柱压力腔内的压力应当在30 ms内达到立柱设计的1.5倍的额定工作压力，即立柱设计标准中已经要求立柱至少要具备1.5倍的冲击压力。

基于上述液压支架立柱和千斤顶设计要求，液压支架的立柱和千斤顶在设计时应具有承受1.5倍动、静载安全系数。因此，根据大采高工作面支架与围岩的耦合动力学模型计算仿真结果，可以确定液压支架需要承受的最大动载荷，将该动载荷值与立柱最大承受的动载荷值进行对比，所得液压支架的工作阻力即为液压支架所需的合理工作阻力。

4.1.2 大采高液压支架工作阻力确定的"双因素"控制法

液压支架的工作阻力与临界护帮力是液压支架支护顶板、防护煤壁的主要支护作用力，目前传统计算方法主要是基于顶板岩层的断裂结构，计算液压支架支护阻力与顶板岩层自承载结构的静力学平衡方程，由此得出顶板岩层作用于液压支架的静载荷，并通过附加一定的动载系数来确定液压支架应具有的合理工作阻力。这种计算方法主要考虑了液压支架对顶板岩层的支护，且主要通过静力学平衡计算得出液压支架的工作阻力，虽然可以在一定程度上指导工程实践，但得出的理论解析解一般偏小，准确性与可靠性较差。工程现场为了保证安全生产及设备的高可靠性，一般均采用"大马拉小车"的设计思路，造成了大量的浪费。由于传统计算方法只考虑液压支架工作阻力对顶板的支护，没有考虑液压支架工作阻力对煤壁片帮防治的作用，导致难以对工作面煤壁片帮进行有效控制。

基于上述建立的液压支架与顶板岩层的耦合动力学模型，以及前述章节建立的支架与煤壁的"拉裂-滑落"力学模型，针对超大采高工作面面临的顶板动载矿山压力与煤壁易发生片帮冒顶等突出问题，提出了综合考虑液压支架对顶板动载冲击与煤壁失稳的"双因素"控制法，并以此为理论基础计算超大采高液压支架应具有的合理工作阻力。

超大采高液压支架的工作阻力不仅应能够维护顶板岩层的动态失稳，同时还应满足抑制煤壁片帮失稳，即同时考虑超大采高液压支架对顶板与煤壁的防护作用，以超大采高液压支架与顶板岩层的简化动力学模型得出液压支架控制顶板岩层失稳需要的支护阻力，以及基于超大采高液压支架与煤壁片帮的"拉裂—滑落"力学模型得出的超大采高液压支架应具有的临界护帮力为基础，计算超大采高液压支架的合理工作阻力，其计算流程如图4-4所示。

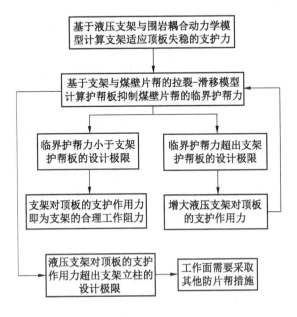

图4-4　超大采高液压支架合理工作阻力计算流程

（1）基于超大采高工作面上覆岩层赋存情况，分析顶板岩层可能形成的断裂结构及断裂过程，建立超大采高液压支架与顶板岩层强度耦合的动力学模型，分析模型的边界条件。

（2）采用UDEC数值模拟软件计算超大采高液压支架与顶板岩层耦合动力学模型的速度边界条件，并将模型的速度边界条件代入ADAMS动力学仿真模型进行数值仿真计算，得出液压支架维护顶板岩层失稳应具有的合理支护阻力。

（3）将上述计算得出的液压支架维护顶板岩层失稳应具有的合理工作阻力代入超大采高液压支架与煤壁片帮的"拉裂-滑落"力学模型，得出超大采高液压支架防止煤壁破坏体进一步失稳的临界护帮力。

（4）将液压支架的临界护帮力与液压支架护帮板的设计要求进行对比，存在以下3种情况：①若计算得出的超大采高液压支架抑制煤壁片帮的临界护帮力小于液压支架护帮结构的设计极限（超出了能够布置的最大护帮千斤顶要求），即通过液压支架护帮板对煤壁施加的护帮力能够满足临界护帮力的支护要求，则此时通过第（2）步计算得出的液压支架支护阻力即为液压支架应具有的合理工作阻力；②若计算得出的超大采高液压支架抑制煤壁片帮的临界护帮力大于液压支架护帮结构的设计极限（超出了能够布置的最大护帮千斤顶要求），即通过液压支架护帮板对煤壁施加的护帮力不能够满足临界护帮力的支护要求，则根据支架临界护帮力的计算公式，由于液压支架的临界护帮力与液压支架对顶板的支护阻力呈负相关，此时可以通过增大液压支架对顶板岩层的支护阻力，从而降低液压支架的临界护帮力，将增加后的液压支架支护阻力再次代入超大采高液压支架与煤壁片帮的"拉裂-滑落"力学模型中，计算超大采高液压支架应具有的临界护帮力，当计算得出的液压支架对煤壁的临界护帮力小于液压支架护帮结构的设计要求，则此时增加后的液压支架对顶板岩层的支护阻力即为液压支架应具有的合理工作阻力；③若计算得出的超大采高液压支架抑制煤壁片帮的临界护帮力大于液压支架护帮结构的设计极限（超出了能够布置的最大护帮千斤顶要求），而且将液压支架对顶板岩层的支护阻力增加至液压支架立柱的设计极限（超出了能够布置的最大的立柱缸径及最大的安全阀开启压力），则说明仅仅通过液压支架的支护阻力与护帮板的护帮力难以抑制煤壁发生片帮，该工作面需要采取其他的煤壁防片帮措施。

基于上述分析结果可知，通过"双因素"控制法得出的超大采高液压支架的合理工作阻力及临界护帮力，不仅可以进行液压支架合理工作阻力的计算，而且还可以作为工作面是否需要采取额外的防片帮措施的理论判据。

4.2　液压支架不同架型力学特性对比分析

大采高一次采全厚工作面液压支架主要采用两种架型：①两柱掩护式液压支架；②四柱支撑掩护式液压支架。液压支架架型结构经过多年的发展变革，目前，一次采全厚工作面主要采用两柱掩护式液压支架，只有少数矿区因为工人使用习惯（淮南矿区）或坚硬顶板条件（大同矿区）等要求，仍然在采用四柱支撑掩护式液压支架，其他矿区均主要使用两柱掩护式液压支架。

由于超大采高液压支架支撑高度增大，导致液压支架的自稳定降低，一些研究学者提出四柱支撑掩护式液压支架具有"四平八稳"的特征，认为超大采高工作面可能更适合采用四柱支撑掩护式液压支架。针对上述观点，笔者基于金鸡滩煤矿8.2 m超大采高液压支架设计条件，对两种液压支架架型进行力学特性对比分析，其中，两种液压支架的支撑高度相同，两种液压支架的工作阻力相同，两种液压支架的配套尺寸也相同，两种超大采高液压支架的计算参数对比见表4-1。

表4-1　超大采高液压支架计算参数对比

液压支架型号	ZY21000/38/82D 型 两柱掩护式超大采高液压支架	ZZ21000/38/82D 型 四柱支撑掩护式超大采高液压支架
支撑高度/m	3.8~8.2	3.8~8.2
工作阻力/kN	21000	21000
立柱缸径/mm	530（两根）	400（四根）
顶梁长度/mm	5250	6200
顶梁柱窝位置	顶梁柱窝位置距离顶梁与 掩护梁铰接点 1390 mm	前排立柱距离顶梁与掩护梁铰接点 2830 mm， 后排立柱距离顶梁与掩护梁铰接点 830 mm
掩护梁长度/mm	4600	4527
前连杆长度/mm	3500	3710
后连杆长度/mm	3450	3445
底座长度/mm	3905	4499

采用自主研发的液压支架架型结构优化计算软件对两种架型的力学特性进行计算，液压支架的加载方式依据国家安标中心液压支架压架试验及 GB 25974.1—2010《煤矿用液压支架 第一部分：通用技术条件》标准进行，摩擦系数 $f = 0.2$，计算得到的液压支架在不同高度位置时的力学特性对比曲线，如图 4-5 所示。

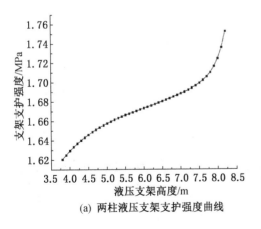
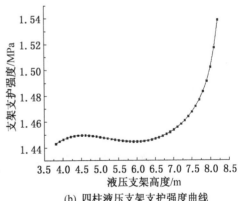

(a) 两柱液压支架支护强度曲线　　　　(b) 四柱液压支架支护强度曲线

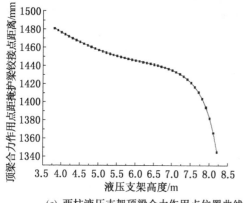

(c) 两柱液压支架顶梁合力作用点位置曲线

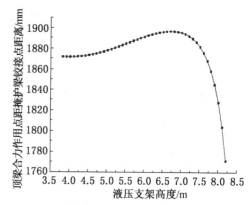

(d) 四柱液压支架顶梁合力作用点位置曲线

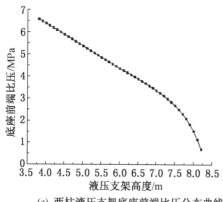

(e) 两柱液压支架底座前端比压分布曲线

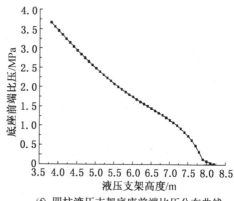

(f) 四柱液压支架底座前端比压分布曲线

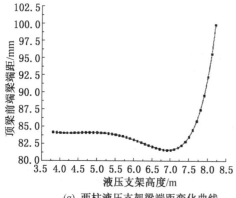

(g) 两柱液压支架梁端距变化曲线

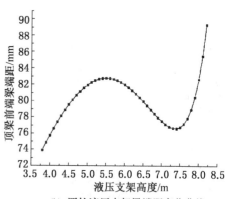

(h) 四柱液压支架梁端距变化曲线

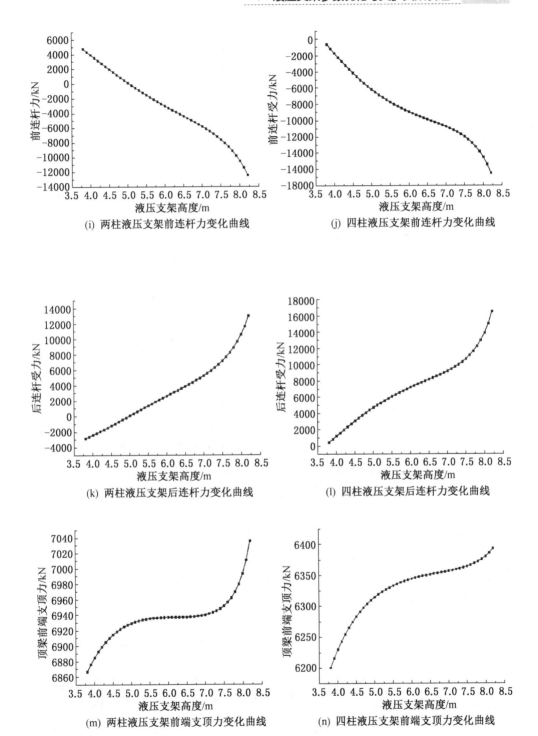

(i) 两柱液压支架前连杆力变化曲线

(j) 四柱液压支架前连杆力变化曲线

(k) 两柱液压支架后连杆力变化曲线

(l) 四柱液压支架后连杆力变化曲线

(m) 两柱液压支架前端支顶力变化曲线

(n) 四柱液压支架前端支顶力变化曲线

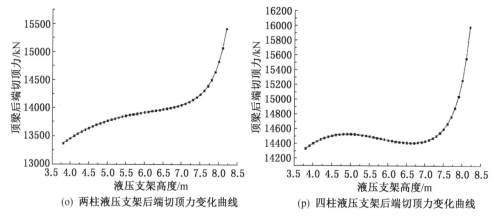

(o) 两柱液压支架后端切顶力变化曲线　　　(p) 四柱液压支架后端切顶力变化曲线

图4-5　两柱与四柱超大采高液压支架力学特性对比曲线

对两种架型的超大采高液压支架力学特性进行对比分析如下：

（1）由于两柱掩护式液压支架的顶梁长度（5.25 m）较四柱支撑掩护式液压支架（6.20 m）更短，相同工作阻力情况下前者较后者具有更高的支护强度，如图4-5a、图4-5b所示。以顶板岩层作为施力主体，液压支架作为被动受力主体进行分析，液压支架顶梁长度小则液压支架受到顶板岩层的力的作用面积就小，即液压支架受到的顶板岩层的载荷也相对较小。

（2）四柱支撑掩护式液压支架的底座前端比压较两柱掩护式液压支架明显偏小，这主要是由于四柱支撑掩护式液压支架采用四根立柱，其底座受力更均匀，导致四柱支撑掩护式液压支架对较软弱、易泥化的泥岩底板适应性更强，但两柱掩护式液压支架可以通过在底座设计抬底千斤顶，提高液压支架对软弱底板的适应性。

（3）两种架型超大采高液压支架的梁端距、顶梁前端支顶力及后端切顶力均相差不大，两柱掩护式液压支架的顶梁前端支顶力较四柱支撑掩护式液压支架略大，顶梁后端切顶力则略小，且顶梁前端空顶面积较四柱支撑掩护式支架略大，但两种架型总体相差不大。

（4）两柱掩护式液压支架的前连杆、后连杆受力均明显小于四柱支撑掩护式液压支架，如图4-5i、图4-5j、图4-5k、图4-5l所示，两柱掩护式支架的四连杆受力状态更好。

另外，四柱支撑掩护式液压支架极易出现四根立柱受力不均的偏载现象，在一些极端情况下还会出现"拔后柱"的情况，其对顶板岩层的支护作用力小于两柱支架，且由于顶梁长、立柱数量多等结构特征，四柱支架的外形尺寸、重量

（84 t＞76 t）等均明显大于两柱掩护式液压支架，极不利于超大采高工作面设备的运输与调斜，其电液控制系统也比较复杂，自动化生产难度较两柱掩护式液压支架大，综合上述分析，笔者认为超大采高工作面更适合采用两柱掩护式液压支架。

4.3　液压支架护帮与推移机构力学特性对比分析

4.3.1　护帮板与伸缩梁连体结构力学分析

目前，主要有以下几种煤壁片帮防治技术：①提高液压支架的初撑力与工作阻力；②带压擦顶移架；③工作面快速推进；④减小液压支架前方的梁端距；⑤采用煤壁超前注浆加固；⑥液压支架采用合理的护帮结构与参数。大量的生产实践表明，液压支架采用合理的护帮结构与参数是防止煤壁片帮最方便、有效的方法之一。

目前，适用于煤层厚度 6.0~8.0 m 的超大采高液压支架主要采用两种护帮机构：①护帮板与伸缩梁连体结构，在伸缩梁上铰接护帮板，伸缩梁与液压支架的顶梁相连；②伸缩梁与护帮板分体结构，伸缩梁采取独立设计，护帮板与伸缩梁完全独立的与支架顶梁相连，如图 4-6 所示。

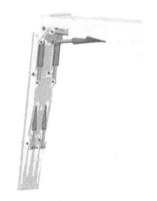

(a) 护帮板与伸缩梁连体结构　　　　　(b) 护帮板与伸缩梁分体结构

图 4-6　超大采高液压支架护帮结构形式

护帮板与伸缩梁连体结构中伸缩梁通过伸缩千斤顶与液压支架顶梁相连，实现伸缩梁的伸出与收回，护帮板铰接在伸缩梁的前端，并通过小四连杆机构和一级护帮千斤顶与伸缩梁的托梁相连，护帮板可以调平，如图 4-7 所示。

由于护帮板要稍微突出于伸缩梁，护帮板垂直支护煤壁后伸缩梁将难以对煤壁的顶端部进行支撑，只能对液压支架前方空顶距范围内的顶板进行临时支护，

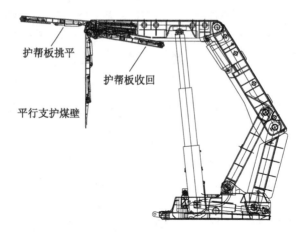

护帮板挑平

护帮板收回

平行支护煤壁

图 4-7 伸缩梁与护帮板连体结构三种状态

煤壁只受到护帮板的护帮力。为了更好地对这种护帮结构进行力学计算，详细分析了各受力结构件之间的连接关系，如图 4-8 所示。

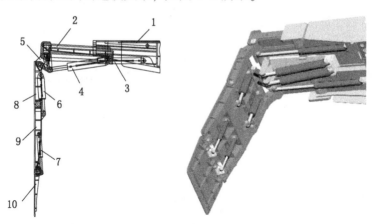

1—液压支架的顶梁；2—液压支架的伸缩梁；3—液压支架的伸缩千斤顶；4—一级护帮千斤顶；
5—小四连杆铰接结构；6—二级护帮千斤顶；7—三级护帮千斤顶；8—一级护帮板；
9—二级护帮板；10—三级护帮板

图 4-8 主要受力结构件之间的连接关系

由上图可知，护帮板的上端固定在伸缩梁上，一级护帮千斤顶通过伸缩梁与护帮板之间的小四连杆机构对护帮板施加作用力，这种力的传递形式类似于杠杆结构，但由于一级护帮千斤顶的力臂较短，因此，合力作用点的位置主要集中在护帮板的上部。假设护帮板处于平行煤壁支护状态，护帮板与煤壁紧密贴合，则煤壁对护帮板的反力为平面分布力，近似为梯形分布，如图4-9所示。建立护帮板的力学平衡方程如下：

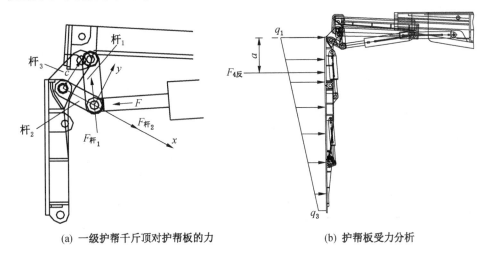

(a) 一级护帮千斤顶对护帮板的力　　　　(b) 护帮板受力分析

图4-9　护帮板与伸缩梁连体结构受力分析

$$\begin{cases} F\sin\alpha - F_{杆1}\sin\beta = 0 \\ F\cos\alpha + F_{杆1}\cos\beta - F_{杆2} = 0 \end{cases} \tag{4-2}$$

式中，α为F与x轴的夹角；β为杆1与x轴的夹角。

对上式求解可得：

$$F_{杆2} = \frac{F\sin(\alpha + \beta)}{\sin\beta} \tag{4-3}$$

通过对图4-9b进行受力分析，力学平衡方程如下：

$$\begin{cases} a = (2 \times q_2 + q_1) \cdot L/3(q_2 + q_1) \\ F_{4反} = (q_1 + q_2) \cdot L/2 \end{cases} \tag{4-4}$$

式中，L为护帮板长度；a为护帮板合力作用点与铰接点的距离。

由于护帮板与伸缩梁为铰接结构，建立铰接点的力矩平衡方程如下：

$$F_{4反} \cdot (a + c \cdot \cos\theta) = F_{杆2}\sin\gamma \cdot c \tag{4-5}$$

式中，c为杆3的长度；γ为杆2与杆3的夹角；θ为杆3与煤壁的夹角。

联立式（4-4）与式（4-5），可得：

$$\begin{cases} q_1 = \dfrac{F_{杆2}\sin\gamma \cdot c}{(a + c \cdot \cos\theta)L}\left(4 - \dfrac{6a}{L}\right) \\[3mm] q_2 = \dfrac{F_{杆2}\sin\gamma \cdot c}{(a + c \cdot \cos\theta)L}\left(\dfrac{6a}{L} - 2\right) \end{cases} \tag{4-6}$$

将式（4-3）代入可得：

$$\begin{cases} q_1 = \dfrac{F\sin(\alpha+\beta)\sin\gamma \cdot c}{\sin\beta(a+c\cdot\cos\theta)L}\left(4-\dfrac{6a}{L}\right) \\[3mm] q_2 = \dfrac{F\sin(\alpha+\beta)\sin\gamma \cdot c}{\sin\beta(a+c\cdot\cos\theta)L}\left(\dfrac{6a}{L}-2\right) \end{cases} \tag{4-7}$$

由式（4-7）与式（4-4）便可得伸缩梁与护帮板连体结构中护帮板对煤壁支护作用力的大小及合力作用点位置。

4.3.2　护帮板与伸缩梁分体结构力学分析

护帮板与伸缩梁分体结构中护帮板直接铰接在支架顶梁上，伸缩梁单独布置，由于机械结构设计的限制，护帮板不能够挑平，而且一级护帮板不能够接触煤壁，只有二级和三级护帮板对煤壁施加支护作用力。伸缩梁则不仅可以对工作面前方空顶距范围内的顶板岩层进行临时支护，而且还可以对煤壁施加主动支护作用力，如图 4-10 所示。

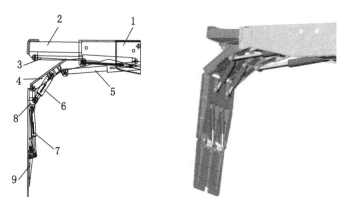

1—液压支架的顶梁；2—液压支架的伸缩梁；3—液压支架的伸缩千斤顶；4—一级护帮板；
5—一级护帮千斤顶；6—二级护帮千斤顶；7—三级护帮千斤顶；8—二级护帮板；9—三级护帮板

图 4-10　主要受力结构件之间的连接关系

由于液压支架顶梁前端的伸缩梁完全独立于护帮板，两者均可以独立动作，此时伸缩梁可以伸出至煤壁处，对煤壁顶端部施加一个主动支护作用力与被动支护反力，从而抑制煤壁顶端部发生水平位移。由于护帮机构直接铰接在液压支架的顶梁上，当伸缩梁伸出后一级护帮板将不能支护煤壁，其主要为二、三级护帮板提供支护空间与力的传递，即一级护帮板只能为二级和三级护帮板提供支护支点，而不能为煤壁施加作用力，二级护帮板和三级护帮板则主要通过二级护帮千斤顶对煤壁施加作用力，三级护帮板的作用主要为促使三级护帮板与二级护帮板平行，其受力分析如图 4-11 所示。

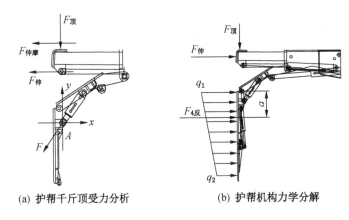

(a) 护帮千斤顶受力分析　　　　(b) 护帮机构力学分解

图 4-11　护帮板与伸缩梁分体结构受力分析

通过对图 4-11a 中的 A 点进行受力分析，二级护帮千斤顶对二级护帮板和三级护帮板施加力 F，伸缩梁和护帮板对煤壁施加的水平合力为 F_4，伸缩梁对煤壁上端施加的水平作用力为 $F_{伸缩}$（被动作用力），二级和三级护帮板对煤壁施加的作用力为 $F_{护帮}$，建立受力平衡方程如下：

$$\begin{cases} F_4 = F_{伸缩} + F_{护帮} \\ F_{伸缩} = F_{伸} + F_{伸摩} = F_{伸} + F_{顶} f_2 \\ F_{护帮} = F\sin\theta \end{cases} \tag{4-8}$$

式中，f_2 为顶板岩层与液压支架的摩擦系数；θ 为二级护帮千斤顶与 x 轴之间的夹角。

对图 4-11b 中的二级和三级护帮板进行受力分析，建立平衡方程如下：

$$\begin{cases} a = (2 \times q_2 + q_1) \cdot L/3(q_2 + q_1) \\ F_{4反} = (q_1 + q_2) \cdot L/2 \end{cases} \tag{4-9}$$

式中，L 为二级和三级护帮板的长度；a 为护帮合力作用点与护帮板上端的距离；$F_{4反}$ 为煤壁对护帮板支护作用力的反力。

设二级护帮千斤顶距二级和一级护帮板铰点的长度为 c，则建立力矩平衡方程如下：

$$F_{4反} \cdot a = F\sin\theta \cdot c \tag{4-10}$$

联立式（4-9）与式（4-10）可得：

$$\begin{cases} q_1 = \dfrac{F\sin\theta \cdot c}{aL}\left(4 - \dfrac{6a}{L}\right) \\ q_2 = \dfrac{F\sin\theta \cdot c}{aL}\left(\dfrac{6a}{L} - 2\right) \end{cases} \tag{4-11}$$

通过上式可得护帮板与伸缩梁分体结构中护帮板对煤壁支护作用力的分布状态与合力作用点的位置。

4.3.3 两种护帮结构力学特性对比分析

通过对两种护帮结构进行力学分析可知，护帮板与伸缩梁连体结构对煤壁的支护作用力主要集中在煤壁上部，由于伸缩梁只是一级护帮千斤顶对护帮板施加作用力的固定支点，且不能与煤壁相接触，因此伸缩梁不能对煤壁施加作用力，护帮板对煤壁的支护合力作用点靠近煤壁上部；护帮板与伸缩梁分体结构不仅伸缩梁可以对煤壁上端部施加较大的作用力，而且二级护帮板和三级护帮板还可以对煤壁施加作用力，护帮合力作用点在煤壁的中上部，更有利于抑制煤壁拉裂破坏体发生滑落失稳。

为了对两种护帮机构的力学特性进行对比分析，以8.2 m超大采高液压支架为例进行两种护帮结构形式的力学计算，假设两种护帮结构的支架工作阻力、顶梁长度等参数均相同，其主要对比参数见表4-2。

表4-2　两种护帮结构计算参数

护帮结构参数	第一种护帮结构形式（连体）	第二种护帮结构形式（分体）
液压支架工作阻力	21000 kN	21000 kN
伸缩千斤顶	伸缩千斤顶的缸径为 0.125 m，行程 0.9 m	伸缩千斤顶的缸径为 0.125 m，行程 0.9 m
一级护帮板千斤顶及护帮板参数	护帮板长度0.91 m，护帮千斤顶缸径为 0.16 m，行程 0.7 m	护帮板长度 1.02 m，护帮千斤顶缸径为 0.16 m，行程 0.87 m
二级护帮千斤顶及护帮参数	长度 1.42 m，采用两根缸径 0.14 m的千斤顶，行程 0.3 m	长度 1.67 m，采用两根缸径 1.4 m的千斤顶，行程 0.295 m
三级护帮千斤顶及护帮参数	长度 1.17 m，采用两根缸径 0.08 m的千斤顶，行程 0.36 mm	长度 1.17 m，采用两根缸径 0.08 m的千斤顶，行程 0.36 m
有效护帮高度	护帮板下端距顶板4 m，有效贴合煤壁高度3.51 m	护帮板下端距顶板 4 m，有效贴合煤壁高度2.842 m

将各参数代入可得：

（1）伸缩梁与护帮板连体结构各参数计算结果如下：

$$\begin{cases} q_1 = 0.1493 \text{ kN/mm} \\ q_2 = 0.0052 \text{ kN/mm} \\ F_{4反} = 599 \text{ kN} \\ a = 1352 \text{ mm} \end{cases} \tag{4-12}$$

（2）伸缩梁与护帮板分体结构各参数计算结果如下：

$$\begin{cases} q_1 = 0.1237 \text{ kN/mm} \\ q_2 = 0.0328 \text{ kN/mm} \\ F_{4反} = 396 \text{ kN} \\ a = 1017 \text{ mm} \end{cases} \tag{4-13}$$

其中，由于第二种结构的第二级、第三级护帮板能够对煤壁实现支护的有效长度约为 590 mm，此时，考虑第二级护帮板与伸缩梁之间的距离，其合力作用点距液压支架顶梁的铰接点的长度约为 1607 mm。

由于液压支架的伸缩梁与护帮板完全独立，伸缩梁伸出后不仅可以对煤壁的顶端部施加一个较大的主动支护力，而且还可以利用伸缩梁与顶板的摩擦力给予煤壁一个较大的被动支护作用力，液压支架伸缩梁处于伸出和收回时的力学状态如图 4-12 所示。

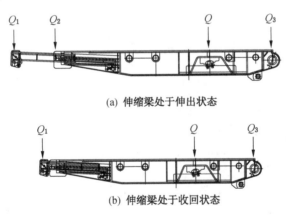

(a) 伸缩梁处于伸出状态

(b) 伸缩梁处于收回状态

图 4-12　伸缩梁处于不同状态时受力分析

通过对 8.2 m 超大采高液压支架的顶梁进行受力分析，当支架高度为 8.0 m 时（支架最大高度 8.2 m，适应最大采高 8.0 m），顶梁合力作用点的位置距顶梁后端约为 1382 mm，顶梁所受合力为 21824 kN。

为了方便对液压支架伸缩梁的受力状态进行计算，对液压支架的顶梁受力进行简化，当液压支架的伸缩梁处于收回状态时，液压支架顶梁前端的支顶力为

$Q_1 = 6993$ kN，液压支架顶梁后端的切顶力为 $Q_3 = 14831$ kN；当液压支架的伸缩梁为伸出状态时，伸缩梁前端的支顶力为 $Q_1 = 2110$ kN，顶梁前端的支顶力为 $Q_2 = 4805$ kN，支架顶梁后端的切顶力为 $Q_3 = 14909$ kN。

如图 4-13 所示，将伸缩梁在支架顶梁的受力状态简化为杠杆，即伸缩梁前端受顶板岩层的压力，后端受顶梁的压力，杠杆的作用点则在伸缩梁处于最大伸出状态时，此时，Q_1 的力臂为 1128 mm（伸缩梁的行程 900 mm 及伸缩梁帽头长度 228 mm），Q_4 的力臂为 585 mm，可得伸缩梁伸出状态时后端的反作用力，$Q_4 = 4068$ kN，假设伸缩梁与顶板、顶梁间的摩擦系数均为 $f = 0.2$，可得伸缩的最大摩擦反力为：

$$F_{伸摩} = (Q_1 + Q_4) \cdot f_2 \tag{4-14}$$

式中，f_2 取 0.2，则可得 $F_{伸摩} = 1235.6$ kN。

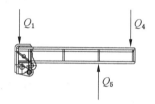

图 4-13　伸缩梁处于伸出状态时的力学分解

液压支架伸缩梁承受的最大作用力为伸缩千斤顶的主动支护力与被动摩擦力之和，如下：

$$F_{伸缩} = F_{伸} + F_{伸摩} \tag{4-15}$$

伸缩梁采用两根缸径为 125 mm 的伸缩千斤顶，所受的最大推力为 772 kN，因此，伸缩梁所受的最大被动支护作用力约为 2007.6 kN。

通过对两种护帮结构的护帮力计算结果进行对比分析，伸缩梁与护帮板连体结构仅能通过三级护帮板对煤壁施加 599 kN 的护帮力，由于结构限制导致伸缩梁不能对煤壁施加作用力，护帮合力作用点的位置距顶板 1871 mm（伸缩梁厚度为 519 mm）；而伸缩梁与护帮板分体结构则不仅可以通过护帮板对煤壁施加 396 kN 的护帮力，而且伸缩梁还可以对煤壁上端部施加 2007.6 kN 的支护作用力，护帮合力作用点的位置距顶板为 2126 mm（伸缩梁厚度为 519 mm）。

由于煤壁最容易发生片帮的位置一般位于距顶板约为 0.35 倍的采高处，即 2800 mm，因此，护帮板与伸缩梁分体结构护帮合力作用点位置距离煤壁片帮的位置更接近，更有利于抑制煤壁片帮，且该结构自身的强度与稳定性也较伸缩梁与护帮板连体结构更优，具有更高的强度与可靠性。

由于伸缩梁的主要作用是对破碎的顶板岩层进行临时支护，采用伸缩梁与护帮板分体结构设计时,伸缩梁还可以对煤壁上端施加水平支护作用力,在井下使用过程中,应及时伸出伸缩梁对顶板和煤壁进行支护。若使用过程中伸缩梁未能接触煤壁,即伸缩梁未能对煤壁施加水平作用力,则此时仅有二级和三级护帮板对煤壁进行支护,支护作用力仅为396 kN,小于伸缩梁与护帮板连体结构护帮力为599 kN,且护帮面积也较伸缩梁与护帮板连体结构小,此时伸缩梁与护帮板分体结构的护帮效果则不如护帮板与伸缩梁连体结构,即伸缩梁能否对煤壁施加主动与被动支护作用力是伸缩梁与护帮板分体护帮结构有效提高护帮效果关键。

4.3.4 推移机构适应性对比分析

采煤机截割或煤壁片帮的部分煤,有些不能顺利的装进刮板输送机,便遗落在煤壁与刮板输送机之间,这部分煤称为底煤。俯斜开采非常容易造成底煤堆积,当堆积过多时,会严重影响推溜动作,这时需要投入大量人力清理,不仅耗时耗力,也影响了生产效率。为解决该问题,刮板输送机与推杆的铰接孔设计成斜向煤壁方向的椭圆腰型孔,以便推溜时产生向上的垂直分力。倒装整体式和倒装铰接式作为推杆常用的结构形式,它们的推溜效率和清理底煤的效果值得深入分析,如图4-14所示。

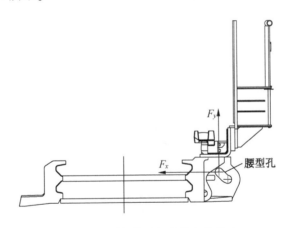

图4-14 刮板输送机和推杆铰接孔

4.3.4.1 倒装整体式

假设推移千斤顶和推杆为二力杆,则倒装整体式推杆推溜状态时的力学模型如图4-15所示。

对 B 点列力学平衡方程为:

$$\begin{cases} F_{\mathrm{T}}\cos\alpha_{10} + f_1 T_1 - P_3\cos(\pi - \alpha_9) = 0 \\ F_{\mathrm{T}}\sin\alpha_{10} + P_3\sin(\pi - \alpha_9) - T_1 = 0 \end{cases} \tag{4-16}$$

式中，F_T 为推杆力；T_1 为底座限位对推杆的力；f_1 为推杆与底座限位之间的摩擦因数；α_9 为推移千斤顶与水平线的夹角；α_{10} 为推杆与水平线的夹角。

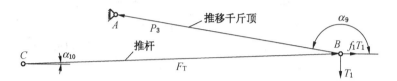

图 4-15　倒装整体式推杆推溜状态时的力学模型

由式（4-16）可解得：

$$\begin{cases} F_T = \dfrac{P_3\cos(\pi - \alpha_9) - f_1 P_3 \sin(\pi - \alpha_9)}{\cos\alpha_{10} + f_1 \sin\alpha_{10}} \\[3mm] T_1 = \dfrac{P_3\sin(\pi - \alpha_9)\tan\alpha_{10} + P_3\cos(\pi - \alpha_9)}{1 + f_1\tan\alpha_{10}} \end{cases} \tag{4-17}$$

推溜效率定义为推杆水平分力与推移千斤顶拉力之比，即为：

$$\eta_T = \frac{F_{Tx}}{P_3} = \frac{F_T\cos\alpha_{10}}{P_3} \tag{4-18}$$

式中，η_T 为推溜效率；F_{Tx} 为推杆水平分力。

4.3.4.2　倒装铰接式

倒装铰接式推杆推溜状态时的力学模型如图 4-16 所示。

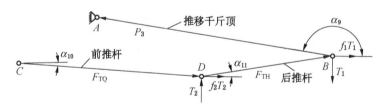

图 4-16　倒装铰接式推杆推溜状态时的力学模型

对 B 点和 D 点列力学平衡方程为：

$$\begin{cases} F_{TH}\cos\alpha_{11} + f_1 T_1 - P_3\cos(\pi - \alpha_9) = 0 \\ F_{TH}\sin\alpha_{11} + P_3\sin(\pi - \alpha_9) - T_1 = 0 \\ F_{TQ}\cos\alpha_{10} + f_2 T_2 - F_{TH}\cos\alpha_{11} = 0 \\ T_2 - F_{TQ}\sin\alpha_{10} - F_{TH}\sin\alpha_{11} = 0 \end{cases} \tag{4-19}$$

式中，F_{TH} 为后推杆力；F_{TQ} 为前推杆力；T_2 为底板对推杆的反力；f_2 为推杆与底板之间的摩擦因数；α_{11} 为后推杆与水平线的夹角。

由式（4-19）可解得：

$$
\begin{cases}
F_{TH} = \dfrac{P_3\cos(\pi - \alpha_9) - f_1 P_3\sin(\pi - \alpha_9)}{\cos\alpha_{11} + f_1\sin\alpha_{11}} \\[4mm]
T_1 = \dfrac{P_3\sin(\pi - \alpha_9)\tan\alpha_{11} + P_3\cos(\pi - \alpha_9)}{1 + f_1\tan\alpha_{11}} \\[4mm]
F_{TQ} = \dfrac{F_{TH}\cos\alpha_{11} - f_2 F_{TH}\sin\alpha_{11}}{\cos\alpha_{10} + f_2\sin\alpha_{10}} \\[4mm]
T_2 = \dfrac{F_{TH}\sin\alpha_{11} + F_{TH}\cos\alpha_{11}\tan\alpha_{10}}{1 - f_2\tan\alpha_{10}}
\end{cases}
\tag{4-20}
$$

推溜效率为：

$$
\eta_T = \frac{F_{TQx}}{P_3} = \frac{F_{TQ}\cos\alpha_{10}}{P_3}
\tag{4-21}
$$

式中，F_{TQx} 为前推杆水平分力。

4.4 液压支架结构强度优化与支护失效机理

4.4.1 支架顶梁与掩护梁刚性铰接失效机理分析

由于超大采高液压支架的掩护梁长度较大，在支架支护高度较低时其掩护梁背角较小，导致掩护梁水平投影长度变大，掩护梁将承受更多冒落顶板的载荷，且容易受到顶板岩层断裂失稳形成的动载冲击，如图 4-17 所示。

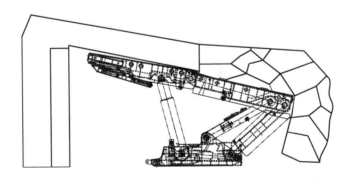

图 4-17 超大采高液压支架低位支护状态

当液压支架支护高度由小逐渐变大时，以立柱铰点为中心顶梁上仰摆动，导致顶梁掩护梁铰点和整个四连杆机构下移，掩护梁背角变小，不利于后部冒落顶板的滑落。在液压支架降、移、升的过程中，采高阶梯式增加容易造成顶梁接顶不良，后部冒落顶板限制四连杆机构的运动，出现顶梁和掩护梁极限位置时的"刚性铰接"状态。若进一步操作立柱上升，立柱初撑力将在掩护梁上产生"杠杆效应"，如图4-18所示。

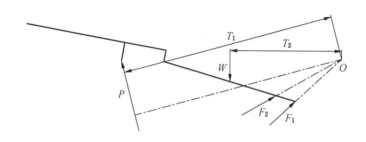

图4-18　顶梁与掩护梁刚性铰接受力状态示意图

由图4-18可得：

$$P \cdot T_1 = W \cdot T_2 \tag{4-22}$$

式中，P 为液压支架立柱的初撑力；T_1 为液压支架立柱到前后连杆铰点的力臂；W 为掩护梁受到的顶板岩层载荷；T_2 为掩护梁载荷到前后连杆铰点的力臂。

由于超大采高液压支架的掩护梁较长，在掩护梁上铰点和前连杆铰点之间将承受很大的弯矩，容易造成掩护梁损坏，不同采高时超大采高液压支架顶梁与掩护梁刚性铰接状态如图4-19所示。

当工作面采高在4.3 m时出现液压支架顶梁与掩护梁刚性铰接时，此时四连杆的角度参数相当于液压支架在3.8 m时的支护状态，顶梁上摆5°时顶梁与掩护梁刚性铰接；当工作面采高在5.3 m时出现液压支架顶梁与掩护梁刚性铰接时，四连杆的角度参数相当于液压支架在4.3 m时的支护状态，顶梁上摆10°时顶梁与掩护梁刚性铰接。结合液压支架设计标准中关于支架最低使用高度时顶梁摆动仰角不小于10°的要求，金鸡滩煤矿8.2 m超大采高液压支架的最低采高应不小于5.3 m。

如图4-20所示，液压支架的受力状态和液压支架的支撑高度密切相关，假设液压支架掩护梁与前连杆的铰点为 C，则 C 点与 A 点应满足以下关系：

$$x_A = L_2\cos(\theta + \pi/2) \tag{4-23}$$

$$y_A = L_2\sin(\theta + \pi/2) \tag{4-24}$$

$$(x_c - x_A)^2 + (y_c - y_A)^2 = L_3^2 + L_{18}^2 \tag{4-25}$$

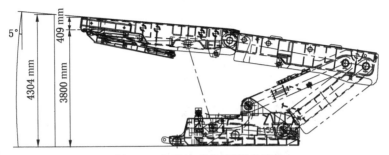

(a) 采高4.3 m时顶梁与掩护梁刚性铰接状态

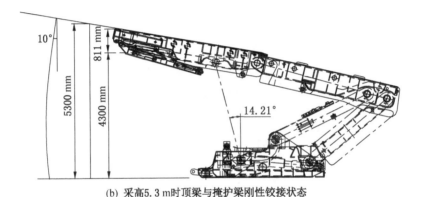

(b) 采高5.3 m时顶梁与掩护梁刚性铰接状态

图4-19 不同采高支架顶梁与掩护梁刚性铰接状态

$$(x_c - x_3)^2 + (y_c - y_3)^2 = L_1^2 \tag{4-26}$$

式中，L_{18} 为液压支架掩护梁与前连杆的铰点偏出顶掩铰点与掩护梁后连杆铰点连线的距离，其他参数含义如图4-20所示。

液压支架高度 E 点的坐标为：

$$y_E = y_A + (L_3 + L_4)\sin(\gamma + \varphi) \tag{4-27}$$

$$\gamma = \arctan\frac{y_c - y_A}{x_c - x_A} \tag{4-28}$$

x_E、y_E 与 θ 有相互对应关系，但难以给出 θ 的解析表达式。为此可用优化的方法求数值解。液压支架的顶梁前端运动轨迹为双纽线，支架高度与 θ 有正向的关系，可以采用搜索区间的方法找出 θ 的数值解。

随着 θ 角的变化，液压支架的四连杆姿态将发生改变，当支架四连杆机构处于极限位置时，对应 θ 角的极限位置，该位置满足的方程如下：

$$(y_A - y_3)^2 + (x_A - x_3)^2 = \left[L_1 + sqr(L_4^2 + L_{18}^2)\right]^2 \tag{4-29}$$

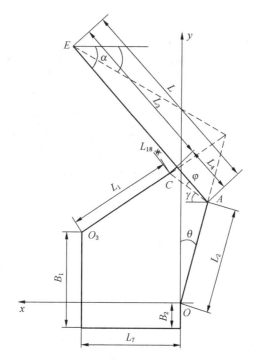

图 4-20　液压支架四连杆机构示意图

通过进行液压支架的强度试验可以对井下顶板岩层与液压支架相互耦合作用过程进行加卸载模拟，检验液压支架在各种不同受力状态下强度是否满足设计要求，对液压支架的主体结构件的受力状态进行分析、校核。金鸡滩煤矿 8.2 m 超大采高液压支架主体结构件的危险截面安全系数见表 4-3。

表 4-3　超大采高液压支架结构件危险截面安全系数

主体结构件	应力值/MPa	安全系数
顶梁	523	1.32
伸缩梁	631	1.41
掩护梁	446	1.54
前连杆	622	1.43
后连杆	614	1.45
底座	493	1.40
推杆	585	1.52

4.4.2　超大采高液压支架结构强度的数值模拟分析

在工作面煤层开挖过程中，液压支架的立柱承受来自顶板的载荷，并将载荷进行传递，同时，还需要对液压支架的立柱进行伸缩动作，进行液压支架高度的有效调整。液压支架立柱主要承受压力或拉力（二力杆），在进行液压支架有限元分析时，需要进行液压支架各主要组件的简化。本文通过圣维南原理用力学等效的方法将立柱去掉，在进行加载时，根据当时工况将载荷进行相应分解。

以金鸡滩煤矿 8.2 m 超大采高液压支架为计算对象，为保证支架强度，所使用材料大部分为 Q690 高强度钢板，部分关键部位采用 Q890 高强度钢板。液压支架各主体结构间通过接触进行力学传递，液压支架的底座、顶梁、掩护梁、前、后连杆间采用销轴连接，接触类型为面—面接触。计算中接触类型定义为绑定（Bonded），即考虑支架静力学分析时，结构件之间不发生相对位移，始终处于紧密接触状态。

参照国家标准 GB 25974.1—2010《液压支架通用技术条件》规定进行液压支架的加卸载模拟试验，液压支架的加载方式为内加载，外部对液压支架施加的作用力视为液压支架模型的边界条件。垫块位置依据结构件强度压架试验要求，选取其中受力较恶劣工况进行有限元分析计算，数值计算中的边界条件设定见表4-4。

表4-4　数值计算的边界加载条件设置

顶梁偏载	
顶梁两端加载+底座扭转	
顶梁扭转+底座两端加载	

表 4-4（续）

顶梁扭转+底座扭转	

金鸡滩煤矿8.2 m超大采高液压支架为两柱掩护式支架，每根立柱的额定工作阻力为10500 kN，根据上述国家标准对液压支架的主体结构件进行加卸载，并对其强度进行分析，载荷按照工作阻力的1.2倍加载，即每根立柱加载12600 kN，针对不同工况将载荷根据立柱倾角进行分解，在柱窝与柱帽球面上施加集中载荷。

通过对8.2 m超大采高液压支架的主体结构进行模拟分析计算，针对金鸡滩煤矿设计的ZY21000/38/82D型液压支架主体结构件的强度基本满足工作面围岩支护要求。由于顶梁偏载的最大应力为617 MPa，出现在顶梁垫块处并发生应力集中现象，顶梁与掩护梁铰接孔处应力值较大，附近的横筋处应力也较大，应在原设计基础上对该处进行加强，主筋加厚，并在尺寸变化处进行倒圆角处理；在顶梁两端+底座扭转工况下，液压支架的顶梁、掩护梁、连杆受力较均匀，但底座在扭转作用下主筋高度变化处应力值较大，在该处焊接厚度为30 mm的贴板，增加强度；在顶梁扭转+底座两端加载、顶梁扭转+底座扭转工况下，液压支架除去应力集中影响外，应力值最大达到682 MPa，应力值较大处基本集中在各结构件铰接处及主筋高度变化处，且顶梁腹板处强度相对薄弱，左前连杆应力较大，在进行设计时，连杆主筋及盖板采用Q890高强度钢板，保证液压支架结构的高可靠性。

4.4.3 支撑掩护式大采高液压支架失稳机理

俯采工作面的支架倾倒和滑移失稳不同于倾向工作面，后者可通过侧护板和底调装置调节，前者则无法利用这些装置进行调整，失稳机理也与之不同。

4.4.3.1 支架的滑移和倾倒失稳机理

底座通过推移千斤顶连接着推杆和刮板输送机，当支架发生绕底座前端的倾倒或是向煤壁方向的滑移时，底座的运动会带动推移千斤顶的运动，因此需要分析推移机构对底座运动的约束性。液压支架的推移机构有正装和倒装两种形式，二者的共同之处都是推移千斤顶缸体与底座铰接、活塞杆与推杆铰接、推杆与刮板输送机铰接，区别在于控制原理，正装推移千斤顶设置差压阀闭锁下腔，倒装推移千斤顶设置液控单向阀闭锁上腔，控制原理图如图 4-21 所示。

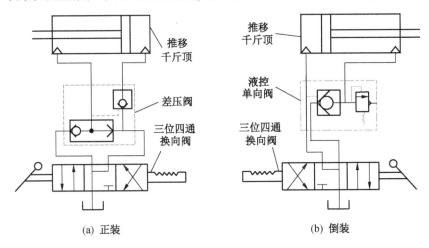

图 4-21　推移千斤顶控制原理

当支架向煤壁方向倾倒或滑移时，底座将带动推移千斤顶缸体向煤壁方向运动，由于差压阀或液控单向阀的闭锁功能，推移千斤顶将约束底座的运动，如果推移千斤顶受力过大，可能导致安全阀开启或是推动刮板输送机下滑。

当支架向采空区方向倾倒或滑移时，底座将带动推移千斤顶缸体向采空区方向运动，会使推移千斤顶闭锁腔产生负压，达到差压阀或液控单向阀开启压力时，推移千斤顶便处于浮动状态。《煤矿用液压支架　第 3 部分：液压控制系统及阀》明确规定了差压阀和液控单向阀的开启压力不大于 1 MPa，实际产品一般为 0.3~0.6 MPa，也就是说差压阀和液控单向阀很容易开启。

可见，推移机构会对支架向煤壁方向的倾倒或滑移起到一定程度的约束作用，而不会约束其向采空区方向的倾倒或滑移。因此，俯采工作面支架的稳定性必须考虑推移机构的约束性。

如图 4-22 所示，建立的大采高俯采面四柱支架空载滑移和倾倒稳定性的"支架-推移机构"力学模型，整体坐标系为 xOy，局部坐标系为 $x'O'y'$。G_0 为整个液压支架的重力；P_{3L} 为推移千斤顶拉力；W 为掩护梁背部集中外载荷；N 为整架的支反力；f_2 为底板与底座之间的摩擦因数；t_1 为 O 点至 G_0 作用线的垂直距离；t_2 为 O 点至 W 作用线的垂直距离；t_3 为 O 点至 P_{3L} 作用线的垂直距离；x'_N 为 O 点至 N 作用线的垂直距离；α'_8 为 W 作用线与 x' 轴夹的锐角；α'_9 为 P_{3L} 作用线与 x' 轴夹的锐角。

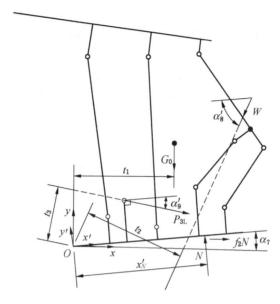

图 4-22　四柱支架空载滑移和倾倒稳定性的"支架—推移机构"力学模型

支架空载静态时，基于局部坐标系 $x'Oy'$ 列平衡方程：

$$\begin{cases} \sum F_{x'} = f_2N - G_0\sin\alpha_7 - W\cos\alpha'_8 + P_{3L}\cos\alpha'_9 = 0 \\ \sum F_{y'} = N - G_0\cos\alpha_7 - W\sin\alpha'_8 - P_{3L}\sin\alpha'_9 = 0 \\ \sum M_O = - G_0t_1 - Wt_2 - P_{3L}t_3 + Nx'_N = 0 \end{cases} \quad (4\text{-}30)$$

俯采工作面的支架在空载静态时有滑向煤壁的运动趋势，或者支架重心超过了 O 点有倾倒趋势，因此推移千斤顶可能承受拉力。由液压支架与刮板输送机互为支点进行推溜和移架动作的原理可知，推移千斤顶承受的最大拉力不易超过额定推溜力（额定推溜力为泵站额定压力提供的推移千斤顶拉力），过大反而容易引起刮板输送机的移动，因此假设推移千斤顶上腔所能提供的最大拉力以额定推溜力为限。由式（4-30）的第一个和第二个表达式可求得支架保持平衡不下滑所需的推移千斤顶拉力 $P_{3LH\min}$ 为：

$$\begin{cases} P_{3LH\min} = \dfrac{G_0\sin\alpha_7 + W\cos\alpha'_8 - f_2(G_0\cos\alpha_7 + W\sin\alpha'_8)}{f_2\sin\alpha'_9 + \cos\alpha'_9} \\ 0 < P_{3LH\min} < P_{3LE} \end{cases} \quad (4\text{-}31)$$

式中，P_{3LE} 为推移千斤顶的额定推溜力。

支架处于倾倒极限时，$x'_N = 0$，由式（4-30）的第三个表达式可求得支架保持平衡不倾倒所需的推移千斤顶拉力 P_{3LDmin} 为：

$$\begin{cases} P_{3LDmin} = \dfrac{-G_0 t_1 - W t_2}{t_3} \\ 0 < P_{3LDmin} < P_{3LE} \end{cases} \quad (4\text{-}32)$$

由式（4-30）至式（4-32）可知，支架的滑移或倾倒不只是仅靠底板对支架的摩擦阻力，推移千斤顶起着重要的约束作用，由此得到支架滑移和倾倒失稳的判据为：

$$\begin{cases} 0 < P_{3LDmin} < P_{3LE} < P_{3LHmin}, & \text{下滑失稳} \\ 0 < P_{3LDmin} < P_{3LE} = P_{3LHmin}, & \text{临界下滑失稳} \\ 0 < P_{3LHmin} < P_{3LE} < P_{3LDmin}, & \text{倾倒失稳} \quad (4\text{-}33) \\ 0 < P_{3LHmin} < P_{3LE} = P_{3LDmin}, & \text{临界倾倒失稳} \\ 0 < P_{3LHmin} < P_{3LE} \ \text{且} \ 0 < P_{3LDmin} < P_{3LE}, & \text{稳定} \end{cases}$$

以 ZZ18000/33/72D 型支撑掩护式大采高液压支架为例，支架重力约为597.8 kN，推移千斤顶为倒装形式，缸径/杆件为 Φ230 mm/Φ160 mm，泵站额定压力 31.5 MPa。取支架高度 6800 mm，$f_2 = 0.2$，$W = 300$ kN，$\alpha'_8 = 40°$、$50°$、$60°$、$70°$。不同 α'_8 角度下，支架保持平衡不下滑和不倾倒所需的 P_{3LHmin} 和 P_{3LDmin} 随俯采角度变化曲线如图 4-23 所示。

依据图 4-23 中某一俯采角度下的 P_{3LHmin}、P_{3LDmin} 和 P_{3LE} 的大小关系，可以分以下几种情形来讨论：①直线 1，$P_{3LDmin} < P_{3LHmin} < 0$。意味着推移千斤顶需要提供推力才能使支架处于临界倾倒或下滑状态，即支架不会倾倒和下滑；②直线 2，$0 < P_{3LHmin} < P_{3LE}$，且 $P_{3LDmin} < 0$。P_{3LHmin} 没有超过额定推溜力，支架不会倾倒和下滑；③直线 3，$0 < P_{3LDmin} < P_{3LHmin} < P_{3LE}$。$P_{3LDmin}$ 和 P_{3LHmin} 均没有超过额定推溜力，支架不会倾倒和下滑；④直线 4，$0 < P_{3LHmin} < P_{3LDmin} < P_{3LE}$。$P_{3LDmin}$ 和 P_{3LHmin} 均没有超过额定推溜力，支架不会倾倒和下滑；⑤直线 5，$0 < P_{3LHmin} < P_{3LE} < P_{3LDmin}$。$P_{3LDmin}$ 超过了额定推溜力，P_{3LHmin} 没有超过额定推溜力，支架发生倾倒失稳。

从图 4-23 还可以看出，相同的掩护梁背部集中载荷，其与底座的夹角越大越能提高支架的抗倾倒和滑移能力。如果只考虑支架自重，则支架的滑移和倾倒失稳角仅与支架重心位置和摩擦因数有关。考虑工作面俯采和破碎顶板条件，不能忽略掩护梁背部载荷，而且支架在正常使用过程中，推移机构的约束性也是客观存在的。表 4-5 对比了支架自重、掩护梁背部载荷和推移机构对支架临界滑移和倾倒失稳角的影响。

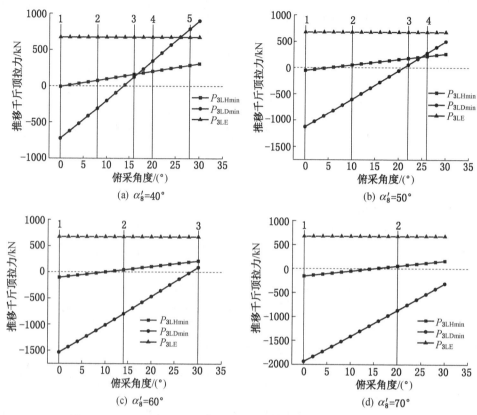

图 4-23 P_{3LHmin} 和 P_{3LDmin} 在不同 α'_8 角度下随俯采角度的变化曲线

表 4-5 支架临界失稳角对比

情形	失稳角	支架自重	支架自重+掩护梁载荷	支架自重+掩护梁载荷+推移机构
$\alpha'_8 = 40°$	倾倒角	25.150	13.736	25.961
	滑移角	16.699	0.705	>30
$\alpha'_8 = 50°$	倾倒角	25.150	21.039	>30
	滑移角	16.699	5.250	>30
$\alpha'_8 = 60°$	倾倒角	25.150	28.395	>30
	滑移角	16.699	10.070	>30
$\alpha'_8 = 70°$	倾倒角	25.150	>30	>30
	滑移角	16.699	15.045	>30

从表4-5可以看出，仅考虑支架自重时，对于工作面20°的俯采角度，支架将发生滑移失稳。掩护梁背部载荷对俯采面的支架有向煤壁和底板方向的分力，但是否增加了支架的抗滑移和倾倒能力取决于载荷的大小及其与底座的夹角，同样的载荷，夹角越大，临界滑移和倾倒失稳角越大。推移机构的约束作用大大增加了支架的抗滑移和倾倒能力。即使在掩护梁背部载荷不利的情况，支架临界倾倒失稳角也可达约26°，临界滑移失稳角超过了30°，说明该支架能够满足俯采20°的条件。

4.4.3.2　支架稳定性的运动学与动力学分析

对一个机构的运动分析主要包括位移（也称之为位置）、速度和加速度分析，其中，位移分析是首要的基础工作，也是最基本的任务，它的主要目的是确定原动件与从动件之间的正、反解位移关系。对于液压支架来讲，是指驱动千斤顶（前、后立柱）长度与支架位姿的映射关系。

建立四柱支撑掩护式支架的运动学模型如图4-24所示，建立以底座前端 O 点为坐标原点的坐标系 xOy。支架高度 H_{bf} 定义为 O 点至顶梁上表面的垂直距离，即点到顶梁上表面所在直线的距离。

基于整体坐标系为 xOy，由 $\overrightarrow{DEFC}$、$\overrightarrow{BJKA}$、$\overrightarrow{ADEIK}$ 三个封闭矢量环可得：

$$\begin{cases} L_{12}e^{j\alpha_1} + L_{EF}e^{j\theta_1} = L_{DC}e^{j\theta_2} + L_{11}e^{j\alpha_2} \\ L_{BA}e^{j\theta_4} + S_1 e^{j\alpha_5} = S_2 e^{j\alpha_4} + L_{JK}e^{j\theta_3} \\ L_{AD}e^{j\theta_5} + L_{12}e^{j\alpha_1} + L_8 e^{j\alpha_3} + L_{IK}e^{j\theta_6} = S_1 e^{j\alpha_5} \end{cases} \tag{4-34}$$

式中，$L_1 \sim L_{21}$ 为支架结构尺寸；S_1 为前立柱长度；S_2 为后立柱长度；L_{EF} 为后连杆上铰点至前连杆上铰点的距离；L_{DC} 为后连杆下铰点至前连杆下铰点的距离；L_{JK} 为后立柱上铰点至前立柱上铰点的距离；L_{BA} 为后立柱下铰点至前立柱下铰点的距离；L_{AD} 为前立柱下铰点至后连杆下铰点的距离；L_{IK} 为顶掩铰点至前立柱上铰点的距离；α_1 为后连杆与 x 轴夹角；α_2 为前连杆与 x 轴夹角；α_3 为掩护梁与 x 轴夹角；α_4 为后立柱与 x 轴夹角；α_5 为前立柱与 x 轴夹角；α_6 为顶梁与 x 轴夹角；θ_1 为 L_{EF} 与 x 轴夹角；θ_2 为 L_{DC} 与 x 轴夹角；θ_3 为 L_{JK} 与 x 轴夹角；θ_4 为 L_{BA} 与 x 轴夹角；θ_5 为 L_{AD} 与 x 轴夹角；θ_6 为 L_{IK} 与 x 轴夹角；φ_1 为 L_{DC} 与底座夹的锐角；φ_2 为 L_{EF} 与掩护梁夹的锐角；φ_3 为 L_{BA} 与 x 轴夹角；φ_4 为 L_{JK} 与顶梁上表面的夹角；φ_5 为 L_{AD} 与底座夹的锐角；φ_6 为 L_{IK} 与顶梁夹的锐角；

$$L_{EF} = \sqrt{L_9^2 + L_{10}^2}; \quad L_{DC} = \sqrt{L_{20}^2 + (L_{14} - L_{13})^2}; \quad L_{JK} = \sqrt{L_4^2 + (L_7 - L_6)^2};$$

$$L_{BA} = \sqrt{L_{18}^2 + (L_{16} - L_{15})^2}; \quad L_{AD} = \sqrt{(L_{18} + L_{19} + L_{20})^2 + (L_{13} - L_{16})^2};$$

$$L_{IK} = \sqrt{(L_2 + L_4)^2 + (L_7 - L_5)^2}; \quad \theta_1 = \varphi_2 + \alpha_3; \quad \theta_2 = \pi - (\varphi_1 - \alpha_7);$$

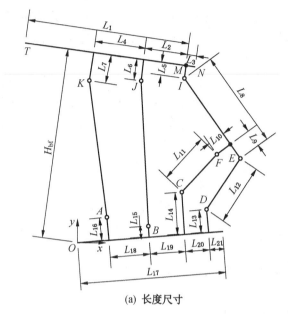

(a) 长度尺寸

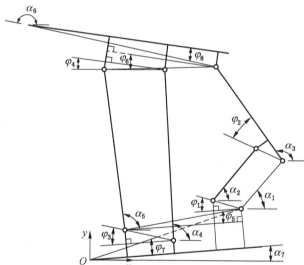

(b) 角度尺寸

图4-24 四柱支架运动学模型

$$\theta_3 = \varphi_4 + \alpha_6; \quad \theta_4 = \pi - (\varphi_3 - \alpha_7); \quad \theta_5 = \varphi_5 + \alpha_7; \quad \theta_6 = \varphi_6 + \alpha_6;$$

$$\varphi_1 = \arctan\left(\frac{L_{14} - L_{13}}{L_{20}}\right); \quad \varphi_2 = \arctan\left(\frac{L_{10}}{L_9}\right); \quad \varphi_3 = \arctan\left(\frac{L_{16} - L_{15}}{L_{18}}\right);$$

$$\varphi_4 = \arctan\left(\frac{L_7 - L_6}{L_4}\right); \quad \varphi_5 = \arctan\left(\frac{L_{13} - L_{16}}{L_{18} + L_{19} + L_{20}}\right); \quad \varphi_6 = \arctan\left(\frac{L_7 - L_5}{L_2 + L_4}\right).$$

式（4-34）采用欧拉公式展开，得到 6 个非线性超越方程：

$$\begin{cases} f_1 = L_{12}\cos\alpha_1 + L_{EF}\cos\theta_1 - L_{DC}\cos\theta_2 - L_{11}\cos\alpha_2 \\ f_2 = L_{12}\sin\alpha_1 + L_{EF}\sin\theta_1 - L_{DC}\sin\theta_2 - L_{11}\sin\alpha_2 \\ f_3 = L_{BA}\cos\theta_4 + S_1\cos\alpha_5 - S_2\cos\alpha_4 - L_{JK}\cos\theta_3 \\ f_4 = L_{BA}\sin\theta_4 + S_1\sin\alpha_5 - S_2\sin\alpha_4 - L_{JK}\sin\theta_3 \\ f_5 = L_{AD}\cos\theta_5 + L_{12}\cos\alpha_1 + L_8\cos\alpha_3 + L_{IK}\cos\theta_6 - S_1\cos\alpha_5 \\ f_6 = L_{AD}\sin\theta_5 + L_{12}\sin\alpha_1 + L_8\sin\alpha_3 + L_{IK}\sin\theta_6 - S_1\sin\alpha_5 \end{cases} \tag{4-35}$$

当已知底座偏转角 α_7、前立柱长度 S_1 及后立柱长度 S_2 时，式（4-35）的未知量数才等于方程数，采用数值解法可求得 6 个未知量 α_1、α_2、α_3、α_4、α_5、α_6，这就由驱动千斤顶长度得到了支架位姿，即 $\{(S_1, S_2)|\alpha_7\} \rightarrow \{(H_{bf}, \alpha_6)|\alpha_7\}$。

当已知 α_7、H_{bf}、α_6 时，可确定顶梁上表面所在直线方程为：

$$y - y_M = k(x - x_M) \tag{4-36}$$

式中，k 为直线斜率，$k = \tan\alpha_6$；$x_M = x_I + L_5\cos(\alpha_6 - \pi/2)$；$y_M = y_I + L_5\sin(\alpha_6 - \pi/2)$；$x_I = x_E - L_8\cos(\pi - \alpha_3)$；$y_I = y_E - L_8\sin(\pi - \alpha_3)$；$x_E = x_D + L_{12}\cos\alpha_1$；$y_E = y_D + L_{12}\sin\alpha_1$；$x_D = L_{OD}\cos(\alpha_7 + \varphi_7)$；$y_D = L_{OD}\sin(\alpha_7 + \varphi_7)$；$L_{OD} = \sqrt{(L_{17} - L_{21})^2 + L_{13}^2}$；$\varphi_7 = \arctan\left(\frac{L_{13}}{L_{17} - L_{21}}\right)$，$L_{OD}$ 为 O 点至后连杆下铰点的距离；φ_7 为 L_{OD} 与底座夹角。

将 O 点坐标（0，0）代入式（4-36）可得支架高度为：

$$H_{bf} = \frac{|y_M - kx_M|}{\sqrt{k^2 + 1}} \tag{4-37}$$

可见，H_{bf} 是 α_1、α_3、α_6、α_7 的函数，因此，当已知 α_7、H_{bf}、α_6 时，再结合式（4-35）可求得 7 个未知量 α_1、α_2、α_3、α_4、α_5、S_1、S_2，这就由支架位姿得到了驱动千斤顶长度，即 $\{(H_{bf}, \alpha_6)|\alpha_7\} \rightarrow \{(S_1, S_2)|\alpha_7\}$。

由以上分析可知，支架位姿与驱动千斤顶的一一映射关系为 $\{(S_1, S_2)|\alpha_7\} \leftrightarrow \{(H_{bf}, \alpha_6)|\alpha_7\}$。从中可以看出，这一关系成立有一个隐含条件，即同一的底座偏转角，底座水平固定可理解为偏转角为零的特殊情况。也就是说，正解和反解必须在相同的底座偏转角下才能得到一一对应的结果。从支架的自由度角度更容易理解这种一一映射关系，只有当底座或支架任一部件固定时，支架才具有两个自由度、两个原动件的确定机构，若机架位姿发生了变化，势必对

整个机构产生影响，所以，一定的 α_7 是 $(S_1, S_2) \leftrightarrow (H_{bf}, \alpha_6)$ 成立的先决条件，支架位姿与驱动千斤顶准确的一一映射关系应为 $\{(S_1, S_2) | \alpha_7\} \leftrightarrow \{(H_{bf}, \alpha_6) | \alpha_7\}$。

如图4-25所示，基于达朗贝尔原理建立四柱支撑掩护式支架空载时的机构稳定性动力学模型。其中，d_1 为顶梁质心至顶掩铰点沿顶梁表面的距离；d_2 为顶梁质心至顶梁表面的垂直距离；d_3 为掩护梁质心至后连杆上铰点沿掩护梁表面的距离；d_4 为掩护梁质心至掩护梁表面的垂直距离；d_5 为前连杆质心至前连杆下铰点间的距离；d_6 为后连杆质心至后连杆下铰点间的距离；d_7 为底座质心至 O 点沿底座方向的距离；d_8 为底座质心至底座的垂直距离。

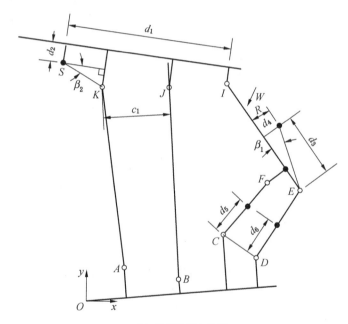

(a) 各部件质心位置

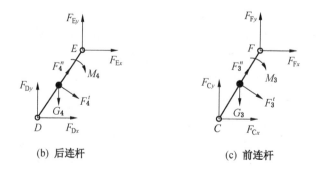

(b) 后连杆　　　　　　　(c) 前连杆

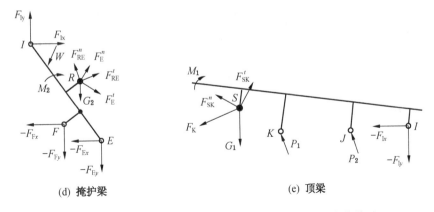

(d) 掩护梁　　　　　　　　　　　　(e) 顶梁

图 4-25　四柱液压支架空载时的机构动态稳定性动力学模型

据图 4-25 可知，取 x 轴和 y 轴的正方向为各力的正方向，铰点 A、B、C、D、E、F、I 的反作用力记为 $-P_1$、$-P_2$、$-F_{Cx}$、$-F_{Cy}$、$-F_{Dx}$、$-F_{Dy}$、$-F_{Ex}$、$-F_{Ey}$、$-F_{Fx}$、$-F_{Fy}$、$-F_{Ix}$、$-F_{Iy}$。为简化计算，有以下假设条件：①前、后连杆为完全对称件，质心位于杆件上，顶梁和掩护梁的质心不在杆件上；②分析液压支架降柱脱离顶板之后、升柱接触顶板之前的过程，支架不承受外载荷；③忽略立柱重量及各运动副的摩擦力。任一瞬时，基于达朗贝尔原理对后连杆、前连杆、掩护梁、顶梁和底座列平衡方程得：

$$
\begin{cases}
\sum F_{4x} = F_{Dx} + F_{Ex} + F_4^t \sin\alpha_1 + F_4^n \cos\alpha_1 = 0 \\[4pt]
\sum F_{4y} = F_{Dy} + F_{Ey} - F_4^t \cos\alpha_1 + F_4^n \sin\alpha_1 - G_4 = 0 \\[4pt]
\sum M_D = -G_4 d_6 \cos\alpha_1 - F_4^t d_6 - F_{Ex} L_{12} \sin\alpha_1 + F_{Ey} L_{12} \cos\alpha_1 - M_4 = 0 \\[4pt]
\sum F_{3x} = F_{Cx} + F_{Fx} + F_3^t \sin\alpha_2 + F_3^n \cos\alpha_2 = 0 \\[4pt]
\sum F_{3y} = F_{Cy} + F_{Fy} - F_3^t \cos\alpha_2 + F_3^n \sin\alpha_2 - G_3 = 0 \\[4pt]
\sum M_C = -G_3 d_5 \cos\alpha_2 - F_3^t d_5 - F_{Fx} L_{11} \sin\alpha_2 + F_{Fy} L_{11} \cos\alpha_2 - M_3 = 0 \\[4pt]
\sum F_{2x} = -F_{Ex} - F_{Fx} + F_{Ix} + F_{RE}^t \cos(\alpha_3 - \beta_1 - \pi/2) - F_{RE}^n \sin(\alpha_3 - \beta_1 - \pi/2) + F_E^t \sin\alpha_1 + F_E^n \cos\alpha_1 - W_x = 0 \\[4pt]
\sum F_{2y} = -F_{Ey} - F_{Fy} + F_{Iy} + F_{RE}^t \sin(\alpha_3 - \beta_1 - \pi/2) + F_{RE}^n \cos(\alpha_3 - \beta_1 - \pi/2) - F_E^t \cos\alpha_1 + F_E^n \sin\alpha_1 - G_2 - W_y = 0 \\[4pt]
\sum M_E = M_{WE} + F_{Fx} L_{FE} \sin(\pi - \alpha_3 - \varphi_2) + F_{Fy} L_{FE} \cos(\pi - \alpha_3 - \varphi_2) - F_{RE}^n L_{RE} - F_E^t L_{RE} \cos(\alpha_3 - \beta_1 - \alpha_1) - F_E^n L_{RE} \sin(\alpha_3 - \beta_1 - \alpha_1) +
\end{cases}
$$

$$
\begin{cases}
G_2 L_{RE}\cos(\pi - \alpha_3 + \beta_1) - F_{Ix}L_8\sin(\pi - \alpha_3) - F_{Iy}L_8\cos(\pi - \alpha_3) - M_2 = 0 \\[2mm]
\sum F_{1x} = - F_{Ix} - P_2\cos(\pi - \alpha_4) - P_1\cos(\pi - \alpha_5) - F_{SK}^n\cos(\pi - \alpha_6 + \beta_2) + \\[1mm]
\qquad F_{SK}^t\sin(\pi - \alpha_6 + \beta_2) - F_K\cos(\gamma_1 - \pi + \alpha_5) = 0 \\[2mm]
\sum F_{1y} = - F_{Iy} + P_2\sin(\pi - \alpha_4) + P_1\sin(\pi - \alpha_5) + F_{SK}^n\sin(\pi - \alpha_6 + \beta_2) + \\[1mm]
\qquad F_{SK}^t\cos(\pi - \alpha_6 + \beta_2) - F_K\sin(\gamma_1 - \pi + \alpha_5) - G_1 = 0 \\[2mm]
\sum M_K = P_2 c_1 - F_{SK}^t L_{SK} + F_K L_{SK}\sin(\gamma_1 - \pi + \alpha_5 + \beta_2) + G_1 L_{SK}\sin(\alpha_6 - \pi/2 - \beta_2) + \\[1mm]
\qquad F_{Ix}L_{IK}\sin(\varphi_6 - \pi + \alpha_6) - F_{Iy}L_{IK}\cos(\varphi_6 - \pi + \alpha_6) - M_1 = 0
\end{cases}
$$

$$(4\text{-}38)$$

式中，$\sum F_{4x}$、$\sum F_{4y}$ 表示后连杆 x 方向和 y 方向的合力；$\sum F_{3x}$、$\sum F_{3y}$ 表示前连杆 x 方向和 y 方向的合力；$\sum F_{2x}$、$\sum F_{2y}$ 表示掩护梁 x 方向和 y 方向的合力；$\sum F_{1x}$、$\sum F_{1y}$ 表示顶梁 x 方向和 y 方向的合力；$G_1 \sim G_4$ 分别为顶梁、掩护梁、前连杆和后连杆的重力；P_1 为前排立柱力（以下简称前柱）；P_2 为后排立柱力（以下简称后柱）；$M_1 \sim M_4$ 分别为顶梁、掩护梁、前连杆和后连杆质心的惯性力偶矩；M_{WE} 分别为掩护梁背部集中外载荷对 E 点的力矩；W_x、W_y 分别为掩护梁背部集中外载荷的水平分力和垂直分力；F_{Cx}、F_{Cy} 分别为前连杆下铰点的水平分力和垂直分力；F_{Dx}、F_{Dy} 分别为后连杆下铰点的水平分力和垂直分力；F_{Ex}、F_{Ey} 分别为后连杆上铰点的水平分力和垂直分力；F_{Fx}、F_{Fy} 分别为前连杆上铰点的水平分力和垂直分力；F_{Ix}、F_{Iy} 分别为顶掩铰点的水平分力和垂直分力；F_4^t、F_4^n 分别为后连杆质心惯性力的切向分力和法向分力；F_3^t、F_3^n 分别为前连杆质心惯性力的切向分力和法向分力；F_{RE}^t、F_{RE}^n 分别为掩护梁质心以 E 点为基点产生的惯性力切向分力和法向分力；F_E^t、F_E^n 分别为掩护梁质心以 E 点为基点牵连加速度产生的切向惯性力和法向惯性力；F_{SK}^t、F_{SK}^n 分别为顶梁质心以 K 点为基点产生的惯性力切向分力和法向分力；F_K 为顶梁质心以 K 点为基点牵连加速度产生的惯性力；L_{RE} 为掩护梁质心与后连杆上铰点间的距离；L_{SK} 为顶梁质心至前排立柱上铰点的距离；c_1 为前排立柱上铰点至后排立柱力作用线的距离；β_1 为掩护梁质心至后连杆上铰点连线与掩护梁的夹角；β_2 为顶梁质心至前排立柱上铰点连线与顶梁的夹角；γ_1 为顶梁 K 点的牵连加速度 a_K 与前排立柱的夹角，见式（4-39），由下文的加速度分析确定。

$$\gamma_1 = \arctan\frac{a_{eK}^t + a_{cK}}{a_{eK}^n - a_{rK}} \qquad (4\text{-}39)$$

式（4-38）即为四柱支架的机构动力学平衡方程，共有 12 个方程和 12 个未知量，即 F_{Dx}、F_{Dy}、F_{Ex}、F_{Ey}、F_{Cx}、F_{Cy}、F_{Fx}、F_{Fy}、F_{Ix}、F_{Iy}、P_1、P_2，各部件

质心的惯性力和惯性力偶矩可通过对支架的速度和加速度分析获得。

1）角速度和角加速度的确定

将式（4-34）的 θ 用 φ 代入得：

$$\begin{cases} L_{12}e^{j\alpha_1} + L_{FE}e^{j(\varphi_2+\alpha_3)} = L_{DC}e^{j(\pi-\varphi_1+\alpha_7)} + L_{11}e^{j\alpha_2} \\ L_{BA}e^{j(\pi-\varphi_3+\alpha_7)} + S_1e^{j\alpha_5} = S_2e^{j\alpha_4} + L_{JK}e^{j(\varphi_4+\alpha_6)} \\ L_{AD}e^{j(\varphi_5+\alpha_7)} + L_{12}e^{j\alpha_1} + L_8e^{j\alpha_3} + L_{IK}e^{j(\varphi_6+\alpha_6)} = S_1e^{j\alpha_5} \end{cases} \quad (4-40)$$

将式（4-40）的 $\alpha_i(i = 1 \sim 6)$、S_1、S_2 对时间 t 求一次导数得：

$$\begin{cases} L_{12}\omega_1e^{j\alpha_1} + L_{FE}\omega_3e^{j(\varphi_2+\alpha_3)} = L_{11}\omega_2e^{j\alpha_2} \\ \dot{S}_1e^{j\alpha_5} + jS_1\omega_5e^{j\alpha_5} = \dot{S}_2e^{j\alpha_4} + jS_2\omega_4e^{j\alpha_4} + jL_{JK}\omega_6e^{j(\varphi_4+\alpha_6)} \\ jL_{12}\omega_1e^{j\alpha_1} + jL_8\omega_3e^{j\alpha_3} + jL_{IK}\omega_6e^{j(\varphi_6+\alpha_6)} = \dot{S}_1e^{j\alpha_5} + jS_1\omega_5e^{j\alpha_5} \end{cases} \quad (4-41)$$

实部和虚部分开，写成矩阵形式为：

$$C\boldsymbol{\omega} = b\boldsymbol{v} \quad (4-42)$$

其中，$\boldsymbol{\omega} = [\omega_1, \omega_2, \omega_3, \omega_4, \omega_5, \omega_6]$；$\boldsymbol{v} = [\dot{S}_1, \dot{S}_2]$；

$$C = \begin{bmatrix} C_{11} & C_{12} & C_{13} & 0 & 0 & 0 \\ C_{21} & C_{22} & C_{23} & 0 & 0 & 0 \\ 0 & 0 & 0 & C_{34} & C_{35} & C_{36} \\ 0 & 0 & 0 & C_{44} & C_{45} & C_{46} \\ C_{51} & 0 & C_{53} & 0 & C_{55} & C_{56} \\ C_{61} & 0 & C_{63} & 0 & C_{65} & C_{66} \end{bmatrix}; \quad b = \begin{bmatrix} 0 & 0 \\ 0 & 0 \\ -\cos\alpha_5 & \cos\alpha_4 \\ -\sin\alpha_5 & \sin\alpha_4 \\ \cos\alpha_5 & 0 \\ \sin\alpha_5 & 0 \end{bmatrix};$$

$C_{11} = L_{12}\cos\alpha_1$；$C_{12} = -L_{11}\cos\alpha_2$；$C_{13} = L_{FE}\cos(\varphi_2 + \alpha_3)$；$C_{21} = L_{12}\sin\alpha_1$；$C_{22} = -L_{11}\sin\alpha_2$；$C_{23} = L_{FE}\sin(\varphi_2 + \alpha_3)$；$C_{34} = S_2\sin\alpha_4$；$C_{35} = -S_1\sin\alpha_5$；$C_{36} = L_{JK}\sin(\varphi_4 + \alpha_6)$；$C_{44} = -S_2\cos\alpha_4$；$C_{45} = S_1\cos\alpha_5$；$C_{46} = -L_{JK}\cos(\varphi_4 + \alpha_6)$；$C_{51} = -L_{12}\sin\alpha_1$；$C_{53} = -L_8\sin\alpha_3$；$C_{55} = S_1\sin\alpha_5$；$C_{56} = -L_{IK}\sin(\varphi_6 + \alpha_6)$；$C_{61} = L_{12}\cos\alpha_1$；$C_{63} = L_8\cos\alpha_3$；$C_{65} = -S_1\cos\alpha_5$；$C_{66} = L_{IK}\cos(\varphi_6 + \alpha_6)$。

将式（4-40）的 α_i（$i = 1\sim6$）、S_1、S_2 对时间 t 求二次导数得：

$$\begin{cases} L_{12}a_1e^{j\alpha_1} + jL_{12}\omega_1^2e^{j\alpha_1} + L_{EF}a_3e^{j(\varphi_2+\alpha_3)} + jL_{EF}\omega_3^2e^{j(\varphi_2+\alpha_3)} = L_{11}a_2e^{j\alpha_2} + jL_{11}\omega_2^2e^{j\alpha_2} \\ \ddot{S}_1e^{j\alpha_5} + 2j\dot{S}_1\omega_5e^{j\alpha_5} + jS_1a_5e^{j\alpha_5} - S_1\omega_5^2e^{j\alpha_5} = \ddot{S}_2e^{j\alpha_4} + 2j\dot{S}_2\omega_4e^{j\alpha_4} + jS_2a_4e^{j\alpha_4} - \\ \quad S_2\omega_4^2e^{j\alpha_4} + jL_{JK}a_6e^{j(\varphi_4+\alpha_6)} - L_{JK}\omega_6^2e^{j(\varphi_4+\alpha_6)} \\ jL_{12}a_1e^{j\alpha_1} - L_{12}\omega_1^2e^{j\alpha_1} + jL_8a_3e^{j\alpha_3} - L_8\omega_3^2e^{j\alpha_3} + jL_{IK}a_6e^{j(\varphi_6+\alpha_6)} - L_{IK}\omega_6^2e^{j(\varphi_6+\alpha_6)} = \\ \quad \ddot{S}_1e^{j\alpha_5} + 2j\dot{S}_1\omega_5e^{j\alpha_5} + jS_1a_5e^{j\alpha_5} - S_1\omega_5^2e^{j\alpha_5} \end{cases}$$

$$(4-43)$$

实部和虚部分开，写成矩阵形式为：

$$Ca = A\omega + b\dot{v} \qquad (4-44)$$

其中，$a = [a_1, a_2, a_3, a_4, a_5, a_6]$；$\dot{v} = [\ddot{S}_1, \ddot{S}_2]$；

$$A = \begin{bmatrix} A_{11} & A_{12} & A_{13} & 0 & 0 & 0 \\ A_{21} & A_{22} & A_{23} & 0 & 0 & 0 \\ 0 & 0 & 0 & A_{34} & A_{35} & A_{36} \\ 0 & 0 & 0 & A_{44} & A_{45} & A_{46} \\ A_{51} & 0 & A_{53} & 0 & A_{55} & A_{56} \\ A_{61} & 0 & A_{63} & 0 & A_{65} & A_{66} \end{bmatrix};\ A_{11} = L_{12}\omega_1\sin\alpha_1;\ A_{12} = -L_{11}\omega_2\sin\alpha_2;$$

$A_{13} = L_{FE}\omega_3\sin(\varphi_2 + \alpha_3)$；$A_{21} = -L_{12}\omega_1\cos\alpha_1$；$A_{22} = L_{11}\omega_2\cos\alpha_2$；$A_{23} = -L_{FE}\omega_3\cos$ $(\varphi_2 + \alpha_3)$；$A_{34} = -2\dot{S}_2\sin\alpha_4 - S_2\omega_4\cos\alpha_4$；$A_{35} = 2\dot{S}_1\sin\alpha_5 + S_1\omega_5\cos\alpha_5$；$A_{36} =$ $-L_{JK}\omega_6\cos(\varphi_4 + \alpha_6)$；$A_{44} = 2\dot{S}_2\cos\alpha_4 - S_2\omega_4\sin\alpha_4$；$A_{45} = -2\dot{S}_1\cos\alpha_5 + S_1\omega_5\sin\alpha_5$；$A_{46} = -L_{JK}\omega_6\sin(\varphi_4 + \alpha_6)$；$A_{51} = L_{12}\omega_1\cos\alpha_1$；$A_{53} = L_8\omega_3\cos\alpha_3$；$A_{55} = -2\dot{S}_1\sin\alpha_5 - S_1\omega_5\cos\alpha_5$；$A_{56} = L_{IK}\omega_6\cos(\varphi_6 + \alpha_6)$；$A_{61} = L_{12}\omega_1\sin\alpha_1$；$A_{63} = L_8\omega_3\sin\alpha_3$；$A_{65} = 2\dot{S}_1\cos\alpha_5 - S_1\omega_5\sin\alpha_5$；$A_{66} = L_{IK}\omega_6\sin(\varphi_6 + \alpha_6)$。

当已知前、后柱的速度和加速度，由式（4-40）和式（4-44）即可求得前后连杆、前后柱、顶梁及掩护梁的角速度和角加速度。

2）惯性力和惯性力偶矩的确定

知道了各部件的角速度和角加速度，便可求得其惯性力和惯性力偶矩。

（1）后连杆质心惯性力和惯性力偶矩的大小为：

$$\begin{cases} F_4^t = m_4 a_1^t = m_4 d_6 a_1 \\ F_4^n = m_4 a_1^n = m_4 d_6 \omega_1^2 \\ M_4 = J_4 a_1 \end{cases} \qquad (4-45)$$

式中，m_4 为后连杆质量；a_1^t 为后连杆质心角加速度的切向分量；a_1^n 为后连杆质心角加速度的法向分量；J_4 为后连杆绕过 D 点轴的转动惯量。

（2）前连杆质心惯性力和惯性力偶矩的大小为：

$$\begin{cases} F_3^t = m_3 a_2^t = m_3 d_5 a_2 \\ F_3^n = m_3 a_2^n = m_3 d_5 \omega_2^2 \\ M_3 = J_3 a_2 \end{cases} \qquad (4-46)$$

式中，m_3 为前连杆质量；a_2^t 为前连杆质心角加速度的切向分量；a_2^n 为前连杆质心角加速度的法向分量；J_3 为前连杆绕过 C 点轴的转动惯量。

（3）掩护梁质心惯性力和惯性力偶矩的大小为：

$$\begin{cases} F_{RE}^{t} = m_2 a_{RE}^{t} = m_2 L_{ER} a_3 \\ F_{RE}^{n} = m_2 a_{RE}^{n} = m_2 L_{ER} \omega_3^2 \\ F_{E}^{t} = m_2 a_{E}^{t} = m_2 L_{12} a_1 \\ F_{E}^{n} = m_2 a_{E}^{n} = m_2 L_{12} \omega_1^2 \\ M_2 = J_2 a_3 \end{cases} \qquad (4\text{-}47)$$

式中，m_2 为掩护梁质量；a_{RE}^{t} 为掩护梁质心 R 点相对于 E 点的切向加速度；a_{RE}^{n} 为掩护梁质心 R 点相对于 E 点的法向加速度；a_{E}^{t} 为掩护梁以 E 点为基点的牵连加速度的切向分量；a_{E}^{n} 为掩护梁以 E 点为基点的牵连加速度的法向分量；J_2 为掩护梁绕过 E 点轴的转动惯量。

（4）顶梁质心惯性力和惯性力偶的大小为：

$$\begin{cases} F_{SK}^{t} = m_1 a_{SK}^{t} = m_1 L_{SK} a_6 \\ F_{SK}^{n} = m_1 a_{SK}^{n} = m_1 L_{SK} \omega_6^2 \\ F_{SK} = m_1 a_K \\ M_1 = J_1 a_6 \end{cases} \qquad (4\text{-}48)$$

式中，m_1 为顶梁质量；a_{SK}^{t} 为顶梁质心 S 点相对于 K 点的切向加速度；a_{SK}^{n} 为顶梁质心 S 点相对于 K 点的法向加速度；a_K 为顶梁以 K 点为基点的牵连加速度；J_1 为顶梁绕过 K 点轴的转动惯量。

以前柱的 A 点为基点，则顶梁 K 点的牵连加速度 a_K 为由下式确定：

$$\boldsymbol{a}_K = \boldsymbol{a}_{eK}^{n} + \boldsymbol{a}_{eK}^{t} + \boldsymbol{a}_{rK} + \boldsymbol{a}_{cK} \qquad (4\text{-}49)$$

式中，$a_{eK}^{n} = S_1 \omega_5^2$，为 K 点以 A 点为基点的牵连加速度法向分量；$a_{eK}^{t} = S_1 a_5$，为 K 点以 A 点为基点的牵连加速度切向分量；$a_{rK} = \dot{v}_1$，为 K 点沿立柱长度方向的相对加速度；$a_{cK} = 2\omega_5 v_1$，为 K 点的科氏加速度。

将式（4-45）至式（4-48）求得的支架各部件惯性力和惯性力偶矩代入式（4-38）即可求解各铰接点分力。

4.4.3.3　机构稳定性边界条件

支架的机构失稳也分为静态和动态，动态是指升降立柱时，静态可理解为立柱升降速度为零的特殊情形。此时，支架机构保持稳定性可以从式（4-38）的平衡方程来衡量，即由式（4-38）求得的 P_1、P_2 不应超出泵站额定压力或安全阀额定压力所形成的力，具体分为以下几种情形：

（1）静态时，P_1、P_2 应满足：

$$\begin{cases} P_i \leqslant 2 \times \dfrac{\pi D_1^2}{4} p_{ke} \\[3mm] P_i \leqslant 2 \times \dfrac{\pi (D_1^2 - D_2^2)}{4} P_{qe} \end{cases} (i = 1,\ 2) \qquad (4\text{-}50)$$

式中，D_1 为立柱缸径；D_2 为立柱柱径；P_{ke} 为立柱安全阀调定压力；P_{qe} 为立柱活塞腔最小启动压力和系统背压之和。立柱承受压力时按式（4-50）中的第一个表达式计算，承受拉力时按式（4-50）中的第二个表达式计算。立柱活塞腔的最小启动压力在《GB 25974.2—2010 煤矿用液压支架 第 2 部分：立柱和千斤顶技术条件》中有明确规定：立柱在空载无背压工况下，活塞腔启动压力应小于 3.5 MPa。背压在《GB 25974.3—2010 煤矿用液压支架 第 3 部分：液压控制系统及阀》中有明确规定：液压控制系统的主回液管路中的压力不应超过 4 MPa。

（2）升前柱时，P_1、P_2 应满足：

$$\begin{cases} P_1 \leqslant 2 \times \dfrac{\pi D_1^2}{4} p_{be} \\[3mm] P_2 \leqslant 2 \times \dfrac{\pi (D_1^2 - D_2^2)}{4} P_{qe} \end{cases} \qquad (4\text{-}51)$$

式中，P_{be} 为泵站公称压力。

（3）升后柱时，P_1、P_2 应满足：

$$\begin{cases} P_1 \leqslant 2 \times \dfrac{\pi (D_1^2 - D_2^2)}{4} P_{qe} \\[3mm] P_2 \leqslant 2 \times \dfrac{\pi D_1^2}{4} p_{be} \end{cases} \qquad (4\text{-}52)$$

（4）同时升前后柱时，P_1、P_2 应满足：

$$\begin{cases} P_1 \leqslant 2 \times \dfrac{\pi D_1^2}{4} p_{be} \\[3mm] P_2 \leqslant 2 \times \dfrac{\pi D_1^2}{4} p_{be} \end{cases} \qquad (4\text{-}53)$$

（5）降前柱时，P_1、P_2 应满足：

$$\begin{cases} P_1 \leqslant 2 \times \dfrac{\pi (D_1^2 - D_2^2)}{4} p_{be} \\[3mm] P_2 \leqslant 2 \times \dfrac{\pi D_1^2}{4} p_{ke} \end{cases} \qquad (4\text{-}54)$$

（6）降后柱时，P_1、P_2 应满足：

$$
\begin{cases}
P_1 \leqslant 2 \times \dfrac{\pi D_1^2}{4} p_{ke} \\[4mm]
P_2 \leqslant 2 \times \dfrac{\pi (D_1^2 - D_2^2)}{4} p_{be}
\end{cases}
\tag{4-55}
$$

（7）同时降前后柱时，P_1、P_2应满足：

$$
\begin{cases}
P_1 \leqslant 2 \times \dfrac{\pi (D_1^2 - D_2^2)}{4} p_{be} \\[4mm]
P_2 \leqslant 2 \times \dfrac{\pi (D_1^2 - D_2^2)}{4} p_{be}
\end{cases}
\tag{4-56}
$$

4.4.4　超前液压支架非等强支护原理

煤层中进行采掘活动后，采场围岩的煤体上将出现应力重新分布，在巷道顶板形成一个二次应力区，载荷传递到工作面和煤柱附近的实体煤中。位于工作面煤壁前方的支承压力成为超前支承压力，其峰值在工作面上下端部拐角处，并从工作面开始呈指数型降低，到一定距离后重回原岩应力（图4-26）。采动支承应力特别是超前支承应力变化规律与工作面埋深、基本顶厚度以及直接顶厚度和硬度等多种因素有关，是矿山压力显现的重要组成部分。

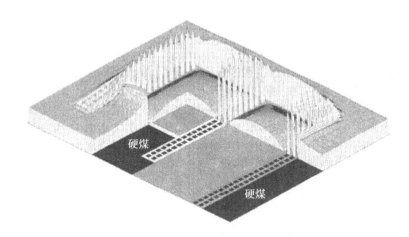

图4-26　煤层中三维垂直应力分布

超前支护的目标：①减小巷道变形，维护有效作业空间；②防止冲击压力造成的垮落、保证人员和设备安全。无论是单体支护，还是采用超前液压支架，支护距离一般是按照《煤矿安全规程》不小于 20 m 布置，对于压力显现较大或特殊开采条件的煤层需借助理论分析和矿压观测，分析压力显现和变形影响范围，以确定超前支护距离。

不同于工作面情况，超前巷道支沿走向支护距离较长，从工作面实体煤侧方向一般分为塑性区、高压区和稳压区，然而超前液压支架支护强度确定时仍沿用工作面液压支架的理念，整个支护段范围内全部采用相同的初撑强度和支护强度，由此带来以下影响：

（1）顶板破坏超前液压支架的工作方式需反复降架前移，过大的初撑力加剧顶板破坏，在距离工作面较远的区段因需多次支撑，所以顶板破碎尤为明显。

（2）过度支护或欠支护在顶板条件较好的煤矿，多数时间内立柱压力远小于泵站供液压，即达不到初撑力状态。为提高工作面的支护强度，目前泵站压力不断增加，部分煤矿泵压由 31.5 MPa 增大到 37.5 MPa，过大的初撑力对超前顶板的扰动更为强烈。西部矿区巷道顶板条件较好，为了避免对顶板的损坏，超前支架实际使用过程存在"接顶即可"甚至存在不接顶现象，超前支架的初撑力不够，存在较大安全隐患。

（3）调节困难泵站压力 31.5 MPa，安全阀设定的压力 40 MPa 左右，初撑强度达到工作阻力的 3/4 左右，现有低初撑力凭人工观测实现，凭井下工人的经验通过接顶即停液的方式来控制初撑力，可控性差，"低初撑、高工阻的"理念实施起来具有一定难度。

因此，需要根据超前巷道压力的不同区段和回采过程压力动态分布，进行分段非等强控制，并提供便于操控的方法。

4.4.4.1　巷道超前支护参数确定

合理的超前液压支架支护强度与支护距离是巷道超前支护的主要技术参数，支护强度与支护距离不足，则会导致巷道变形量大，不能满足支护要求；而支护强度与支护距离过大，则不仅造成设备投资的浪费，并且超前液压支架对顶板的过度反复支撑还会破坏巷道顶板的完整性，从而引起冒顶等安全事故，因此，需要综合分析巷道顶底板岩性、地应力分布、工作面回采等影响因素。

工作面巷道开挖引起围岩应力的重新分布，巷道周边岩石的应力被释放并产生弹塑性变形（巷道开挖形成的扰动区或松动圈），其应力分布状态与弹塑性变形范围主要受到巷道埋深、围岩岩性与力学性质、地质构造、断面尺寸等因素影响，巷道开挖后距工作面不同位置的应力、位移及塑性破坏区分布情况（图 4-27）。由于受到工作面二次采动的影响，工作面与巷道连接处的顶板应力较低（处于降压区与巷道围岩松动圈范围），但巷帮侧应力较大，并随着与工作面距离的增加而逐渐降低，但是工作面与巷道连接处的位移量与塑性破坏区的范围则最大（顶板与巷帮侧均最大），并随着与工作面距离的增加而逐渐减小。

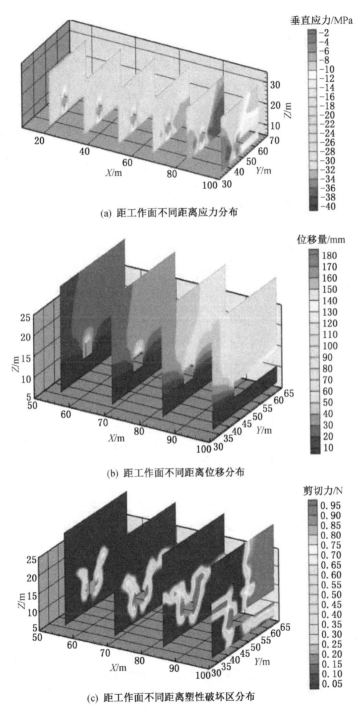

(a) 距工作面不同距离应力分布

(b) 距工作面不同距离位移分布

(c) 距工作面不同距离塑性破坏区分布

图 4-27 巷道超前段应力、位移及塑性区分布

由于巷道超前支护区域不同位置的应力、位移、塑性破坏区呈现出规律性变化，即距离工作面越近，其位移与塑性破坏区越大，越远则越小，传统的等强支护方法并不适用于超前液压支架。为了适应巷道超前支护区域的应力、位移、塑性破坏区分布规律，煤科总院开采装备所提出了巷道超前液压支架非等强支护理论，即提高靠近工作面区域的超前支架支护强度，而适当降低距离工作面较远区域的支护强度，可通过调整超前液压支架立柱数量、增设减压阀等方法来实现，充分发挥支护设备的支护能力。

为了维护巷道开挖过程中围岩的稳定，一般常采用锚杆、锚索等对巷道进行支护，即巷道超前支护区域已存在支护结构物，因此，巷道超前液压支架的合理支护强度与支护距离的确定应充分考虑已有的锚杆、锚网等支护结构的强度，并综合计算工作面开挖对巷道超前支护区域的影响。

由于目前很难通过理论计算方法获得锚杆、锚索等支护结构与围岩形成的结构强度，因此可通过数值模拟方法模拟分析工作面开挖对巷道的超前影响范围。由于锚杆、锚索支护为等强支护，并且其支护机理为通过增强围岩的自承能力来提高围岩的稳定性，因此并不会影响巷道超前支护区域应力、位移及塑性破坏区的分布规律，只是在一定程度上降低了其位移、塑性破坏区的大小，可以通过对巷道顶板下沉量、围岩松动圈范围进行现场实测，利用实测数据对模拟数据进行调整，根据综合分析结果最终确定合理的超前液压支架支护强度与支护距离。

4.4.4.2 超前支护区域非等强支护原理

通过对不同巷道围岩应力、位移、剪切破坏程度进行数值模拟分析发现，长距离超前支护中离工作面远的区域，顶板下沉量、巷道变形量逐渐减小，通过对现场观测、分析巷道变形量数据，远离工作面区域受采动影响较小。

针对当前工作面巷道超前液压支架整个支护范围内采用单一的初撑力带来的顶板破坏和过度扰动问题，提出非等强支护原理，非等强控制可通过以下两种基本方法实现，方法一是通过不同类型立柱缸径、立柱数量布置实现；方法二是调整每组超前支架立柱安全阀调定压力、减压阀的压力设定值实现与超前段应力和变形分布适应的动态成组协调控制。在超前支护系统的设计中根据需要可同时合理应用两种基本方法。

图 4-28 给出了通过液压系统的改进提供一种分段控制的实现方法。在超前支护段内，将超前液压支架前后分为多组，3 组及以上为优，每组的立柱形式一致，支护面积和立柱数比值接近，在相同供液压力下能够基本达到等初撑强度。左右并排的一组支架由同一片换向阀控制，在换向阀间和每组立柱下腔液控单向阀间增加一支可调减压阀，根据超前压力显现情况设定合理的值，一般而言，减压阀的压力设定值随距工作面距离增大而逐次降低。安全阀调定的值保持不变，

保持等工作阻力，且工作阻力尽可能保持较大值。

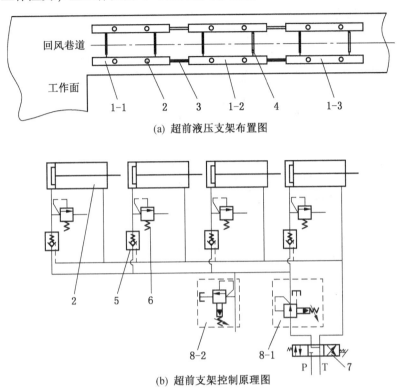

(a) 超前液压支架布置图

(b) 超前支架控制原理图

1-1、1-2、1-3—超前液压支架组Ⅰ、超前液压支架组Ⅱ、超前液压支架组Ⅲ；
2—立柱；3—推拉千斤顶；4—调节梁；5—安全阀；6—液控单向阀；7—换向阀；
8-1、8-2—可调减压阀、可调溢流阀

图 4-28 非等强支护控制方法

紧邻工作面的塑性区和高压区受回采扰动大、巷道变形剧烈，适当增大初撑力可防止直接顶过早的下沉离层、减缓顶板下沉速度并增加其稳定性，因大的初撑力造成的顶板破坏，随工作面的推进而能够在较短时间内甩到采空区，影响相对较小。距工作面较远的区段，超前应力和受回采扰动强度均递减，因反复移架需要的支撑次数多，因此适当降低初撑力，在保证支护效果的同时可减小对顶板破坏。大的工作阻力有助于抵抗冲击压力，维护巷道完整。安全阀设定的压力未减小，仍保持大的工作阻力，因此较远端的低初撑力不会带来支护效果的明显降低。

该方法具有以下优点：

(1) 不改变工作阻力的前提下，能够实现低的初撑力，不影响支护效果的前提下减小超前液压支架对顶板的破坏，有效减少了反复支撑提前破坏顶板与锚网支护系统的概率。

（2）对现有超前液压支架无任何改动，只在每组立柱控制回路中增加一个减压阀即可，既可在新设计超前支架上应用，也便于现有超前支架组的改造；避免人为控制造成的无支护状态（零初撑力，提高系统刚性）。

（3）在回采过程中，不仅可以分段控制初撑力值，还可根据压力的变化适时调整每组超前液压支架减压阀的压力设定值，实现与巷道超前段应力分布的动态成组协调控制。

（4）满足超前支护要求的前提下，有效减少投资、降低超前支架重量、解决移架困难。同时也降低了远离工作面区域超前支架的初撑力，充分发挥了超前液压支架在超前支护系统中的作用。

5 液压支架支护状态感知与预测方法

5.1 液压支架支护状态感知技术

随着新一代智能传感技术的快速发展，液压支架智能感知技术与装备逐步得到了推广应用，电液控制系统可以实现对整个工作面的液压支架载荷、姿态等进行实时监测，获得了海量的感知数据。目前，美国长壁采煤工作面主要采用自动化或半自动化开采技术，部分矿井采用了远程控制技术，在条件简单的矿井实现了较好的效果，但条件复杂煤层仍需要人工干预。美国正在开展矿井大数据、高速通信网络、可视化技术与装备的研发，相关专家学者研发了工作面顶板岩层监测与控制系统、液压支架监测与评估系统、液压支架支护载荷数据分析软件等，可以实现对顶板来压、液压支架载荷、支持质量等进行监测与数据分析；澳大利亚相关学者开发了综采工作面视觉分析技术、顶板来压预测系统等，实现了对液压支架监测数据的智能感知与分析处理。德国相关电液控制系统制造企业研发应用了液压支架支护高度、压力、姿态等监测装置，开发了相关数据处理软件，取得了初步的应用效果。我国学者研发应用了多种类型的有线、无线液压支架支护状态感知元件，开发了基于压力变化、时间变化的顶板采动应力监测装置、液压支架支护状态感知与数据分析系统等，初步实现了对顶板岩层断裂失稳、液压支架初撑力、工作阻力、支护姿态等进行数据实时采集与分析处理。

液压支架的支护状态主要包括液压支架自身的姿态、液压支架与顶底板的相对姿态、液压支架处于工作面的位置、液压支架千斤顶的压力与位移、液压支架连接销轴的应力与应变等，液压支架支护状态的特征参量（图 5-1），通过液压支架立柱的伸缩量、平衡千斤顶的伸缩量、液压支架顶梁的倾角、掩护梁的倾角、底座的倾角可以计算得出液压支架自身的支护姿态，但是工作面一般存在一定的仰、俯角与侧向倾角，仅获取液压支架自身的姿态难以确定液压支架的支护状态，需要确定液压支架与顶底板的相对姿态，笔者曾采用在液压支架前方刮板输送机的中部槽位置安装倾角传感器，该传感器可以监测液压支架下一个推移步距后工作面底板的三向倾角（绝对角度），利用移架后监测的液压支架自身姿态与刮板输送机中部槽监测的结果进行对比，便可以获取液压支架相对于工作面（仰、俯角与侧向倾角）的相对支护姿态。

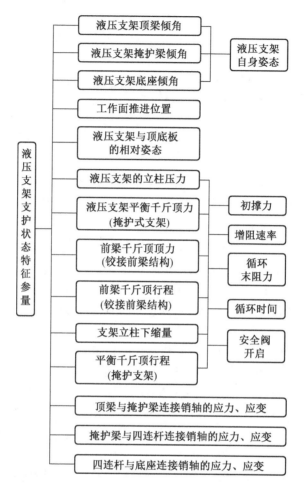

图 5-1　液压支架支护状态特征参量

目前，液压支架的立柱、平衡千斤顶等主要承载构件的压力、位移、倾角等参数主要采用接触式传感器进行监测，但接触式传感器需要在每台液压支架上进行布设，传感器数量非常多，存在液压支架感知信息获取成本高、可靠性差、数据处理复杂、安装管理困难、维护量大等问题，现有工作面一般很少按照图 5-2 所示全面进行传感器的布设，导致工作面液压支架支护状态感知信息不足。

如图 5-3 所示，非接触式传感器具有单次感知信息量大、布设简单、安装维护方便等优点，比较适宜对井下液压支架的支护姿态进行感知。我国部分企业研发了无线、低功耗、自供电传感器，初步解决了传统传感器功耗大、接线困难、不易组网、可靠性差等问题。针对液压支架之间直线度控制难题，国外电液控制

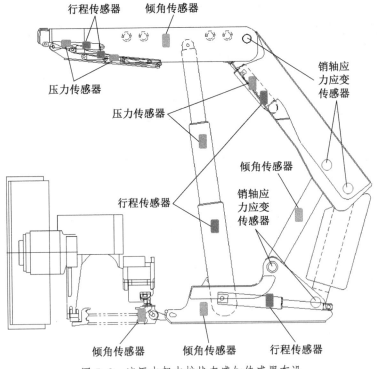

图 5-2　液压支架支护状态感知传感器布设

企业正在研发基于机器视觉的直线度控制系统，即如果工作面内三条直线平行，则三条直线将交汇于工作面之外的某一点，若未能交汇于一点，则可以判断三条直线未处于平行状态。基于机器视觉的非接触式智能感知技术能够较好的解决接触式传感器存在的布设数量多、安装管理困难、运维成本高等问题，但相关技术目前尚不成熟，尚未在液压支架姿态感知领域进行广泛推广应用。

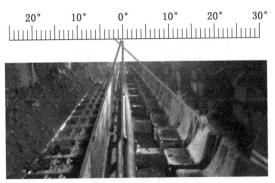

图 5-3　基于机器视觉的直线度监测技术原理

液压支架的支护姿态可以通过在液压支架顶梁、掩护梁或四连杆、底座安装倾角传感器，并根据液压支架的主体结构参数，便可以对液压支架的支护姿态进行解算，另外，可以在液压支架的护帮板增加倾角传感器、接近传感器、压力传感器，对护帮板的支护姿态、行程、压力等进行监测。由于传感器的装配与校对直接影响监测效果，且开采环境的温度、湿度、粉尘等对传感器的精度影响也较大，工程现场经常出现监测值异常、传感器失效等问题。部分学者曾尝试采用机器视觉的方法对液压支架的支护姿态进行解算，但如何在高粉尘、水雾等影响下获取成排液压支架的整体姿态成像信息，以及在工作面推进过程中如何对双目视觉进行标定，将直接影响监测的效果。

目前，我国绝大部分综采工作面主要通过布设矿山压力监测分站的方式对液压支架的立柱压力进行监测，部分矿井采用电液控制系统实现了对整个工作面所有液压支架的立柱压力进行监测，但均未对液压支架的支护姿态进行全面感知，仅仅获取液压支架的立柱压力信息难以对顶板冒顶、液压支架压架等事故进行超前预测、预警或对事故发生后进行原因分析，例如，若液压支架存在低头、高射炮、歪斜等情况，其立柱压力值可能会出现偏大或偏小，此时即使工作面发生正常来压也会导致发生液压支架压架事故。为此，笔者提出了基于液压支架与围岩耦合关系的液压支架支护状态综合感知技术架构，如图5-4所示。

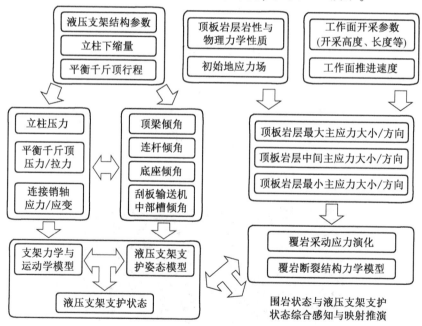

图5-4　围岩与液压支架支护状态综合感知技术架构

　　根据采场上覆岩层的岩性与物理力学性质、初始地应力场、工作面开采技术参数等，可以获取工作面顶板岩层的三向采动应力，并对顶板岩层的断裂结构、失稳过程进行推演；通过对液压支架的自身姿态、立柱压力、平衡千斤顶压力/拉力、连接销轴的应力/应变进行感知，可以建立液压支架的静力学与动力学模型、载荷-姿态模型及运动学模型，从而对液压支架的支护状态进行分析推演；将液压支架的支护状态与顶板岩层的三向采动应力、断裂失稳过程进行综合推演分析，从而为实现液压支架的自适应支护及异常支护工况、顶板灾害的预测、预警提供感知数据支撑。

　　基于上述分析发现，进行液压支架支护状态信息的全面感知是实现液压支架自适应支护及顶板灾害预测、预警的基础，由于综采工作面一般需要布设 100～200 台液压支架，是一个比较庞大的支护系统，现有感知技术难以实现对所有液压支架的压力、姿态等支护状态进行全面感知，液压支架支护状态感知信息不充分，阻碍了综采工作面智能化的发展，基于机器视觉的非接触式感知技术将是解决群组液压支架支护状态信息监测的有效手段。

5.2 基于千斤顶行程驱动的支架支护姿态解算方法

5.2.1 两柱掩护式综采液压支架支护姿态解算方法

5.2.1.1 液压支架支护姿态结构参数模型

　　液压支架支护循环过程包括降架—移架—升架—承载四个阶段，每个阶段均需要对液压支架的立柱千斤顶、平衡千斤顶的行程进行调整，从而使液压支架保持较好的支护姿态。通过对液压支架的结构参数进行分析，发现液压支架的支护姿态与立柱千斤顶行程、平衡千斤顶行程存在单一映射关系。

　　1）液压支架骨架参数模型

　　液压支架的支护姿态、支护高度主要受立柱千斤顶、平衡千斤顶的行程影响，当支护姿态变差时，需要改变立柱千斤顶、平衡千斤顶的行程对液压支架的支护姿态进行调整。液压支架立柱千斤顶、平衡千斤顶的行程具有容易监测、监测值精度较高、不易受到外界因素影响等优点，但基于千斤顶行程的液压支架支护姿态与高度的解析难度较大，尚未有相关研究成果。

　　液压支架的支护姿态可以分为相对姿态与绝对姿态两种，以水平地表平面为基准监测得到的液压支架的倾斜角度、俯仰角、偏航角等称之为液压支架的绝对姿态；以液压支架的底座为基准，监测得到的液压支架顶梁、掩护梁、前后连杆的倾角为液压支架的相对姿态，相对姿态是进行绝对姿态监测的基础，在相对支护姿态监测结果的基础上，对液压支架底座与煤层底板的相对倾角进行监测，便可以获取液压支架的绝对姿态。因此，本文主要研究液压支架相对支护姿态与顶梁前端到底座的垂直支护高度的解析方法。

由于液压支架在生产制造过程中不可避免地存在制造误差与销轴安装间隙等，且液压支架在井下使用过程中还会出现销轴间隙随着时间增大、材料变形等现象，由于销轴间隙、材料变形很难进行预测分析，所以在建模求解过程中按新生产的液压支架进行解算，销轴间隙与材料变形对解算结果影响很小。

目前，我国一次采全高工作面主要采用两柱掩护式液压支架，以聚丰煤业阿贵联办煤矿为例，工作面采用 ZY6000/20/40D 型两柱掩护式液压支架，支护强度为 0.78 MPa，支撑高度变化范围为 2.0~4.0 m，支架中心距为 1.5 m，根据上述液压支架的结构参数对液压支架的支护姿态与高度解析方法进行详细阐述。基于液压支架的主体结构参数，抽取液压支架的骨架参数模型，如图 5-5 所示。

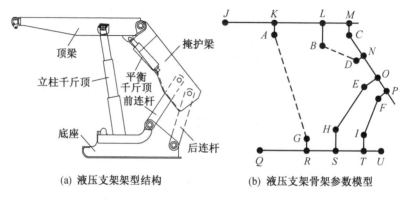

(a) 液压支架架型结构　　　　(b) 液压支架骨架参数模型

图 5-5　ZY6000/20/40D 型液压支架骨架参数模型

为了便于表述，分别对液压支架的骨架模型连接点用字母 $A \sim U$ 进行标识，其中，A 点为立柱千斤顶与顶梁的铰接点；G 点为立柱千斤顶与底座的铰接点；B 点为平衡千斤顶与顶梁的铰接点；D 点为平衡千斤顶与掩护梁的铰接点；C 点为顶梁与掩护梁的铰接点；E 点为掩护梁与前连杆的铰接点；F 点为掩护梁与后连杆的铰接点；H 点为前连杆与底座的铰接点；I 点为后连杆与底座的铰接点；K、L、M 为固定连接点，分别表示立柱千斤顶、平衡千斤顶、掩护梁与顶梁的铰接点到顶梁上表面的垂直投影点；N、O、P 为固定连接点，分别表示平衡千斤顶、前连杆、后连杆与掩护梁的铰接点到掩护梁上表面的垂直投影点；R、S、T 为固定连接点，分别表示立柱千斤顶、前连杆、后连杆与底座的铰接点到底座下表面的垂直投影点；J 点表示顶梁上表面的前端点，Q、U 点表示底座下表面的两个端点。

当液压支架的架型与结构参数确定后，除 AG（立柱千斤顶行程）、BD（平衡千斤顶行程）以外，其余各点之间的距离均为确定值，为了表述方便，采用 $l_1 \sim l_{16}$ 进行表示，见表 5-1。

表 5-1　ZY6000/20/40D 型液压支架骨架标识点之间的距离

序号	长度	符号	长度值/mm
1	AG	l_1	需监测获取
2	AB	l_2	861.5
3	BC	l_3	470.7
4	BD	l_4	需监测获取
5	CD	l_5	1295.7
6	DE	l_6	693.4
7	EF	l_7	480.2
8	CE	l_8	1860.2
9	CF	l_9	2340.2
10	EH	l_{10}	1505
11	FI	l_{11}	1465
12	AC	l_{12}	1133.6
13	BL	l_13	574.2
14	AK	l_{14}	310
15	DN	l_{15}	340
16	KJ	l_{16}	2723

现有液压支架支护姿态监测与解析方法主要通过在液压支架的底座、顶梁、掩护梁或连杆上安装 3～4 个倾角传感器，根据液压支架主体结构件之间的角度关系进行支护姿态求解。通过现场实测发现，由于倾角传感器主要采用加速度原理进行角度感知，当液压支架的支护姿态发生微调时，传感器的监测值会产生较大波动，导致监测误差较大。由于液压支架掩护梁、前后连杆的角度一般均较大，但倾角传感器在倾角大于 60° 后，其监测误差也会明显增大，导致掩护梁、前后连杆的倾角监测值存在较大误差。另外，基于倾角监测结果对液压支架的支护姿态进行解算还存在误差叠加的现象，即监测误差与三角函数求解误差的叠加。

  针对上述问题，笔者提出了基于立柱千斤顶、平衡千斤顶行程监测信息的液压支架骨架参数坐标位置解析方法，即根据液压支架骨架参数模型各标识点之间的距离关系，对液压支架主体结构件铰接点（$A \sim F$）的坐标进行求解，根据各点坐标值解算液压支架的支护姿态。由于立柱千斤顶行程、平衡千斤顶行程的监测值比较稳定，当液压支架支护姿态进行微调时，其监测结果不易发生波动，且受外界因素影响较小；另外，坐标点位置的求解不涉及复杂的三角函数变换，避免了上述误差叠加的影响。

  为了方便解算，以液压支架底座下表面在坐标平面的投影直线为 x 轴，以液压支架最大支护高度（且顶梁与底座平行）时顶梁前端 J 点在 x 轴的投影线为 y 轴，建立 xOy 平面直角坐标系，如图 5-6 所示，各铰接点的坐标参数见表 5-2。

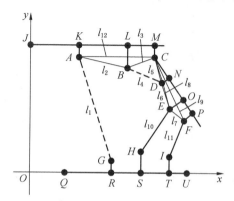

图 5-6 构建坐标系及相对位置关系

表 5-2 液压支架骨架各标识点坐标表示

序号	标识符	坐标
1	A	(x_1, y_1)
2	B	(x_2, y_2)
3	C	(x_3, y_3)
4	D	(x_4, y_4)
5	E	(x_5, y_5)
6	F	(x_6, y_6)
7	G	(g_1, g_2)
8	H	(h_1, h_2)
9	I	(i_1, i_2)

根据上述构建的平面直角坐标系，可以确定液压支架底座各标识点（G、H、I）的坐标值，立柱千斤顶的行程（l_1）、平衡千斤顶的行程（l_4）可以通过行程传感器进行实时感知。根据液压支架的结构参数及运动关系，可以确定 $A \sim F$ 点的坐标取值范围（作为约束条件）。根据液压支架骨架参数模型各标识点的距离关系，由 G 点坐标及立柱千斤顶行程值，可以确定 A 点的坐标范围；由 H、I 点坐标及 EH、FI 的长度关系，可以确定 E、F 点的坐标范围；根据顶梁、掩护梁的结构参数，可以确定顶梁与掩护梁的铰接点 C 至 A、B、D、E、F 各点的长度关系；根据平衡千斤顶的行程（l_4），可以确定 B、D 点的坐标关系，由此构建液压支架各铰接点之间的坐标位置关系方程，如下所示：

$$\begin{cases} (x_1 - g_1)^2 + (y_1 - g_2)^2 = l_1^2 \\ (x_2 - x_1)^2 + (y_2 - y_1)^2 = l_2^2 \\ (x_3 - x_2)^2 + (y_3 - y_2)^2 = l_3^2 \\ (x_4 - x_2)^2 + (y_4 - y_2)^2 = l_4^2 \\ (x_4 - x_3)^2 + (y_4 - y_3)^2 = l_5^2 \\ (x_5 - x_4)^2 + (y_5 - y_4)^2 = l_6^2 \\ (x_6 - x_5)^2 + (y_6 - y_5)^2 = l_7^2 \\ (x_5 - x_3)^2 + (y_5 - y_3)^2 = l_8^2 \\ (x_6 - x_3)^2 + (y_6 - y_3)^2 = l_9^2 \\ (x_5 - h_1)^2 + (y_5 - h_2)^2 = l_{10}^2 \\ (x_6 - i_1)^2 + (y_6 - i_2)^2 = l_{11}^2 \\ (x_3 - x_1)^2 + (y_3 - y_1)^2 = l_{12}^2 \end{cases} \tag{5-1}$$

根据液压支架的结构参数及支撑高度范围，确定 $A \sim F$ 点的横纵坐标取值范围作为方程的约束条件，根据上式便可以求解出立柱千斤顶、平衡千斤顶在行程范围内任意取值时标识点 $A \sim F$ 的唯一坐标值，并由此解算液压支架的支护姿态与支护高度。

2）液压支架支护姿态的数学表达

如图 5-7 所示，对液压支架的顶梁骨架进行独立分析，将平衡千斤顶与顶梁铰接点 B 到顶梁上表面的垂直距离 BL 记为 l_{13}，立柱千斤顶与顶梁铰接点 A 到顶梁上表面的垂直距离 AK 记为 l_{14}，根据液压支架设计要求及各结构件之间的运动关系，一般均存在 $l_{14} < l_{13}$。根据标识点 A、B 的坐标值，可以解出液压支架顶梁相对于底座的倾角（与 x 轴负方向），主要可以分为三种情景。

情景一：顶梁出现"高射炮"。当 A 点的纵坐标大于 B 点的纵坐标，即 $y_1 >$

y_2，且二者的差值大于 $l_{13} - l_{14}$，即 $y_1 - y_2 > l_{13} - l_{14}$，则顶梁相对于底座的倾角为：

$$\alpha = 90° - \arctan \frac{x_2 - x_1}{y_1 - y_2} - \arcsin \frac{l_{13} - l_{14}}{l_2} \qquad (5-2)$$

式中，α 为液压支架顶梁相对于底座的倾角。

情景二：顶梁出现小幅"低头"。当 A 点的纵坐标大于 B 点的纵坐标，即 $y_1 > y_2$，且二者的差值小于 $l_{13} - l_{14}$，即 $y_1 - y_2 < l_{13} - l_{14}$，则顶梁相对于底座的倾角为：

$$\alpha = \arcsin \frac{l_{13} - l_{14}}{l_2} - \arctan \frac{y_1 - y_2}{x_2 - x_1} \qquad (5-3)$$

情景三：顶梁出现大幅"低头"。当 A 点的纵坐标小于 B 点的纵坐标，即 $y_1 < y_2$，此时液压支架顶梁出现大幅低头现象，则顶梁相对于底座的倾角为：

$$\alpha = \arcsin \frac{l_{13} - l_{14}}{l_2} - \arctan \frac{x_2 - x_1}{y_1 - y_2} \qquad (5-4)$$

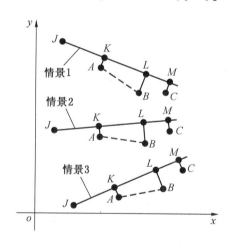

图 5-7　顶梁与底座的相对关系

如图 5-8 所示，对液压支架的掩护梁、连杆、底座骨架分别进行分析，点 D 到掩护梁上表面的垂直距离 DN 记为 l_{15}，根据液压支架参数设计要求及各结构件之间的运动关系，任意时刻 D 点的横坐标均大于 C 点的横坐标，即 $x_4 > x_3$，根据 C、D 点的坐标值，可以得出掩护梁相对于底座的夹角（与 x 轴负方向），如下：

$$\beta = 90° - \left(\arctan \frac{x_4 - x_3}{y_3 - y_4} + \arcsin \frac{l_{15}}{l_5} \right) \qquad (5-5)$$

式中, β 为液压支架顶梁相对于底座的倾角。

由于 S、T 点的坐标为固定值, 根据 E、F 点的坐标值, 可以得出前连杆、后连杆与底座的夹角（与 x 轴正方向）, 如下:

$$\gamma = \arctan \frac{y_5 - h_2}{x_5 - h_1} \tag{5-6}$$

$$\delta = \arctan \frac{y_6 - i_2}{x_6 - i_1} \tag{5-7}$$

式中, γ 为液压支架前连杆相对于底座的倾角, δ 为液压支架后连杆相对于底座的倾角。

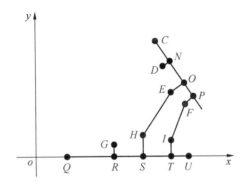

图 5-8　掩护梁、连杆与底座的相对关系

根据 A、K、J 点的坐标值, 可以求出工作面的开采高度, 即顶梁前端 J 点到底座下表面的垂直投影距离, 主要分为两种情景（由 α 进行判断）。

情景一: 顶梁出现"高射炮"。若 $\alpha \geq 0$, 则顶梁前端 J 点到底座下表面的垂直投影距离 H_c 为:

$$H_c = l_{16} \times \sin\alpha + l_{14} \times \cos\alpha + y_1 \tag{5-8}$$

情景二: 顶梁出现"低头"。若 $\alpha < 0$, 则顶梁前端 J 点到底座下表面的垂直投影距离 H_c 为:

$$H_c = y_1 - l_{16} \times \sin\alpha + l_{14} \times \cos\alpha \tag{5-9}$$

由上述分析结果可知, 根据立柱千斤顶行程与平衡千斤顶行程监测结果, 可以解析得出液压支架的支护姿态及顶梁前端至底座的垂直高度。

5.2.1.2　液压支架支护姿态解析方法

基于上述液压支架骨架结构参数解析模型, 通过对立柱千斤顶、平衡千斤顶的行程进行监测, 便可以对液压支架主体构件各铰接点的坐标进行解算, 进而获取液压支架的支护姿态与支护高度。如何对液压支架主体构件各铰接点的坐标方程组进行高效、精准解算，是该方法应用于工程实践的关键。

1）基于牛顿-拉夫逊方法的支护姿态解算

基于液压支架骨架参数模型构建的液压支架各铰接点之间的坐标位置关系方程组为多元多次方程，很难直接获得精确的解析解，为此，采用牛顿-拉夫逊解析方法对上述方程组进行求解。将上述式（5-1）用向量函数 $F(x)$ 进行表示，并用泰勒展开式在 $x^{(k)}$ 点进行展开，为了对方程组的求解过程进行简化，仅取泰勒展开式的线性部分，如下：

$$F(x) = \begin{cases} f_1(x_1, x_2, \cdots, x_{12}) = 0 \\ \qquad\qquad \vdots \\ f_{12}(x_1, x_2, \cdots, x_{12}) = 0 \end{cases} \qquad (5-10)$$

$$F(x) \approx F(x^{(k)}) + f'(x^{(k)})(x - x^{(k)}) \qquad (5-11)$$

其中，$f'(x)$ 为 $F(x)$ 的雅克比矩阵，如下：

$$F'(x) = \begin{pmatrix} \dfrac{\partial f_1(x)}{\partial x_1} & \cdots & \dfrac{\partial f_1(x)}{\partial x_{12}} \\ \vdots & \cdots & \vdots \\ \dfrac{\partial f_{12}(x)}{\partial x_1} & \cdots & \dfrac{\partial f_{12}(x)}{\partial x_{12}} \end{pmatrix} \qquad (5-12)$$

根据液压支架的结构参数及支撑高度范围，可以确定 $A \sim F$ 点的坐标取值区间，作为方程组的约束条件，可以证明上述方程组在该取值区间内收敛，即存在唯一的解析解，迭代求解过程如下：

$$x^{(k+1)} = x^{(k)} - F'(x^{(k)})^{-1} F(x^{(k)}) \qquad (5-13)$$

为了方便获取迭代的初始参数 $x^{(0)}$，可以令图 5-6 所示坐标系中液压支架在最高支护位置时 $A \sim F$ 点的坐标值为初始参数 $x^{(0)}$，根据工作面现场工程实际需求，要求液压支架的支护姿态误差应小于 2°，支护高度误差应小于 0.1 m，因此，可以确定迭代的终止条件 ε，即：

$$\frac{\| x^{(k+1)} - x^{(k)} \|}{x^{(k)}} < \varepsilon \qquad (5-14)$$

为了方便求解，根据上述液压支架支护姿态与高度解析方法，采用 Python 软件开发了液压支架支护姿态解析算法（牛顿-拉夫逊解析方法），以上述 ZY6000/20/40D 型两柱掩护式液压支架为例对算法的可行性及可靠性进行验证。当取立柱千斤顶的行程为 $l_1 = 2975.2$ mm、平衡千斤顶的行程为 $l_4 = 1200.4$ mm 时，上述算法的解析结果见表 5-3。

表5-3　牛顿-拉夫逊方法解析结果

标识符	坐标	初始参数 $x^{(0)}$/mm	真实坐标值/mm	算法解算结果/mm
A	(x_1, y_1)	(2700, 3500)	(2783.2, 3191.7)	(2790.9, 3193.3)
B	(x_2, y_2)	(3300, 3100)	(3616, 2970.8)	(3623.1, 2970.5)
C	(x_3, y_3)	(3600, 3500)	(3907, 3340.7)	(3915.1, 3339.8)
D	(x_4, y_4)	(4000, 2100)	(4548.7, 2215.1)	(4553.9, 2212.6)
E	(x_5, y_5)	(4500, 2000)	(5212.9, 2016)	(5217.7, 2011.8)
F	(x_6, y_6)	(4900, 1500)	(5558.8, 1683)	(5564.9, 1680.1)
G	(g_1, g_2)	(3370, 275)	无须解算	无须解算
H	(h_1, h_2)	(4220, 885)	无须解算	无须解算
I	(i_1, i_2)	(4940, 355)	无须解算	无须解算
α	—	—	低头 3°	低头 3.01°
β	—	—	45°	45.45°
γ	—	—	49°	48.48°
δ	—	—	65°	64.75°
H_c	—	—	3358.8	3359.89

　　通过对解算结果进行对比分析发现，基于牛顿-拉夫逊方法的液压支架支护姿态、支撑高度解算结果与真实坐标值的差异非常小（倾角误差小于 1°，高度误差小于 2 mm），能够满足工程实际需求。

　　2）基于弦割法的支护姿态解算

　　牛顿-拉夫逊方法需要计算方程组的雅克比矩阵 $F'(x)$，为了减少方程组求导，可以将泰勒展开式中的雅克比矩阵 $F'(x)$ 用差商进行代替，即将式（5-11）进行如下改变：

$$F(x) \approx F(x^{(k)}) + \frac{F(x^{(k)}) - F(x^{(k-1)})}{x^{(k)} - x^{(k-1)}}(x - x^{(k)}) \qquad (5-15)$$

　　因此，可以确定基于弦割法的液压支架支护姿态求解过程，如下：

$$x^{(k+1)} = x^{(k)} - \left(\frac{F(x^{(k)}) - F(x^{(k-1)})}{x^{(k)} - x^{(k-1)}}\right)^{-1} F(x^{(k)}) \qquad (5-16)$$

　　采用 Python 软件开发了基于弦割法的液压支架支护姿态与支护高度解算程序，以上述 ZY6000/20/40D 型两柱掩护式液压支架为例对算法的可行性及可靠性进行验证。同样取立柱千斤顶的行程 $l_1 = 2975.2$ mm，平衡千斤顶的行程为 $l_4 = 1200.4$ mm，上述算法的解析结果见表 5-4。

表5-4 弦割法解析结果

标识符	坐标	初始参数 $x^{(0)}$/mm	真实坐标值/mm	算法解算结果/mm
A	(x_1, y_1)	(2700, 3500)	(2783.2, 3191.7)	(2790.9, 3193.3)
B	(x_2, y_2)	(3300, 3100)	(3616, 2970.8)	(3623.1, 2970.5)
C	(x_3, y_3)	(3600, 3500)	(3907, 3340.7)	(3915.0, 3339.8)
D	(x_4, y_4)	(4000, 2100)	(4548.7, 2215.1)	(4553.9, 2212.6)
E	(x_5, y_5)	(4500, 2000)	(5212.9, 2016)	(5217.7, 2011.8)
F	(x_6, y_6)	(4900, 1500)	(5558.8, 1683)	(5564.9, 1680.1)
G	(g_1, g_2)	(3370, 275)	无须解算	无须解算
H	(h_1, h_2)	(4220, 885)	无须解算	无须解算
I	(i_1, i_2)	(4940, 355)	无须解算	无须解算
α	—	—	低头 3°	低头 3.01°
β	—	—	45°	45.45°
γ	—	—	49°	48.48°
δ	—	—	65°	64.75°
H_c			3358.8	3359.89

通过对解算结果进行分析发现，基于弦割法的支护姿态解算结果与基于牛顿-拉夫逊方法的解算结果非常相近，即二者的解算精度基本一样，但解算效率有较大差异，牛顿-拉夫逊方法耗时约 902 ms，而弦割法耗时约 2.26 s。

3）基于布罗伊登法的支护姿态解算

为了避免牛顿-拉夫逊方法中的雅克比矩阵 $F'(x)$ 求导，可以通过构造常数矩阵 A_k 替换雅克比矩阵 $F'(x)$，如下：

$$x^{(k)} = x^{(k-1)} - (A_k)^{-1} F(x^{(k-1)}) \tag{5-17}$$

令 $s^{(k)} = x^{(k)} - x^{(k-1)}$，$y^{(k)} = F(x^{(k)}) - F(x^{(k-1)})$，则可得：

$$A_k s^{(k)} = y^{(k)} \tag{5-18}$$

根据谢尔曼-莫里森定理可以求解上述 A_k 的逆矩阵，如下：

$$A_k^{-1} = A_{k-1}^{-1} + \frac{(s^{(k)} - A_{k-1}^{-1} y^{(k)}) s^{(k)T} A_{k-1}^{-1}}{s^{(k)T} A_{k-1}^{-1} y^{(k)}} \tag{5-19}$$

由此确定其迭代求解过程如下：

$$x^{(k+1)} = x^{(k)} - A_k^{-1} F(x^{(k)}) \tag{5-20}$$

采用 Python 软件进行基于布罗伊登法的液压支架支护姿态与支护高度解算

程序开发，以上述 ZY6000/20/40D 型两柱掩护式液压支架为例对算法的可行性及可靠性进行验证。同样取立柱千斤顶的行程 $l_1 = 2975.2$ mm，平衡千斤顶的行程为 $l_4 = 1200.4$ mm，上述算法的解析结果见表5-5。

表5-5 布罗伊登法解析结果

标识符	坐标	初始参数 $x^{(0)}$ /mm	真实坐标值/mm	解算结果/mm
A	(x_1, y_1)	(2700, 3500)	(2783.2, 3191.7)	(2713.9, 3176.9)
B	(x_2, y_2)	(3300, 3100)	(3616, 2970.8)	(3551.2, 2974.1)
C	(x_3, y_3)	(3600, 3500)	(3907, 3340.7)	(3834.2, 3350.2)
D	(x_4, y_4)	(4000, 2100)	(4548.7, 2215.1)	(4499.9, 2238.6)
E	(x_5, y_5)	(4500, 2000)	(5212.9, 2016)	(5168.2, 2053.8)
F	(x_6, y_6)	(4900, 1500)	(5558.8, 1683)	(5501.5, 1708.1)
G	(g_1, g_2)	(3370, 275)	无须解算	无须解算
H	(h_1, h_2)	(4220, 885)	无须解算	无须解算
I	(i_1, i_2)	(4940, 355)	无须解算	无须解算
α	—	—	低头 3°	低头 4.38°
β	—	—	45°	44.09°
γ	—	—	49°	50.95°
δ	—	—	65°	64.46°
H_c	—	—	3358.8	3278.09

通过对解算结果进行分析发现，基于布罗伊登法的液压支架支护姿态、高度解算误差比基于牛顿-拉夫逊方法、弦割法的解算误差均大，倾角误差近2°，支撑高度误差为 80.97 mm。另外，布罗伊登法的耗时为 3.47 s，也明显大于前述两种方法。

5.2.1.3 液压支架支护姿态解析算法对比分析

为了充分验证上述三种液压支架支护姿态、支护高度解析算法的可行性、可靠性与实用性，以上述 ZY6000/20/40D 型两柱掩护式液压支架为例，采用 ADAMS 模拟软件对不同液压支架的支护姿态进行运动学模拟仿真，选取40组顶梁千斤顶、立柱千斤顶的行程监测结果，分别采用上述三种方法对液压支架的骨架模型进行解算，对比不同算法得出的液压支架支护姿态、高度的解算精度与效率，限于篇幅，仅展示顶梁、掩护梁、前连杆与底座的夹角，以及支架顶梁前端支撑高度和解算效率，见表5-6。

表 5-6　三种方法的解算精度与效率对比

序号	立柱/mm	平衡/mm	真实姿态/(°)	高度/mm	牛顿-拉夫逊方法解算结果			弦割法解算结果			布罗伊登法解算结果		
					真实姿态/(°)	高度/mm	解算效率/ms	真实姿态/(°)	高度/mm	解算效率/s	真实姿态/(°)	高度/mm	解算效率/s
1	3743.7	1241.3	(15,58,61)	4989.7	(14.95,58.4,60.3)	4988.5	813	(14.95,58.4,60.3)	4988.5	2.35	(14.95,58.4,60.3)	4988.4	2.75
2	3453.2	1103.7	(-1,59,61)	3954.2	(-1.07,59.3,60.9)	3951.8	773	(-1.07,59.3,60.9)	3951.8	2.34	(-1.07,59.3,60.9)	3951.8	2.84
3	3453.3	1089	(-2,60,62)	3908.4	(-2.05,60.1,61.5)	3907	753	(-2.05,60.1,61.5)	3907	2.35	(-2.05,60.1,61.5)	3907	2.7
4	3453.3	1073.9	(-3,61,62)	3862.8	(-3.06,61.1,62.1)	3860.8	819	(-3.06,61.1,62.1)	3860.8	2.29	(-3.06,61.1,62.1)	3860.8	2.6
5	3453.3	1058.7	(-4,62,63)	3817.3	(-4.06,62,62.7)	3815.2	856	(-4.06,62,62.7)	3815.2	2.38	(-4.06,62,62.7)	3815.2	2.64
6	3453.2	1043.3	(-5,63,63)	3771.9	(-5.07,63,63.2)	3679.2	872	(-5.07,63,63.2)	3679.2	2.38	(-5.07,63,63.2)	3679.2	2.75
7	3177.4	1010.3	(-14,58,61)	3061.3	(-14.05,58.4,60.3)	3059.9	867	(-14.05,58.4,60.3)	3059.9	2.35	(-14.97,57.5,62.2)	3006.8	3.16
8	3453.2	1133.2	(1,60,78)	4045.9	(0.95,57.6,59.7)	4044.5	795	(0.95,57.6,59.7)	4044.5	2.36	(0,56.7,61.7)	3988.4	3.17
9	3453.3	1147.6	(2,57,59)	4091.9	(1.96,56.9,59.2)	4091.1	796	(1.96,56.9,59.2)	4091.1	2.35	(0.97,55.9,61.1)	4032.7	3.8
10	3453.3	1161.8	(3,56,59)	4137.9	(2.96,56.1,58.6)	4137.2	787	(2.96,56.1,58.6)	4137.2	2.37	(1.94,55.1,60.6)	4076.9	3.15
11	3453.3	1175.8	(4,55,58)	4183.9	(3.96,55.4,58)	4183.2	800	(3.96,55.4,58)	4183.2	2.36	(3.96,55.4,58)	4183.2	4.17
12	3453.3	1189.7	(5,54,58)	4229.9	(4.96,54.7,57.4)	4229.3	861	(4.96,54.7,57.4)	4229.3	2.35	(3.89,53.7,59.5)	4166.2	5.54
13	1553	1456.7	(-1,15,17)	1953.7	(-1.04,14.8,16.8)	1952.7	985	(-1.04,14.8,16.8)	1952.7	2.33	误差极大，数据溢出		

表5-6（续）

序号	立柱/mm	平衡/mm	真实姿态/(°)	高度/mm	牛顿-拉夫逊方法解算结果			弦割法解算结果			布罗伊登法解算结果		
					真实姿态/(°)	高度/mm	解算效率/ms	真实姿态/(°)	高度/mm	解算效率/s	真实姿态/(°)	高度/mm	解算效率/s
14	1553.1	1446.4	(-2,15,17)	1907.5	(-2.04,15.3,17.1)	1906.6	990	(-2.04,15.3,17.1)	1906.6	2.33	误差极大，数据溢出	误差极大，数据溢出	
15	1553.1	1436.1	(-3,15,18)	1861.4	(-3.02,15.7,17.5)	1860.9	964	(-3.02,15.7,17.5)	1860.9	2.35	误差极大，数据溢出	误差极大，数据溢出	
16	1553.1	1425.6	(-4,16,18)	1815.4	(-4.02,16.1,17.8)	1814.9	977	(-4.02,16.1,17.8)	1814.9	2.33	误差极大，数据溢出	误差极大，数据溢出	
17	1553.2	1414.9	(-5,16,18)	1769.5	(-5.03,16.5,18.1)	1769.1	967	(-5.03,16.5,18.1)	1769.1	2.3	误差极大，数据溢出	误差极大，数据溢出	
18	1553	1476.8	(1,14,16)	2046.4	(0.96,14,16.2)	2045.3	957	(0.96,14,16.2)	2045.3	2.29	误差极大，数据溢出	误差极大，数据溢出	
19	1553.1	1486.7	(2,13,16)	2092.8	(1.96,13.6,15.9)	2091.9	973	(1.96,13.6,15.9)	2091.9	2.31	误差极大，数据溢出	误差极大，数据溢出	
20	1553.1	1496.5	(3,13,16)	2139.3	(2.96,13.2,15.6)	2138.3	967	(2.96,13.2,15.6)	2138.3	2.35	误差极大，数据溢出	误差极大，数据溢出	
21	1553.1	1506.1	(4,12,16)	2185.8	(3.96,12.8,15.3)	2184.8	979	(3.96,12.8,15.3)	2184.8	2.36	误差极大，数据溢出	误差极大，数据溢出	
22	1553.1	1515.5	(5,12,15)	2213.5	(4.96,12.3,15.1)	2231.3	984	(4.96,12.3,15.1)	2231.3	2.57	误差极大，数据溢出	误差极大，数据溢出	
23	3168.7	1318.1	(10,44,47)	4165.7	(10,44,46.9)	4167.3	963	(10,44,46.9)	4167.3	2.36	误差极大，数据溢出	误差极大，数据溢出	
24	2975.2	1224.8	(-1,44,47)	3452.9	(-1.01,44.5,47.4)	3454.0	962	(-1.01,44.5,47.4)	3454.0	2.35	误差极大，数据溢出	误差极大，数据溢出	
25	2953.4	1220.5	(-2,44,48)	3378	(-1.72,44.3,47.2)	3398.2	947	(-1.72,44.3,47.2)	3398.2	2.4	误差极大，数据溢出	误差极大，数据溢出	
26	2975.2	1200.4	(-3,45,49)	3378	(-3.01,45.5,48.5)	3359.9	937	(-3.01,45.5,48.5)	3359.9	2.3	误差极大，数据溢出	误差极大，数据溢出	

表5-6（续）

序号	立柱/mm	平衡/mm	牛顿-拉夫逊方法解算结果			弦割法解算结果			布罗伊登法解算结果		
			真实姿态/(°)	高度/mm	解算效率/ms	真实姿态/(°)	高度/mm	解算效率/s	真实姿态/(°)	高度/mm	解算效率/s
27	2975.2	1188.2	(-4,46,49)	3311.8	913	(-4.01,45.9,49.0)	3312.9	2.3	(-5.36,44.6,51.5)	3232.1	3.39
28	2975.2	1175.9	(-5,46,50)	3311.8	787	(-5.01,46.5,49.5)	3265.9	2.31s	(-6.35,45.1,51.9)	3185.8	3.45
29	2975.1	1159	(-6,47,51)	3201.1	839	(-6.38,47.1,50.3)	3201.5	2.26	(-7.7,45.8,52.7)	3122.7	3.43
30	2975.2	1142.1	(-8,48,51)	3137.5	856	(-7.74,47.9,51)	3138	2.33	误差极大，数据溢出		
31	2975.2	1126.8	(-9,48,52)	3080.1	858	(-8.97,48.5,51.7)	3080.6	2.33	误差极大，数据溢出		
32	2666.5	1109.1	(-16,44,47)	2452.5	960	(-15.7,44,46.9)	2453.4	2.3	误差极大，数据溢出		
33	2975.3	1248.8	(1,43,47)	3547.3	952	(0.99,43.6,46.4)	3548.3	2.3	(-0.42,42.2,48.9)	3464.5	3.26
34	2975.2	1260.8	(2,43,46)	3594.1	954	(2,43.1,45.9)	3595.7	2.4	(0.58,41.7,48.4)	3511.5	3.54
35	2975.2	1272.6	(3,42,46)	3641.1	965	(2.99,42.7,45.4)	3642.3	2.38	(1.57,41.2,47.9)	3558.1	3.33
36	2975.2	1284.4	(4,42,45)	3688.1	968	(4,42.2,44.9)	3689.7	2.38	误差极大，数据溢出		
37	2975.2	1296	(5,41,45)	3735	961	(4.99,41.8,44.4)	3736.1	2.37	(3.55,40.3,46.9)	3651.4	3.51
38	2975.2	1316.9	(7,41,44)	3819.6	997	(6.81,41,43.5)	3821.2	2.36	误差极大，数据溢出		
39	2975.2	1340.8	(9,40,43)	3918.3	918	(8.93,40.1,42.5)	3919.9	2.29	误差极大，数据溢出		
40	2975.2	1382	(13,38,41)	4091.5	970	(12.7,38.6,40.7)	4093.1	2.31	误差极大，数据溢出		

通过对上述三种算法的解算精度与效率进行对比分析发现，在液压支架合理的支撑高度区间内（顶梁与底座平行时高度范围为 2~4 m），牛顿-拉夫逊方法与弦割法的解算结果十分相近，且解算过程不受初始参数（$x^{(0)}$）的影响，解算精度非常高，但弦割法的解算效率明显低于牛顿-拉夫逊方法；布罗伊登法解算结果则受初始参数（$x^{(0)}$）影响较大，当初始参数（$x^{(0)}$）与真实坐标值相差较小时，其解算的精度较高，见表 5-6 中序号 1-6 的解算结果；当初始参数（$x^{(0)}$）与真实坐标值相差较大时，其解算结果的误差也较大，甚至出现数据溢出的现象，这主要是由于初始参数（$x^{(0)}$）对构造的常数矩阵 A_k 有较大影响，从而影响了解算结果。

为了分析初始参数（$x^{(0)}$）变化对三种算法的影响，进一步验证算法的可靠性，在液压支架的支护区间内，随机取三套初始参数（$x^{(0)}$），见表 5-7，对液压支架在高位、中位、低位三种比较极端的支护姿态进行解算，对比不同初始参数条件下三种算法对液压支架不同支护姿态的解算精度，如图 5-9 所示。

表 5-7　初始参数及立柱千斤顶、平衡千斤顶行程取值方案

标识点 ＼ 初始参数	$x^{(0-1)}$	$x^{(0-2)}$	$x^{(0-3)}$
A	(2600, 3600)	(2400, 1400)	(2500, 2500)
B	(3400, 3200)	(3300, 1200)	(3400, 2500)
C	(3600, 3400)	(3500, 1500)	(3500, 2900)
D	(4000, 2200)	(4500, 900)	(4100, 1800)
E	(4600, 1900)	(5200, 1000)	(4900, 1600)
F	(5000, 1500)	(5700, 1000)	(5200, 1400)
立柱千斤顶、平衡千斤顶行程取值方案			
l_{1-1}	3743.7	l_{4-1}	1241.3
l_{1-2}	1553.2	l_{4-2}	1414.9
l_{1-3}	2666.5	l_{4-3}	1109.1

通过对不同初始参数条件下三种算法对液压支架不同支护姿态的解算结果进行对比分析发现，牛顿-拉夫逊方法、弦割法在不同初始参数条件下的解算结果非常相近，且解算的精度较高，表现出较好的稳定性与解算精度；布罗伊登法则受初始参数影响较大，当初始参数取 $x^{(0-2)}$、立柱千斤顶行程取 l_{1-1}、平衡千斤顶行程取 l_{4-1} 时，其解算结果发生溢出；当初始参数取 $x^{(0-3)}$、立柱千斤顶行程取 l_{1-1}、平衡千斤顶行程取 l_{4-1} 时，其解算精度明显较差（图 5-9b）；当初始参数取

$x^{(0-1)}$、立柱千斤顶行程取 l_{1-2}、平衡千斤顶行程取 l_{4-2} 时，其解算结果发生溢出；当初始参数取 $x^{(0-3)}$、立柱千斤顶行程取 l_{1-3}、平衡千斤顶行程取 l_{4-3} 时，其解算精度明显较差（图 5-9f）。

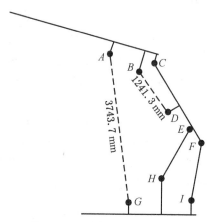

(a) 取 l_{1-1}、l_{4-1} 时液压支架骨架支护姿态

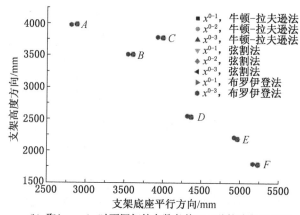

(b) 取 l_{1-1}、l_{4-1} 时不同初始参数条件下三种算法解算结果

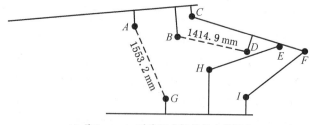

(c) 取 l_{1-2}、l_{4-2} 时液压支架骨架支护姿态

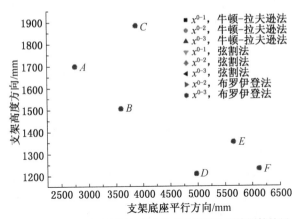

(d) 取l_{1-2}、l_{4-2}时不同初始参数条件下三种算法解算结果

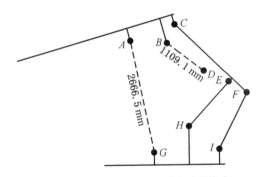

(e) 取l_{1-3}、l_{4-3}时液压支架骨架支护姿态

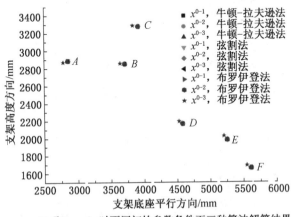

(f) 取l_{1-3}、l_{4-3}时不同初始参数条件下三种算法解算结果

图5-9 不同初始参数条件下三种算法对液压支架不同支护姿态的解算结果

　　通过对上述三种解算方法的稳定性、可靠性、解算精度、解算效率进行综合对比分析发现，牛顿-拉夫逊方法不仅具有较高的解算精度与解算效率，且受初始参数影响较小，只需将液压支架在任意支护姿态的坐标值作为初始参数（$x^{(0)}$），便可以得到精度较高的解算精度，且解算时间小于 1 s，实现秒出结果，因此，最终确定采用牛顿-拉夫逊方法作为液压支架支护姿态、支护高度的解析算法。

5.2.1.4　实测验证

　　为了进一步验证基于立柱千斤顶行程、平衡千斤顶行程驱动的液压支架支护姿态、支护高度解析算法的实践效果，在天地宁夏支护装备公司对 ZY6000/20/40D 型液压支架进行现场实测试验，该支架为新制造的液压支架，通过现场测量标定发现销轴间隙、材料变形等因素对实验结果的影响较小。由于设备车间内光线充足、试验条件较为理想，因此，采用机器视觉方法对液压支架支护姿态、支护高度的真实值进行测量，并辅助人工测量进行标定，保证测量结果的准确性。为了充分验证解析算法的可靠性，进行了多组液压支架支护姿态、支护高度的现场实测实验，受文章篇幅限制，仅列举液压支架三种支护姿态的监测结果，分别编号为 1~3，如图 5-10 所示。

(a) l_1=1929 mm、l_4=1433 mm时液压支架支护姿态(编号1)

(b) l_1=1929 mm、l_4=1535 mm时液压支架支护姿态(编号2)

(c) l_1=1929 mm、l_4=1303 mm时液压支架支护姿态(编号3)

图 5-10　三种液压支架支护姿态现场实测

以 $x^{(0-1)}$ 的取值作为初始参数，采用上述牛顿-拉夫逊方法对三种立柱千斤顶行程、平衡千斤顶行程组合进行解算，液压支架支护姿态、高度的实测结果与解算结果对比如图 5-11 所示。通过分析发现，基于立柱千斤顶行程、平衡千斤顶行程的液压支架支护姿态、高度解算结果与实测结果基本相同，虽然比上述液压支架骨架模型的精度略低（受液压支架销轴间隙、装配误差等影响），但角度误差仍然在 1° 以内，支护高度误差则在 0.1 m 以内，能够满足智能化工作面现场工程实践要求。

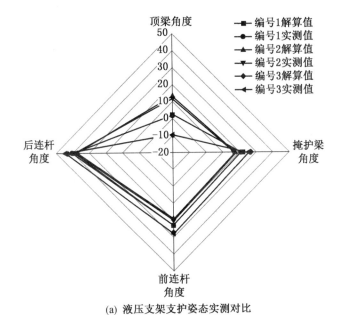

(a) 液压支架支护姿态实测对比

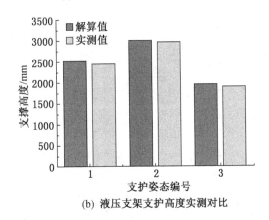

(b) 液压支架支护高度实测对比

图 5-11　液压支架支护姿态、高度实测对比分析

通过上述液压支架骨架模型对比分析及现场实测对比分析发现，基于立柱千斤顶行程、平衡千斤顶行程的液压支架支护姿态、支护高度解析算法具有较高的解算精度、解算效率及稳定性，解算结果能够满足工程现场实际需求，有效解决了基于传统倾角传感器、测高传感器进行液压支架支护姿态、支护高度解算存在的诸多问题。

5.2.2　四柱支撑掩护式综放液压支架支护姿态解算方法

5.2.2.1　四柱支撑掩护式综放液压支架骨架模型

如图 5-12 所示，综放液压支架主要由顶梁、掩护梁、尾梁、四连杆、底座、前立柱、后立柱、尾梁千斤顶等组成。根据采场围岩控制要求确定液压支架的型号及结构参数之后，综放液压支架的支护姿态、支护高度主要受前立柱、后立柱、尾梁千斤顶的行程大小影响，即综放液压支架的支护姿态、支护高度与前立柱行程值、后立柱行程值、尾梁千斤顶行程值存在单一映射关系。

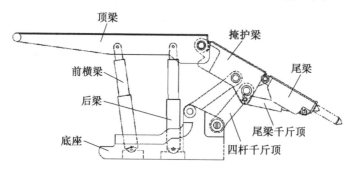

图 5-12　综放液压支架主体结构

液压支架的支护姿态可以分为相对支护姿态与绝对支护姿态。相对支护姿态指液压支架各部件之间的相对位置关系，绝对支护姿态指液压支架各部件相对于地表水平面的位置关系。通过监测液压支架底座与地表水平面的相对位置关系，便可以由液压支架的相对支护姿态变换得出液压支架的绝对支护姿态，因此，本文主要对综放液压支架的相对支护姿态解算方法进行研究。

以液压支架顶梁的上表面为基准面，将前立柱、后立柱与顶梁的铰接点向顶梁的上表面进行垂直投影，并将顶梁与掩护梁的铰接点向顶梁的上表面进行垂直投影；以液压支架掩护梁的上表面为基准面，将四连杆机构、尾梁、尾梁千斤顶与掩护梁的铰接点向掩护梁的上表面进行垂直投影，并将顶梁与掩护梁的铰接点向掩护梁的上表面进行垂直投影；以底座的下表面为基准面，将前立柱、后立柱、四连杆机构与底座的铰接点向底座的下表面进行垂直投影，提取构建四柱支撑掩护式综放液压支架的骨架模型，如图 5-13 所示。

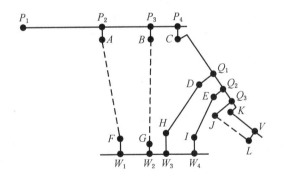

图 5-13　综放液压支架的骨架模型

为了便于表述，分别将液压支架骨架模型的各铰接点用字母进行标识，其中，A 点为前立柱与顶梁的铰接点；B 点为后立柱与顶梁的铰接点；C 点为顶梁与掩护梁的铰接点；D 点为前连杆与掩护梁的铰接点；E 点为后连杆与掩护梁的铰接点；F 点为前立柱与底座的铰接点；G 点为后立柱与底座的铰接点；H 点为前连杆与底座的铰接点；I 点为后连杆与底座的铰接点；J 点为尾梁千斤顶与掩护梁的铰接点；K 点为掩护梁与尾梁的铰接点；L 点为尾梁千斤顶与尾梁的铰接点。

以河南能源化工集团有限公司应用的 ZF10000/23/45D 型四柱支撑掩护式综放液压支架为例，当液压支架的型号、结构参数确定后，液压支架仅存在三个变量，且液压支架的支护高度、支护姿态也仅受这三个变量控制，分别为前立柱行程、后立柱行程、尾梁千斤顶行程。现场测绘 ZF10000/23/45D 型液压支架的主体结构参数，采用上述方法构建液压支架的骨架模型，为便于后续分析计算，以液压支架底座下表面在坐标平面的投影为 x 轴，以液压支架最大支护高度（且顶梁与底座平行）时顶梁前端 P_1 点在 x 轴的投影线为 y 轴，建立 xOy 平面直角坐标系，液压支架骨架模型参数如图 5-14、表 5-8。

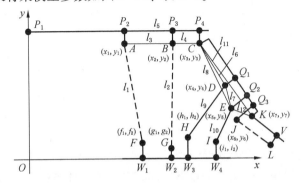

图 5-14　ZF10000/23/45D 型液压支架结构参数与骨架模型

表 5-8　ZF10000/23/45D 型液压支架的骨架模型参数

序号	标识	符号	参数值/mm	序号	标识	符号	参数值/mm
1	AF	l_1	变量	13	JC	l_{13}	2225.8
2	BG	l_2	变量	14	JD	l_{14}	538
3	AB	l_3	1395.8	15	P_3B	l_{15}	238
4	BC	l_4	671.4	16	P_2A	l_{16}	287
5	AC	l_5	2065	17	Q_1D	l_{17}	557.7
6	CD	l_6	1700.8	18	Q_2E	l_{18}	640
7	DE	l_7	399.2	19	JL	l_{19}	变量
8	CE	l_8	2100	20	JK	l_{20}	685.6
9	DH	l_9	1800	21	KL	l_{21}	977.1
10	EI	l_{10}	1700	22	P_1P_2	l_{22}	2545.5
11	KC	l_{11}	2370.6	23	$\angle VKL$	θ	13°
12	KE	l_{12}	584	24	$\angle AP_1P_2$	τ	6°

5.2.2.2　支护姿态与高度解算的数学表达

为了方便对液压支架的支护姿态与支护高度进行解算，做出如下假设：①假设液压支架各部件之间的铰接点为刚性铰接，即忽略销轴与销孔装配间隙对液压支架支护姿态的影响；②假设液压支架在支护过程中未发生明显变形，即忽略液压支架材料变形对支护姿态的影响。

现有解算方法主要通过倾角传感器对顶梁、掩护梁或四连杆、底座、尾梁的角度进行监测，根据各部件之间的角度关系进行液压支架的姿态解算，求解过程需要进行大量的三角函数计算，累积误差较大。部分学者曾尝试基于液压支架各结构件之间的运动几何关系，构建液压支架的运动学关系模型，从而对液压支架的支护姿态进行求解，但由于运动关系方程的个数小于未知参数的个数，很难得出有效的解析解。

根据上述液压支架的骨架模型及几何参数运动关系，论文提出了基于液压支架各铰接点坐标位置关系的液压支架支护姿态、支护高度解算方法，即根据液压支架骨架模型各铰接点坐标之间的距离关系构建方程组，通过计算骨架模型各铰接点的坐标值来确定液压支架的支护姿态与支护高度。该方法不仅减少了传感器的数量，而且避免了三角函数求解带来的累积计算误差。根据 ZF10000/23/45D 型液压支架骨架模型各铰接点坐标的距离关系，构建了各铰接点的坐标位置关系方程如下：

$$
\begin{cases}
(x_1 - f_1)^2 + (y_1 - f_2)^2 = l_1^2 \\
(x_2 - g_1)^2 + (y_2 - g_2)^2 = l_2^2 \\
(x_1 - x_2)^2 + (y_1 - y_2)^2 = l_3^2 \\
(x_2 - x_3)^2 + (y_2 - y_3)^2 = l_4^2 \\
(x_1 - x_3)^2 + (y_1 - y_3)^2 = l_5^2 \\
(x_3 - x_4)^2 + (y_3 - y_4)^2 = l_6^2 \\
(x_4 - x_5)^2 + (y_4 - y_5)^2 = l_7^2 \\
(x_3 - x_5)^2 + (y_3 - y_5)^2 = l_8^2 \\
(x_4 - h_1)^2 + (y_4 - h_2)^2 = l_9^2 \\
(x_5 - i_1)^2 + (y_5 - i_2)^2 = l_{10}^2 \\
(x_7 - x_3)^2 + (y_7 - y_3)^2 = l_{11}^2 \\
(x_7 - x_5)^2 + (y_7 - y_5)^2 = l_{12}^2 \\
(x_6 - x_3)^2 + (y_6 - y_3)^2 = l_{13}^2 \\
(x_6 - x_4)^2 + (y_6 - y_4)^2 = l_{14}^2
\end{cases}
\tag{5-21}
$$

式中，(x_1, y_1)，(x_2, y_2)，……，(x_7, y_7)，分别为 A、B、C、D、E、J、K 点的坐标值，坐标值随前立柱、后立柱的行程变化而变化；(f_1, f_2)，(g_1, g_2)，(h_1, h_2)，(i_1, i_2)，分别为 F、G、H、I 点的坐标值，为已知固定值。

根据现场监测结果，将前立柱行程值(l_1)、后立柱行程值(l_2)代入式（5-21），则可以求解得出 A、B、C、D、E、J、K 点的坐标值。

对液压支架的顶梁骨架模型进行独立分析，根据液压支架结构设计需求，液压支架前立柱、后立柱与顶梁铰接点到顶梁上表面的垂直距离可能存在以下两种情况，如图 5-15 所示。

（1）若 $l_{16} \geq l_{15}$，液压支架的顶梁状态可以分为如下三种情况，如图 5-15a 所示。

①A 点的纵坐标值不小于 B 点的纵坐标值（$y_1 \geq y_2$），此时液压支架的顶梁呈现大幅"高射炮"状态，则根据坐标点之间的几何关系确定顶梁相对于底座的倾角 α：

$$
\alpha = \arctan \frac{y_1 - y_2}{x_2 - x_1} + \arcsin \frac{l_{16} - l_{15}}{l_3}
\tag{5-22}
$$

②A 点的纵坐标值小于 B 点的纵坐标值（$y_1 < y_2$），且 $y_1 - y_2 \leq l_{16} - l_{15}$，此时液压支架的顶梁呈现轻微"高射炮"状态，或者顶梁与底座呈现平行状态，确定顶梁相对于底座的倾角 α：

$$\alpha = \arcsin \frac{l_{16} - l_{15}}{l_3} - \arctan \frac{y_2 - y_1}{x_2 - x_1} \qquad (5-23)$$

③A 点的纵坐标值小于 B 点的纵坐标值（$y_1 < y_2$），且 $y_1 - y_2 > l_{16} - l_{15}$，此时液压支架的顶梁呈现"低头"状态，确定顶梁相对于底座的倾角 α：

$$\alpha = 90° - \arctan \frac{x_2 - x_1}{y_2 - y_1} - \arcsin \frac{l_{16} - l_{15}}{l_3} \qquad (5-24)$$

（2）若 $l_{16} < l_{15}$，则液压支架的顶梁状态可以分为如下三种情况，如图 5-15b 所示。

①A 点的纵坐标值大于 B 点的纵坐标值（$y_1 > y_2$），且 $y_1 - y_2 \geqslant l_{15} - l_{16}$，此时液压支架的顶梁呈现"高射炮"状态，或者顶梁与底座呈现平行状态，则根据坐标点之间的几何关系确定顶梁相对于底座的倾角 α：

$$\alpha = 90° - \arctan \frac{x_2 - x_1}{y_1 - y_2} - \arcsin \frac{l_{15} - l_{16}}{l_3} \qquad (5-25)$$

②A 点的纵坐标值大于 B 点的纵坐标值（$y_1 > y_2$），且 $y_1 - y_2 < l_{15} - l_{16}$，此时液压支架的顶梁呈现轻微"低头"状态，确定顶梁相对于底座的倾角 α：

$$\alpha = \arcsin \frac{l_{15} - l_{16}}{l_3} - \arctan \frac{y_1 - y_2}{x_2 - x_1} \qquad (5-26)$$

③A 点的纵坐标值不大于 B 点的纵坐标值（$y_1 \leqslant y_2$），此时液压支架的顶梁呈现"低头"状态，确定顶梁相对于底座的倾角 α：

$$\alpha = \arctan \frac{y_2 - y_1}{x_2 - x_1} + \arcsin \frac{l_{15} - l_{16}}{l_3} \qquad (5-27)$$

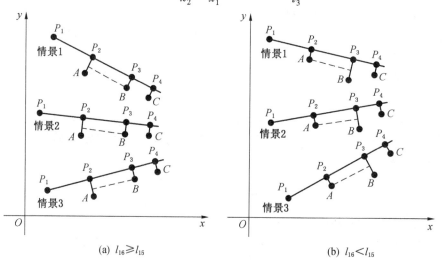

(a) $l_{16} \geqslant l_{15}$ (b) $l_{16} < l_{15}$

图 5-15 液压支架顶梁不同支护状态

将液压支架的掩护梁、四连杆、底座、尾梁骨架模型进行联合分析，如图 5-16 所示。根据 D、E 点的坐标值可以解算出掩护梁与 x 轴负方向夹角 β 的表达式；根据 D、H 点的坐标可以解算出前连杆与 x 轴正方向夹角 γ 的表达式；根据 E、I 点的坐标值可以解算出后连杆与 x 轴正方向夹角 δ 的表达式，如下：

$$\begin{cases} \beta = 90° - \left(\arctan \dfrac{x_5 - x_4}{y_4 - y_5} + \arcsin \dfrac{l_{17} - l_{18}}{l_7} \right) \\[3mm] \gamma = \arctan \dfrac{y_4 - h_2}{x_4 - h_1} \\[3mm] \delta = \arctan \dfrac{y_5 - i_2}{x_5 - i_1} \end{cases} \tag{5-28}$$

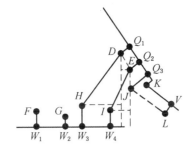

图 5-16　掩护梁、四连杆与底座的骨架模型

通过式（5-21）可以求解得出 J、K 点的坐标值，尾梁千斤顶的行程 l_{19} 可以通过现场实测获得，由此可计算尾梁与 x 轴负方向夹角 φ 的表达式，如下：

$$\varphi = 90 - \left(\theta + \arccos \frac{l_{20}^2 + l_{21}^2 - l_{19}^2}{2 \cdot l_{20} \cdot l_{21}} - \arctan \frac{x_7 - x_6}{y_7 - y_6} \right) \tag{5-29}$$

根据 P_1、P_2、A 点的坐标值，可以对液压支架顶梁前端的支护高度（H_c）进行解算，即顶梁前端 P_1 点到底座下表面的垂直投影距离，主要分为三种情景：

（1）顶梁出现"高射炮"状态或顶梁与底座处于平行状态（$\alpha \geqslant 0$）：

$$H_c = l_{22} \times \sin\alpha + l_{16} \times \cos\alpha + y_1 \tag{5-30}$$

（2）顶梁出现"低头"状态（$\alpha < 0$），且 $|\alpha| \leqslant \tau$：

$$H_c = y_1 - l_{22} \times \sin(-\alpha) + l_{16} \times \cos\tau \tag{5-31}$$

（3）顶梁出现"低头"状态（$\alpha < 0$），且 $|\alpha| > \tau$：

$$H_c = y_1 - l_{16}/\sin(-\alpha) \times \sin(-\alpha - \tau) \tag{5-32}$$

由上述分析可知，根据前立柱、后立柱的行程值及液压支架的几何结构关系，便可以求解得出液压支架各铰接点的坐标值；根据尾梁千斤顶行程值及液压支架的几何结构关系，便可以得到液压支架支护姿态、支护高度的数学表达。

5.2.2.3　基于牛顿-拉夫逊方法进行解算

基于液压支架的前立柱行程、后立柱行程、尾梁千斤顶行程及几何关系得出了液压支架支护姿态与支护高度的数学表达，但很难对液压支架各铰接点的坐标值进行多元多次方程组求解，为此，采用牛顿-拉夫逊方法进行解算。将上述式（5-21）用向量函数 $F(x)$ 进行表示，并用泰勒展开式在 $x^{(k)}$ 点进行展开，为了对方程组的求解过程进行简化，仅取泰勒展开式的线性部分，如下：

$$F(x) = \begin{cases} f_1(x_1,\ x_2,\ \cdots,\ x_{12}) = 0 \\ \qquad\qquad \vdots \\ f_{12}(x_1,\ x_2,\ \cdots,\ x_{12}) = 0 \end{cases} \tag{5-33}$$

$$F(x) \approx F(x^{(k)}) + F'(x^{(k)})(x - x^{(k)}) \tag{5-34}$$

其中，$F'(x)$ 为 $F(x)$ 的雅克比矩阵，如下：

$$F'(x) = \begin{pmatrix} \dfrac{\partial f_1(x)}{\partial x_1} & \cdots & \dfrac{\partial f_1(x)}{\partial x_{12}} \\ \vdots & \cdots & \vdots \\ \dfrac{\partial f_{12}(x)}{\partial x_1} & \cdots & \dfrac{\partial f_{12}(x)}{\partial x_{12}} \end{pmatrix} \tag{5-35}$$

根据液压支架的结构参数及支撑高度范围，可以确定 A、B、C、D、E、J、K 点的坐标值取值区间，作为方程组的约束条件，可以证明上述方程组在该区间内收敛，即存在唯一的解析解，迭代求解过程如下：

$$x^{(k+1)} = x^{(k)} - F'(x^{(k)})^{-1}F(x^{(k)}) \tag{5-36}$$

为了方便获取迭代的初始参数 $x^{(0)}$，可以令上述图 5-14 所示坐标系中液压支架在最高支护位置时所求各坐标点的坐标值为初始参数 $x^{(0)}$，根据工作面现场围岩支护实际需求，要求液压支架的支护姿态误差应小于 2°，支护高度误差应小于 0.1 m，因此，可以确定迭代的终止条件 ε，即：

$$\frac{\|x^{(k+1)} - x^{(k)}\|}{x^{(k)}} < \varepsilon \tag{5-37}$$

为了便于对液压支架的支护姿态、支护高度进行求解，采用 Python 软件开发了基于牛顿-拉夫逊方法的综放液压支架支护姿态与支护高度求解算法，并对 ZF10000/23/45D 型液压支架进行了解算验证，分析液压支架支护姿态、支护高度的解算精度与解算速度。调整液压支架的前立柱行程值为 1837 mm，后立柱行程值为 1811.7 mm，尾梁千斤顶行程值为 873.7 mm，液压支架骨架模型的真实状态如图 5-17 所示，解算结果见表 5-9。

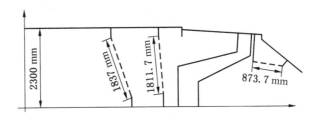

图 5-17　液压支架实际支护姿态

表 5-9　牛顿-拉夫逊方法解算结果

标识符	坐标	初始参数 $x^{(0)}$	真实值	解算结果
A	(x_1, y_1)	(2545, 3913)	(2545.5, 2012.1)	(2572.3, 2013.7)
B	(x_2, y_2)	(3940, 3962)	(3940.4, 2061.9)	(3967.2, 2062.1)
C	(x_3, y_3)	(4610, 3920)	(4610.5, 2018.8)	(4637.3, 2019.3)
D	(x_4, y_4)	(5640, 2565)	(6248.1, 1559.4)	(6273.2, 1554.3)
E	(x_5, y_5)	(5881, 2248)	(6632.3, 1451.3)	(6657.2, 1445.1)
J	(x_6, y_6)	(5848, 2070)	(6713.3, 1289.3)	(6737.6, 1282.6)
K	(x_7, y_7)	(6441, 2414)	(6979.1, 1921.3)	(7005.5, 1914)
F	(f_1, f_2)	(3165, 275)	已知固定值	
G	(g_1, g_2)	(4095, 255)	已知固定值	
H	(h_1, h_2)	(4515, 1160)	已知固定值	
I	(i_1, i_2)	(5115, 730)	已知固定值	
α	—	—	0°	0.02°
β	—	—	4°	3.97°
γ	—	—	13°	12.36°
δ	—	—	25°	24.88°
φ	—	—	39°	39.58°
H_c	—	—	2300	2301.6
解算耗时 T/s				0.89

　　通过对解算结果进行分析发现，液压支架支护姿态解算结果与骨架模型测量值最大相差仅 $0.58°$，支护高度解算结果与骨架模型的测量值仅相差 1.6 mm，解算过程耗时仅 0.89 s，说明上述求解算法的精度和效率均较高，能够满足工程现场的求解精度要求。

5.2.2.4　现场实测分析

　　为了验证上述综放液压支架支护姿态、支护高度解算方法的鲁棒性与可靠性，同时测试液压支架销孔与销轴配合间隙对解算结果的影响，在宁夏天地支护有限公司制造车间对 ZF10000/23/45D 型液压支架的支护姿态、支护高度进行了现场实测分析。调整液压支架前立柱、后立柱、尾梁千斤顶的行程值，使液压支架分别处于顶梁与底座基本平行状态、顶梁处于"高射炮"状态、顶梁处于"低头"状态，如图 5-18 所示。

(a) 顶梁与底座基本平行状态(l_1=2305 mm, l_2=2335 mm, l_{19}=1009 mm)

(b) 液压支架处于"高射炮"状态(l_1=2550 mm, l_2=2285 mm, l_{19}=956 mm)

(c) 液压支架处于"低头"状态(l_1=2100 mm, l_2=2298 mm, l_{19}=1001 mm)

图 5-18　液压支架不同支护状态现场实测

采用外置拉线传感器对液压支架的前立柱行程值、后立柱行程值、尾梁千斤顶行程值进行测量，并采用上述液压支架支护姿态、支护高度解算方法对液压支架的支护状态进行解算。采用角度测量仪对顶梁、掩护梁、前连杆、后连杆、尾梁相对于底座的角度进行测量，采用激光测距仪对顶梁前端到底座下表面的垂直距离进行测量，理论解算值与现场实测值如图 5-19 所示。

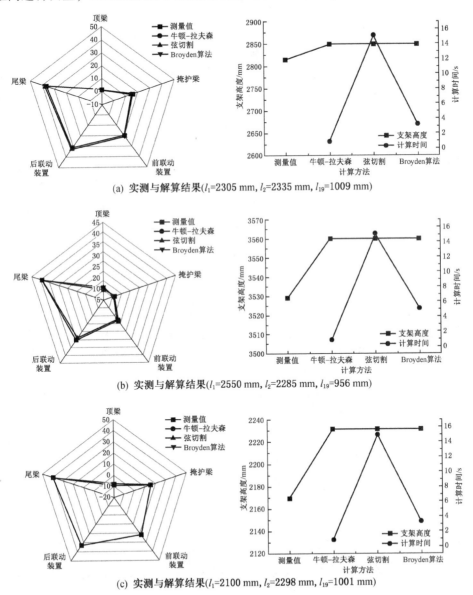

(a) 实测与解算结果(l_1=2305 mm, l_2=2335 mm, l_{19}=1009 mm)

(b) 实测与解算结果(l_1=2550 mm, l_2=2285 mm, l_{19}=956 mm)

(c) 实测与解算结果(l_1=2100 mm, l_2=2298 mm, l_{19}=1001 mm)

图 5-19　液压支架不同支护状态解算结果

通过对解算结果进行分析发现，牛顿-拉夫逊方法对液压支架支护姿态、支护高度的解算精度较高，能够满足工程现场对解算速度的要求，表现出了较好的鲁棒性和稳定性。

5.3　基于时间序列模型的支架载荷智能预测方法

5.3.1　支架载荷特征分解及可预测性分析

随着工作面的持续推进，液压支架不断进行降架、移架、升架等循环操作，液压支架载荷呈现出卸压、增阻、恒阻等循环加卸载特征，并且当工作面推进至不同位置时，液压支架载荷的大小、变化规律等均呈现出一定的差异性，具有明显的时间效应，因此，可将液压支架载荷视为一种随着时间推移而动态循环变化的时间序列数据。

目前，关于时间序列数据分析预测方法主要可分为两大类：①基于统计学原理的时间序列模型；②采用机器学习、深度学习（RNN、LSTM）等智能算法进行时间序列建模分析。由于工作面开采初期液压支架载荷监测样本数量较少，机器学习、深度学习等智能算法对小样本数据的处理效果一般较差，所以笔者采用基于统计分析的时间序列模型对小样本情况下液压支架的载荷数据进行分析预测。

以中煤新集口孜东煤矿超长工作面开采实践为工程背景，121304 工作面开采 13^{-1} 号煤层，煤层厚度为 2.2~6.66 m，工作面最大长度 350 m，走向长度约 1000 m，工作面采用 ZZ13000/27/60D 型四柱支撑掩护式液压支架，立柱安全阀开启压力为 33 MPa，采用 KJ216 型矿压监测系统对支架前立柱的压力进行实时在线监测，取工作面中部 90 号液压支架回采两天的支架压力监测数据，监测期间工作面共计割煤 10 刀，为了便于分析，对液压支架载荷监测样本进行数据预处理，处理后的样本数据如图 5-20 所示。

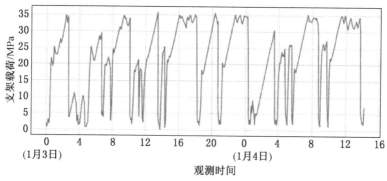

图 5-20　液压支架载荷实测数据

　　通过对液压支架载荷实测数据进行分析发现，液压支架载荷呈现出明显的增阻、恒阻、卸压周期性变化，但每一个循环周期的长度、液压支架载荷值等均具有一定的差异性。样本数据预处理后液压支架的平均循环周期约为 37 个数据点，样本数据在 0~35.4 MPa 范围内波动，并且在移架、初撑期间样本数据的波动量较大，但总体呈现出一定的规律性，具有明显的时间序列数据特征。

　　由于液压支架载荷具有循环周期变化的特点，基于统计学理论与数据挖掘方法对液压支架载荷的数据特征进行分解，分别提取样本数据的趋势项、循环项与残差项，如图 5-21 所示。

　　通过对液压支架载荷数据进行特征分解发现，样本数据的趋势项呈现明显的振荡变化特点，具有一定的趋势性变化规律。提取的样本数据周期项具有明显的周期性变化特征，共计提取出 10 个周期变化过程，每个周期变化过程均有明显的数据升高、波动、下降过程，与液压支架的增阻、恒阻、卸压过程类似，提取的 10 个循环周期对应工作面现场割煤 10 刀，即提取的循环周期变化特征能够与支架循环作业过程进行较好地吻合。特征分解后样本数据的残差项基本围绕零值进行上下波动，符合白噪声的特点，但残差项的数值比较大，说明数据的随机性波动比较明显。基于液压支架载荷数据特征分解结果可知，液压支架载荷数据具有较强的时间序列特征，可采用时间序列模型进行超前预测分析。

　　目前，基于统计学原理的时间序列模型预测方法主要有滑动窗口预测法、指数平滑法、自回归预测法等，由于滑动窗口法与单指数平滑法差异不大，且双指数平滑法、三指数平滑法与自回归移动平均模型（ARIMA）法、季节性差分自回归滑动平均模型（SARIMA）法比较类似，因此，主要讨论滑动窗口方法、ARIMA 方法、SARIMA 方法对液压支架载荷分析预测的效果。

5.3.2　基于滑动窗口的支架载荷分析预测

　　滑动窗口方法是利用历史监测值的均值或加权平均值对当前时刻或未来某一时刻的监测值进行预测，其原理如下：

$$\tilde{y}_t = \frac{1}{k} \sum_{n=0}^{k-1} y_{t-n} \tag{5-38}$$

$$\tilde{y}_t = \sum_{n=1}^{k} \omega_n y_{t-n} \tag{5-39}$$

其中，式（5-38）为采用滑动窗口范围内监测值的均值作为下一时刻的预测值；式（5-39）为以滑动窗口范围内监测值的加权平均值作为下一时刻的预测值，$\tilde{y}_t$ 为下一时刻的预测值；k 为滑动窗口范围；ω_n 为滑动窗口范围内第 n 个监测值的权重；y_{t-n} 为滑动窗口范围内第 $t-n$ 个值的实际监测值。

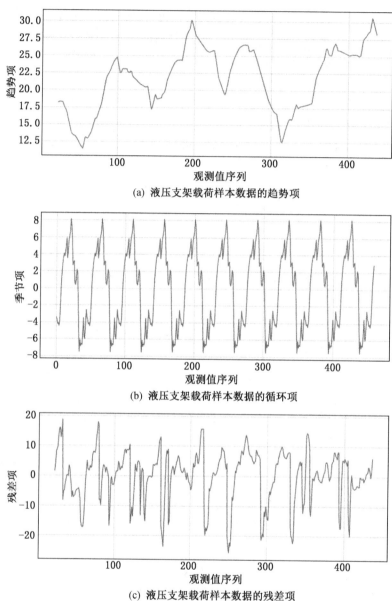

(a) 液压支架载荷样本数据的趋势项

(b) 液压支架载荷样本数据的循环项

(c) 液压支架载荷样本数据的残差项

图 5-21 液压支架载荷样本数据的特征分解

基于上述液压支架载荷监测样本数据，以前 400 个数据作为训练数据，以最后 60 个数据作为验证数据，采用 Python 软件建立基于滑动窗口的支架载荷预测模型，分析滑动窗口不同取值条件下，采用均值法、加权平均值法的单点预测与多点预测效果。其中，单点预测是指根据历史滑动窗口数据仅对当前值后续一个时刻的监测值进行预测，而多点预测是指根据历史滑动窗口数据对未来连续多个时刻的监测值进行预测，不同数据模型预测效果对比分析如图 5-22 所示。

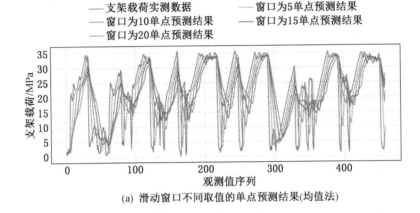

(a) 滑动窗口不同取值的单点预测结果(均值法)

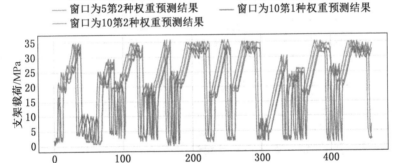

(b) 滑动窗口不同取值的单点预测结果(加权平均值法)

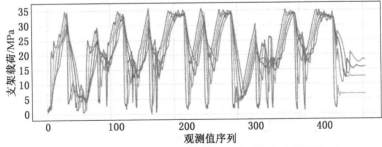

(c) 滑动窗口不同取值的多点预测结果(均值法)

图 5-22　基于滑动窗口方法的液压支架载荷预测效果

通过对图 5-22 进行分析发现，采用基于均值法或加权平均值法滑动窗口预测方法的单点预测效果均较好，与实际监测值相差不大，并且预测曲线均随着滑动窗口取值的增大而逐渐趋于平滑，即对峰值点或突变点的预测效果变差；采用加权平均值法的预测效果要明显优于均值法，但预测结果仍然呈现出一定的滞后性，且滑动窗口取值越大，其滞后性越明显。图 5-22b 中滑动窗口取值为 5 的权重分别为（[0.7, 0.1, 0.1, 0.05, 0.05]；[0.5, 0.2, 0.1, 0.1, 0.05]），滑动窗口取值为 10 的权重值分别为（[0.7, 0.05, 0.05, 0.0325, 0.025, 0.025, 0.025, 0.0125, 0.0125, 0.0125]；[0.5, 0.1, 0.1, 0.1, 0.05, 0.05, 0.025, 0.025, 0.025, 0.025]），滑动窗口取值相同情况下，近期观测值的权重越大，其预测效果越好，即单点预测效果与近期实测值的依赖性较强。图 5-22c 中采用不同滑动窗口取值对样本数据未来 37 个点（约为液压支架一个循环支护过程）进行了预测，如图 5-22c 中曲线的最右侧部分，滑动窗口取值为 5 时，其短期预测效果比较理想，但随着预测时间范围的增大，其预测效果迅速下降，其他滑动窗口取值的长期预测效果同样不理想。

通过对基于滑动窗口的液压支架载荷预测方法进行分析发现，该方法对于支架载荷的短期预测效果较好，但滑动窗口的取值不宜过大，加权平均值法明显优于均值法。由于滑动窗口预测方法对近期监测数据的依赖性较大，不能对数据的趋势进行超前判断，所以很难对液压支架载荷变化的中长期规律进行预测。仅对液压支架的短期载荷（少于一个支架循环作业周期）进行预测，在实际工程应用中具有较大的局限性。

5.3.3　基于自回归模型的支架载荷分析预测

5.3.3.1　液压支架载荷数据平稳性分析

自回归预测方法可以通过对历史监测数据的趋势项、季节项、噪声项等进行分离，建立历史监测数据与当前时刻、未来时刻数据的相关关系，实现利用自身历史数据对未来数据进行自回归预测分析。由于液压支架载荷的数据特征较少，一般仅有立柱的压力监测值，并且立柱压力随着液压支架推移与顶板岩层的断裂失稳而呈现出循环动态变化特征，比较适宜采用自回归模型进行单变量的预测分析。

自回归模型要求历史数据与当前数据具有较强的自相关性（自相关系数应不小于 0.5），其数据建模原理如下：

$$y_t = \mu + \sum_{k=1}^{p} \gamma_k y_{t-k} + \epsilon_t \tag{5-40}$$

式中，y_t 为当前值，μ 为常数项，p 为阶数，γ_k 为自相关系数，ϵ_t 为误差项，y_{t-k} 为当前 t 时刻之前 $t-k$ 时刻的历史监测值。

当前时刻监测值与历史某时刻监测值的相关性可采用自相关函数进行计算：

$$\gamma_k = \frac{Cov(y_t, \ y_{t-k})}{Var(y_t)} \qquad (5-41)$$

式中，γ_k 为 k 时刻的观测值与当前观测值的相关系数，y_t 为当前值，y_{t-k} 为当前 t 时刻之前 $t-i$ 时刻的历史观测值。

自回归模型要求时间序列数据具有平稳性，即均值与方差不随时间推移而改变。采用单位根检验方法（ADF）对液压支架载荷的样本数据进行平稳性检验，计算结果见表 5-10。

表5-10　液压支架载荷数据平稳性检验结果（ADF）

T检验结果	P值	99%置信区间检验值	95%置信区间检验值	90%置信区间检验值
−6.5411	9.34e−9	−3.4447	−2.8678	−2.5701

由表 5-10 可知，经过数据预处理后，液压支架载荷样本数据的 P 值计算结果趋于 0，且 T 检验结果明显小于 99%、95%、90% 置信区间的检验值，即表明数据是平稳的。采用自相关函数（ACF）与偏自相关函数（PACF）对数据的平稳性与自相关性进行分析（图 5-23），图中阴影部分为置信区间的范围。

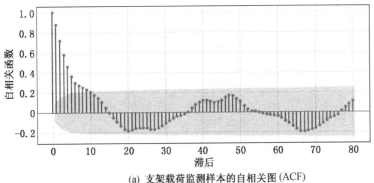

(a) 支架载荷监测样本的自相关图（ACF）

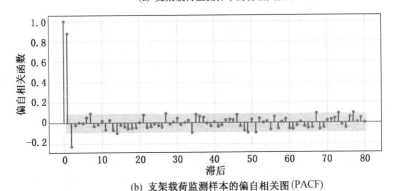

(b) 支架载荷监测样本的偏自相关图（PACF）

图 5-23　支架载荷监测样本的自相关与偏自相关图

据图 5-23 可知，液压支架载荷样本数据的自相关系数与偏自相关系数均呈现缓慢下降并趋于平缓（在零值附近波动）的现象，其中自相关系数在置信区间内（图 5-23a 中阴影部分）呈现类似周期循环波动的现象，但存在很多明显滞后的点（图 5-23a 中阴影部分之外的点）；其偏自相关系数在置信区间内（图 5-23b 中阴影部分）也呈现出上下波动的现象，但周期性不是十分明显。结合图 5-20 中液压支架载荷实测数据进行分析发现，虽然液压支架在循环作业过程中经历降架—移架—升架—承载的周期性操作，但受顶板岩层断裂失稳、工作面推进速度、液压支架接顶效果、工人操作习惯等因素的影响，液压支架每个循环周期内的载荷变化规律仍然会呈现出较大的差异性，且每个循环作业周期的大小也不同。因此，液压支架载荷周期变化规律与传统时间序列模型的季节性因素比较相似，但并不完全一样，即季节的长度、季节内样本值的变化幅度均较大。

由于液压支架每个循环作业周期受多种因素影响，其循环周期的长短、载荷变化规律极易呈现出较大的差异，因此，分别采用 ARIMA 模型（不考虑循环周期影响）与 SARIMA 模型（考虑循环周期影响）对液压支架的载荷样本数据进行数据处理、分析与预测。

虽然液压支架载荷监测样本已满足平稳性检验，但其 ACF 与 PACF（图 5-23）中仍然存在较多的滞后点，因此，对液压支架载荷样本数据进行一阶差分，减少滞后点的数量，使其自相关系数与偏自相关系数快速降至置信区间范围内。针对液压支架载荷样本数据的季节性特点，根据图 5-21b 中提取的循环周期特征，初步确定循环周期为 37 个监测值，并对数据进行季节性差分处理，得到液压支架载荷样本的平稳时间序列数据。

分别采用单位根检验方法对处理后的数据进行平稳性检验，计算结果见表 5-11，数据处理后的自相关系数、偏自相关系数如图 5-24 所示。

表 5-11　样本数据处理后的平稳性检验结果（ADF）

项目	T 检验结果	P 值	99% 置信区间检验值	95% 置信区间检验值	90% 置信区间检验值
原始数据	-6.5411	9.34×10^{-9}	-3.4447	-2.8678	-2.5701
仅做一阶差分	-11.0571	4.9×10^{-20}	-3.4470	-2.8689	-2.5707
季节性差分	-10.8716	1.3×10^{-19}	-3.4488	-2.8696	-2.5711

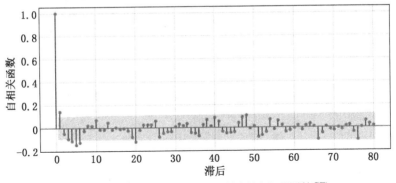

(a) 仅做一阶差分后监测样本的自相关图(ACF)

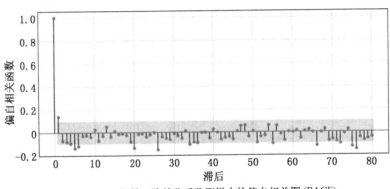

(b) 仅做一阶差分后监测样本的偏自相关图(PACF)

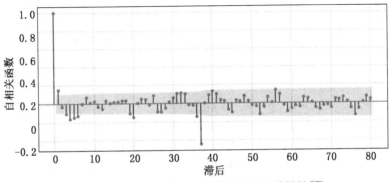

(c) 进行季节差分后监测样本的自相关图(ACF)

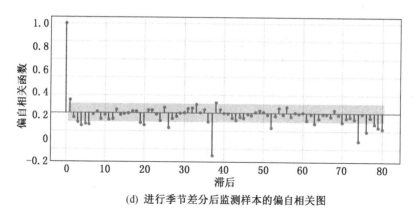

(d) 进行季节差分后监测样本的偏自相关图

图 5-24　差分处理后样本数据的自相关性与偏自相关性 (PACF)

通过对样本数据进行差分处理后的单位根检验结果进行分析发现，仅对样本数据进行一阶差分或对样本数据进行季节性差分后，T 检验结果较原始数据的 T 检验结果大幅降低，且均远小于置信区间内的检验值；P 值也较原始数据更趋近于零，说明对样本数据进行一阶差分或对样本数据进行季节性差分后样本数据的平稳性更好。

通过对差分处理后的样本数据进行自相关性与偏自相关性分析发现，其自相关系数与偏自相关系数的滞后情况（图 5-24 中阴影部分之外的点）明显改善，图 5-24c、图 5-24d 中在滞后 =37、滞后 =74 处的偏自相关系数明显增大，且滞后 =37 处的偏自相关系数大于滞后 =74 处的值，体现了数据的周期性变化特征，且说明近期数据的循环变化特征对当前及未来数据的影响更大。

5.3.3.2　基于 ARIMA 模型的支架载荷预测

由于液压支架载荷的循环周期具有不确定性，首先暂不考虑季节性因素对模型的影响，采用仅做一阶差分后的液压支架载荷样本数据进行 ARIMA 分析。根据图 5-24a 与图 5-24b 中的自相关性与偏自相关性分析结果，发现数据的偏自相关性在滞后 =5 时出现"截尾"现象，且同时其自相关性出现"拖尾"现象，初步确定模型的自回归项取值 $p=5$；由于模型的自相关性同样在滞后 =5 时出现"截尾"现象，且同时其偏自相关性出现"拖尾"现象，初步确定模型的滑动平均项取值 $q=5$。

根据初步确定的模型自回归项与滑动平均项取值，采用网格搜索方法对自回归项取值范围 $3 \leqslant p \leqslant 6$、滑动平均项取值范围 $3 \leqslant q \leqslant 6$、差分项取值 $d=1$ 条件下进行数据建模，共计构建 16 组数据模型。分别采用赤池信息准则（AIC）、贝叶斯信息准则（BIC）对模型参数进行优化，不同数据模型的 AIC 与 BIC 计算结果如图 5-25 所示。

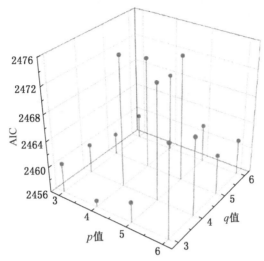

(a) 不同模型参数的AIC计算结果

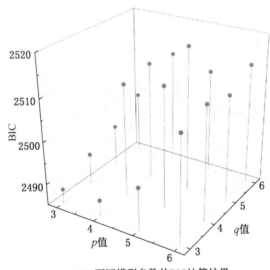

(b) 不同模型参数的BIC计算结果

图 5-25 不同模型参数的 AIC 与 BIC 值

根据不同模型参数的 AIC 与 BIC 计算结果，当 $p=4$、$q=3$ 时，模型的 AIC 值最小（2456.925）；当 $p=3$、$q=3$ 时，模型的 BIC 值最小（2488.379）；当 $p=4$、$q=3$ 时，模型的 BIC 值仅略大于 $p=3$、$q=3$ 时的计算结果。因此，根据传统时间序列模型参数优化方法，确定模型的最优参数为 $p = 4$、$q = 3$、$d = 1$。如图 5-26 所示，对模型的残差进行分析，其基本符合白噪声特点，即模型的可靠性较高。

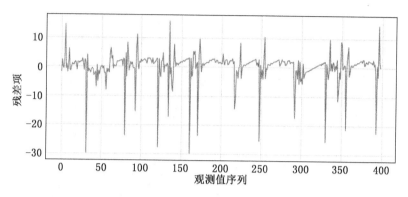

图 5-26　优化模型后的残差值

基于上述 ARIMA 参数优化结果，用训练数据集对液压支架载荷进行数据建模分析，并利用模型对液压支架的测试样本（后续一个作业循环数据）进行超前预测，模型的预测效果如图 5-27 所示。

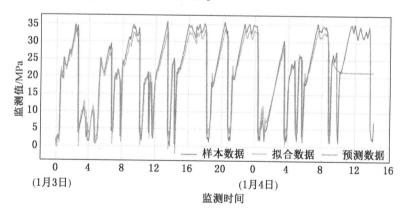

图 5-27　模型预测效果

通过对模型的预测效果进行分析发现，模型对训练数据的预测效果较好，对训练样本的趋势性与峰值均有较好的预测结果。对未来较短时刻支架载荷的趋势与样本值进行了较好的预测，但对验证数据的超前预测效果并不好。因此，模型具有短期预测的能力，能够较好地判断数据短期的发展趋势，其短期预测效果较滑动窗口预测效果好。

通过对数据模型进行分析，由于模型的参数取值为 $p=4$、$q=3$、$d=1$，即主要利用当前时刻前面 4 个数据和当前时刻前面 3 个数据分别对样本的趋势项和误差进行判断。由于历史样本的趋势项可以对支架载荷的短期发展趋势进行判断，但由于历史参考样本数量较少，因此很难对支架载荷的长期发展进行较好的预测，在实际工程应用中具有一定的局限性。为了提高历史数据对模型预测能力的贡献，使用一个支架循环周期的历史样本数据进行数据建模分析，将模型参数调整为 $p=40$、$q=40$、$d=1$，模型预测结果如图 5-28 所示。

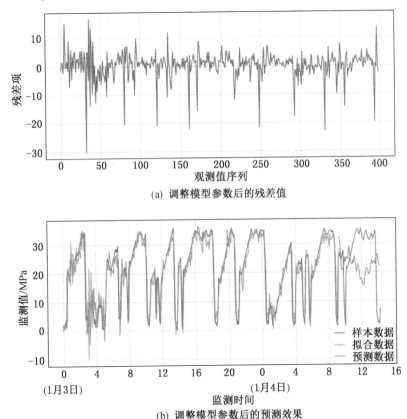

(a) 调整模型参数后的残差值

(b) 调整模型参数后的预测效果

图 5-28　调整参数后模型的残差值与预测效果

通过对调整参数后模型的残差值与预测结果进行分析发现，增加模型的历史值参考数量后，模型对数据波动变得更加敏感。当样本数据出现轻微波动时，其预测值随即发生较大的震荡，但其超前预测效果有一定的提高。通过对模型的残差项进行分析发现，模型的残差值虽然仍在零值附近波动，但波动范围明显增大，因此推断 q 值增大，导致模型的误差累积项增大，导致模型在样本数据发生波动时出现了更加剧烈的波动，即增大 q 值可能会在一定程度上增加模型预测值的误差。对模型参数进一步优化，保持 p 值不变，将 q 值降至 3，参数调整后模型的残差值与超前预测效果如图 5-29 所示。

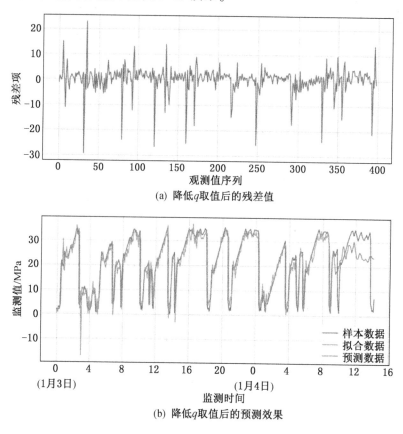

(a) 降低 q 取值后的残差值

(b) 降低 q 取值后的预测效果

图 5-29　降低 q 值后模型的残差值与预测效果

根据参数调整后模型的残差分布特征可知，减少 q 值可大幅降低模型残差值的波动，模型预测值的波动程度也得到很大改善，而且模型的超前预测效果得到明显提升，预测值与样本验证数据集的趋势基本一致，但峰值仍然存在一定差异，推测可能主要是受模型残差值影响的缘故。由于液压支架在循环作业过程中存在较多的不确定性因素，导致残差值的波动范围较大（-30～25 MPa），由此导致了预测值与实际值的偏差，但适当增大模型的自回归项取值（p 值），可以在一定程度上提高模型对未来发展趋势的预测效果，但模型仍然没有预测出整个液压支架循环周期变化规律，其长期预测能力仍然有限。

5.3.3.3 基于 SARIMA 模型的支架载荷预测

通过对液压支架载荷数据进行特征分解发现，其样本数据具有一定的循环周期变化特点，但是循环周期的大小、液压支架载荷值等具有较大的不确定性。因此，笔者采用 SARIMA 对液压支架的载荷进行分析预测。采用季节性差分处理后的样本数据进行建模分析，根据图 5-24c 与图 5-24d 中的自相关性与偏自相关性分析结果发现，样本数据的偏自相关性在滞后为 6 时出现"截尾"现象，且同时其自相关性出现"拖尾"现象，初步确定模型的非季节性自回归分量阶数取值 $p=6$，并且在滞后为 37、滞后为 74 处其偏自相关性显著增大，因此初步确定自回归模型的季节性分量阶数 $P=2$；由于模型的自相关性同样在滞后为 6 时出现"截尾"现象，且同时其偏自相关性出现"拖尾"现象，初步确定模型的非季节性滑动平均项取值 $q=6$，并且模型的自相关性在滞后为 37 处显著增大，因此初步确定移动平均模型中季节分量的阶数 $Q=1$。

根据初步确定的模型参数，采用网格搜索方法对非季节性自回归项取值范围 $3 \leqslant p \leqslant 8$、非季节性滑动平均项取值范围 $2 \leqslant q \leqslant 8$、非季节性差分项 $d=1$、季节性自回归项取值范围 $0 \leqslant P \leqslant 4$、季节性滑动平均项取值范围 $0 \leqslant Q \leqslant 2$、季节性差分项 $D=1$、周期长度 $s=37$ 进行数据建模，共计构建 630 组数据模型。分别采用 AIC、BIC 对模型参数进行优化。当 $p=8$、$d=1$、$q=3$、$P=4$、$D=1$、$Q=2$ 时，模型的 AIC 值最小（1285.72）；当 $p=8$、$d=1$、$q=3$、$P=4$、$D=1$、$Q=0$ 时，模型的 BIC 值最小（1341.07）；当 $p=8$、$d=1$、$q=3$、$P=4$、$D=1$、$Q=2$ 时，模型的 BIC 值（1345.62）仅略大于 $p=8$、$d=1$、$q=3$、$P=4$、$D=1$、$Q=0$ 时的计算结果。因此，确定模型的最优参数为 $p=8$、$d=1$、$q=3$、$P=4$、$D=1$、$Q=2$。通过对模型的残差进行分析，其基本符合白噪声特点，即模型的可靠性较高。采用该模型参数对液压支架载荷样本数据进行分析预测，样本测试集为液压支架的最后一个工作循环数据，预测结果如图 5-30 所示。

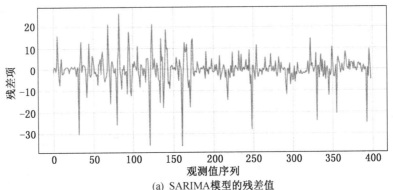

(a) SARIMA模型的残差值

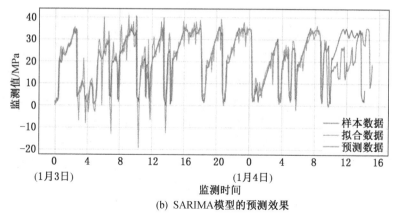

(b) SARIMA模型的预测效果

图 5-30　SARIMA 模型的残差值与预测效果

通过对模型的预测结果进行分析发现，模型对于样本数据的波动值仍然十分敏感。在样本数据出现波动变化时预测值出现了较大的波动，模型的残差虽然仍围绕零值进行波动，但波动范围也较 ARIMA 更大，因此，推断模型残差值波动范围增大导致模型对样本数据的波动值更加敏感。模型较好的预测了液压支架载荷在短期内会出现急速降低并迅速升高的趋势（预测值与实测值非常接近），并且较好的给出了下一个液压支架作业循环的载荷变化规律，预测值的规律性与实测值类似，但预测值仍较实测值偏低。虽然预测的峰值与实测值比较接近，但存在明显的滞后现象。由于液压支架载荷影响因素较多，数据样本的残差范围较大，导致数据的随机波动性增大，虽然上述模型的预测精度不是很高，但已经较好的预测了液压支架整个循环周期的变化规律，笔者认为通过大规模的调参来提高模型的预测精度并没有太大的研究价值，所以没有进行多参数变化的对比分析。

5.4　基于数据模型驱动的采场顶板灾害智能预测方法

5.4.1　液压支架载荷单点预测方法

由于液压支架立柱载荷的数据采集频率相对比较高，利用历史数据对下一个采集值进行预测（单点预测）的难度相对较低，准确度相对较高。液压支架的载荷数据受多种因素影响，但是可以将其分解为历史监测数据的统计值及趋势项两部分，因此，可以采用双指数平滑算法进行预测，如下：

$$\begin{cases} l_t = \alpha y_t + (1 - \alpha)(l_{t-1} + b_{t-1}) \\ b_t = \beta(l_t - l_{t-1}) + (1 - \beta)b_{t-1} \\ \hat{y}_{t+1} = l_t + b_x \end{cases} \tag{5-42}$$

式中，y_t 为当前时刻的监测值；$\hat{y}_{t+1}$ 为下一时刻的预测值；l_t 为当前时刻的监测数据期望值；l_{t-1} 为前一时刻的监测数据期望值；b_t 为当前时刻的监测数据趋势项；b_{t-1} 为前一时刻的监测数据趋势项；α 为指数平滑因子；β 为指数平滑权重。

根据某矿 30112 工作面液压支架载荷监测结果，采用双指数平滑算法对液压支架载荷监测数据进行单点预测，通过对指数平滑因子（α）、指数平滑权重因子（β）进行优化，确定 $\alpha=0.95$，$\beta=0.05$，得到单点预测结果如图 5-31 所示。

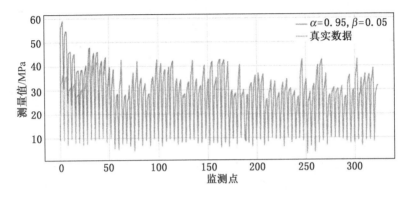

图 5-31   基于双指数平滑算法的液压支架载荷预测

据图 5-31 可知，由于前期监测数据值较少，导致预测偏离度较大，随着监测数据值的积累，预测值与实测值基本吻合（近似重合），表明单点预测的效果较好。

通过对液压支架的峰值载荷进行预测，可以表征顶板灾害发生的概率，采用简单的滑动窗口模型也可以得到不错的液压支架载荷峰值预测效果，如图 5-32 所示。

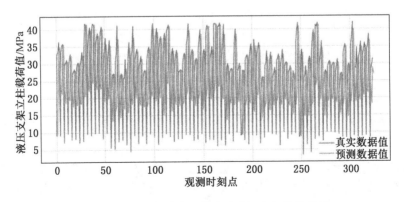

图 5-32   基于滑动窗口算法的液压支架载荷预测

另外，笔者采用长短期记忆模型（LSTM）、支持向量回归模型（SVR）、自回归模型（AR）对液压支架立柱的载荷进行了单点预测，在没有进行深度调参的前提下，也取得了整体较好的预测效果。采用均方根误差（RMSE）、平均绝对误差（MAE）对预测结果进行对比，发现 AR 模型的预测效果相对较好，见表5-12。

表5-12　不同算法预测效果

算法	RMSE	MAE	误差在5%内的精度	误差在10%内的精度
LSTM	0.3551	0.1866	36.22%	52.47%
SVR	2.0164	0.9223	31.44%	46.52%
AR	0.1422	0.1012	61.32%	74.77%

由于液压支架的载荷数据采集频率很高，仅仅对液压支架下一个采集值进行单点预测并没有太大的工程应用价值，以 30112 工作面为例，数据采集频率为 10 分钟，即使能够十分精准的预测下一个采集值，并能够根据预测值推断得出将发生顶板灾害，但超前预测时间太短，难以为工作面防灾、救灾提供足够的时间，因此，至少需要超前预测一个液压支架支护循环周期的载荷值变化规律。

5.4.2　液压支架一个支护循环的载荷预测方法

通过对液压支架的载荷数据进行特征分解可知，液压支架载荷数据具有比较明显的趋势与循环周期特征，并且数据的特征维度很低，主要是立柱的载荷数据，在没有进行深度调参的前提下自回归模型取得了较好的预测效果。因此，采用差分整合移动平均自回归模型对液压支架一个支护循环周期的载荷进行预测。

ARIMA 要求数据必须是平稳数据，即数据的均值与方差不随时间变化。采用单位根检验方法（ADF）对液压支架的载荷数据进行平稳性检验，并采用自相关函数（ACF）与偏自相关函数（PACF）对数据的平稳性与自相关性进行分析。虽然预处理后的数据满足单位根检验结果，但自相关系数与偏自相关系数存在明显的滞后点。通过对原始监测数据进行 4 阶（$d=4$）差分计算后，数据的平稳性更好，数据进行差分前、后的单位根检验对比结果见表5-13，自相关性对比分析结果如图5-33所示，图中阴影部分为置信区间的范围。

表5-13　液压支架载荷数据平稳性检验结果（ADF）

项目	T检验结果	P值	99%置信区间检验值	95%置信区间检验值	90%置信区间检验值
差分前	−3.523	0.0074	−3.4519	−2.871	−2.5718
差分后	−7.945	3.2×10^{-12}	−3.4541	−2.872	−2.5731

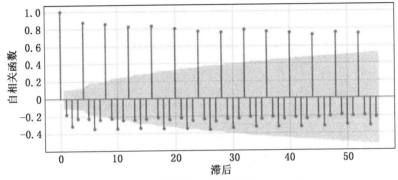

(a) 原始监测数据的自相关图（ACF）

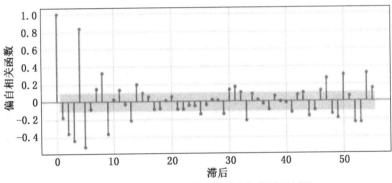

(b) 原始监测数据的偏自相关图（PACF）

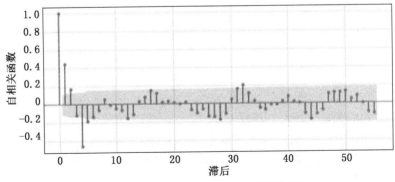

(c) 差分计算后的自相关图（ACF）

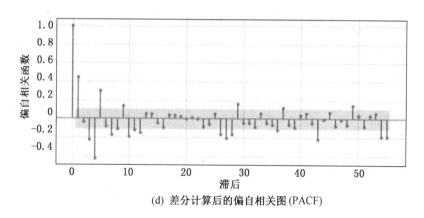

(d) 差分计算后的偏自相关图(PACF)

图 5-33　差分计算前后监测数据的自相关图与偏自相关图

据图 5-33 可知,进行 4 阶差分计算后,监测数据的自相关系数与偏自相关系数存在滞后点的现象得到明显改善。为确定模型的自回归项(p)与滑动平均项(q)取值,采用网格搜索方法对自回归项取值范围 $2 \leqslant p \leqslant 8$、滑动平均项取值范围 $2 \leqslant q \leqslant 8$ 的数据模型进行搜索计算,共计 36 组数据模型,分别采用 AIC、BIC 对模型参数进行优化。当 $p=5$、$q=4$ 时,模型的 AIC 值与 BIC 值同时取得最小(AIC=1706.01,BIC=1743.15),因此,确定模型参数为 $p=5$,$d=4$,$q=4$。此时,模型的残差值基本呈现白噪声特点,如图 5-34 所示。

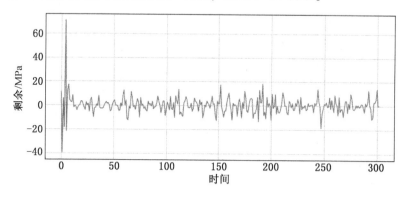

图 5-34　模型优化后的残差值

利用优化后的数据模型对液压支架一个支护循环周期的载荷进行预测,如图 5-35 所示。通过对预测结果进行分析,模型对液压支架载荷的拟合效果整体较好,且预测出了下一个支护循环的载荷峰值及变化规律,但预测结果与实测结果仍然有一定的偏离度。

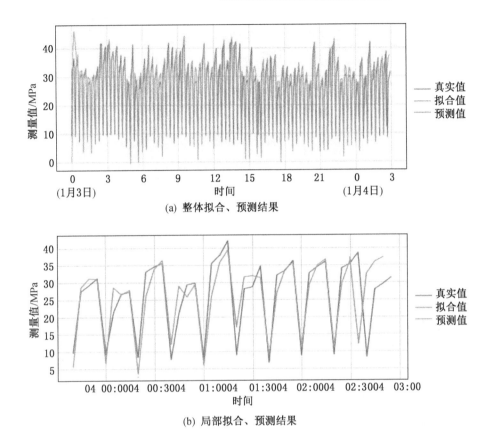

(a) 整体拟合、预测结果

(b) 局部拟合、预测结果

图 5-35　ARIMA 模型拟合及预测结果

　　由于液压支架的载荷数据存在明显的循环周期特征，为了进一步提高预测效果，采用带循环周期项的 SARIMA 进行液压支架载荷的预测。首先，对数据进行一个循环周期的差分，再进行一阶差分，进一步提高数据的平稳性。同样采用网格搜索方法对自回归项取值范围 $2 \leqslant p \leqslant 6$、滑动平均项取值范围 $2 \leqslant q \leqslant 6$、循环自回归项取值范围 $2 \leqslant P \leqslant 4$、循环滑动平均项取值范围 $2 \leqslant Q \leqslant 4$ 进行搜索计算，共计 64 组数据模型，采用 AIC、BIC 对模型的参数进行优化，确定最优参数为 $p=3$，$q=3$，$P=2$，$Q=3$。利用优化后的数据模型对液压支架一个支护循环周期的载荷值进行预测，拟合、预测结果如图 5-36 所示。

　　通过对比 ARIMA 与 SARIMA 的拟合、预测结果，SARIMA 对历史数据的拟合效果更平滑，且预测数据与实测数据也更接近。采用均方根误差（RMSE）对两种模型的拟合效果进行对比计算：

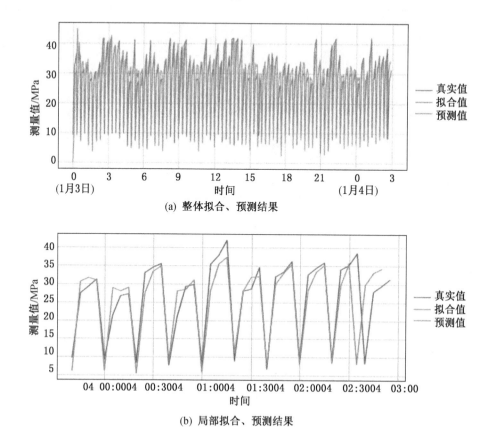

(a) 整体拟合、预测结果

(b) 局部拟合、预测结果

图 5-36　SARIMA 模型拟合及预测结果

$$\text{RMSE} = \sqrt{\dfrac{\sum_{i=1}^{n}(x_{\text{obs},\,i} - x_{\text{model},\,i})^2}{n}} \tag{5-43}$$

式中，$x_{\text{obs},\,i}$ 为 i 时刻的监测值；$x_{\text{model},\,i}$ 为 i 时刻的模型预测值。

　　经过计算，SARIMA 的 RMSE 计算结果为 4.34；ARIMA 的 RMSE 计算结果为 4.76，SARIMA 明显优于 ARIMA。另外，笔者采用三阶指数平滑算法（Holt-Winters）、LSTM 算法等对液压支架一个支护循环周期的载荷进行预测，虽然预测结果与实测值具有一定的偏离度，但整体的预测效果良好。由于西部矿区高强度开采工作面的一个割煤循环作业周期约为一小时，仅对液压支架一个支护循环的载荷进行预测仍然难以为防灾、治灾提供足够的时间，最好能对顶板岩层一个断裂周期的液压支架载荷进行预测。

5.4.3 顶板一个断裂周期的液压支架载荷预测方法

由于工作面顶板岩层呈现周期断裂的特征，并且工作面不同区域顶板岩层的断裂周期不同，需要对顶板岩层一个断裂周期的液压支架载荷进行预测，从而为工作面顶板灾害防治提供时间。采用 ARIMA、SARIMA 对液压支架多个循环周期的载荷进行预测，并采用 RMSE 对预测结果的准确性进行评价，如图 5-37 所示。

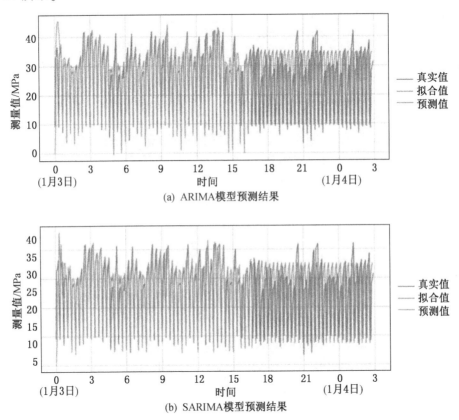

图 5-37　不同模型对液压支架多个循环周期载荷预测

据图 5-37 可知，由于液压支架不同循环支护过程的载荷数据值变化不大，ARIMA 与 SARIMA 均仅能捕获后续 1~2 个循环周期的载荷值，后续预测值与真实值相差较大，即两种模型均没能准确预测一个顶板断裂周期的液压支架载荷，ARIMA 的 RMSE 值为 5.62，SARIMA 的 RMSE 值为 5.18。笔者同样采用 LSTM 算法、RNN 算法对数据进行建模分析，但对一个顶板断裂周期的液压支架载荷预测效果均不理想。

目前，对工作面顶板灾害进行预测、预警的相关研究成果较少，并且主要集中于对顶板岩层的应力场演化特征及断裂结构特征进行研究，利用数据模型对顶板灾害进行预测的研究成果更少，尚未检索到能够实现对顶板一个断裂周期的液压支架载荷进行预测的相关算法成果。

基于上述液压支架一个支护循环的载荷预测方法，笔者提出了一种基于多次数据切割与液压支架载荷模板库的预测方法，实现对顶板一个断裂周期的液压支架载荷进行预测。首先，根据液压支架一个支护循环的载荷特征（增阻、恒组、降阻），将整个工作面的液压支架载荷数据进行切割，采用上述算法对液压支架每一个循环支护过程的载荷进行拟合，将相似的拟合曲线归为一类，建立液压支架单个循环支护载荷模板曲线库；然后根据每一个液压支架支护循环曲线载荷峰值的变化规律，确定顶板岩层的断裂周期，并将每个顶板岩层断裂周期内的液压支架载荷模板曲线进行排序，建立基于顶板岩层断裂周期的液压支架载荷变化模板库（图5-38）；最后，根据现有监测数据预测得出后续一个液压支架支护循环周期的载荷曲线，并在液压支架单个循环支护载荷模板曲线库中进行比对，采用分类算法确定一个顶板岩层断裂周期内液压支架载荷最有可能的变化趋势，从而实现对顶板一个断裂周期的液压支架载荷进行预测。

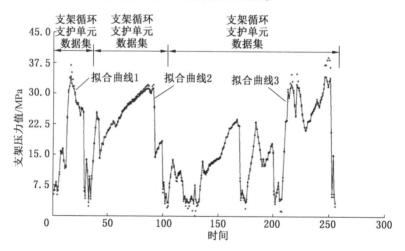

图5-38　顶板一个断裂周期的液压支架载荷模板曲线排序

上述方法需要建立单个液压支架循环支护载荷拟合曲线模板库、一个顶板断裂周期的液压支架载荷拟合曲线模板库，因此，需要大量液压支架载荷数据作为样本进行训练。笔者基于陕北部分煤矿的液压支架载荷数据，尝试采用上述方法对顶板一个断裂周期的液压支架载荷进行预测，取得了初步效果。

5.4.4 顶板灾害智能预测平台技术架构

基于工作面顶板灾害监测信息特征参数及液压支架载荷预测方法，提出了顶板载荷智能预测平台的技术架构（以两柱掩护式液压支架为例），如图5-39所示。

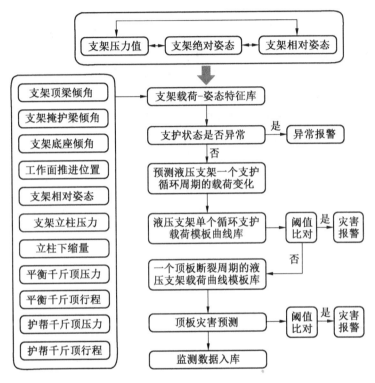

图5-39　顶板灾害智能预测平台技术架构示意图

通过对大量的液压支架载荷监测值、液压支架绝对姿态监测值、液压支架相对姿态监测值进行映射，建立液压支架载荷—姿态特征库。将工作面现场监测的液压支架顶梁倾角、立柱压力、立柱下缩量等相关信息置入液压支架载荷—姿态特征库进行比对，判断液压支架的支护状态是否存在异常，如果存在异常，则进行支护状态异常报警，并人工对液压支架的载荷、姿态进行调整；如果没有异常，则基于上述液压支架一个支护循环的载荷预测方法，进行下一个液压支架支护循环载荷变化规律的预测，并将预测结果置入液压支架单个循环支护载荷模板曲线库中进行比对。采用分类算法确定液压支架的载荷变化模板曲线，并与顶板灾害发生阈值进行对比，如果预测值超出顶板灾害发生的阈值，则进行灾害报警；如果预测值没有超出顶板灾害发生的阈值，则将预测的液压支架单个循环支护载荷模板曲线置入一个顶板断裂周期的液压支架载荷曲线模板库，预测得出下一个顶板断裂周期的液压支架载荷变化规律，并与顶板灾害发生阈值进行对比，如果预测顶板岩层断裂周期内液压支架载荷值超出顶板灾害发生的阈值，则进行灾害报警。当完成一个液压支架循环支护周期时，则将监测数据存入液压支架单个循环支护载荷模板曲线库；当完成一个顶板岩层断裂周期的液压支架载荷监测时，则将整个顶板岩层断裂周期的载荷监测数据存入一个顶板断裂周期液压支架载荷曲线模板库，增加样本数量，提高顶板灾害预测的准确性。

　　本章节并没有过多讨论液压支架载荷—姿态特征库的建立及顶板灾害阈值的确定。另外，如果液压支架单个循环支护载荷模板曲线库中不存在预测的液压支架循环支护曲线，则采用统计学原理计算预测值的浮动区间，如果最大浮动值超出了顶板灾害发生的阈值，则进行顶板灾害报警。

6　液压支架智能自适应支护与评价方法

6.1　液压支架与围岩系统稳定性分类

6.1.1　支架与围岩系统的维度和时间关系

　　液压支架位于具有较高刚性的煤壁与具有较大可缩性的冒落矸石之间，用于支护紧跟在工作面之后刚暴露的顶板，它与围岩是一对相互作用的矛盾统一体，该统一体具有动态的周期性特点。从矿山压力角度讲，基本顶处于主导地位，支架处于从属地位，围岩的运动影响支架的稳定性，支架不能改变基本顶的最终运动形态。但从设计角度讲，支架又处于主导地位，基本顶处于从属地位，可以从强度、刚度、机构形式和结构形式等方面，并结合特定的地质条件对支架进行灵活的设计，使支架与围岩达到良好的适应性。

　　上覆岩层的"黑箱"状态，造成岩层结构和运动对支架的影响程度难以从定量角度衡量，"砌体梁"等力学模型的提出也仅仅是从支护原理上进行了明确，仍然达不到准确确定各项参数和定量描述的"白箱"要求。虽然不能从定量角度分析，但可以根据大量的工程实践案例进行估算，以达到指导类似地质条件的设备选型和安全高效生产的目的。从综采工作面安全、高产和高效的宏观目标来讲，保证支架与围岩系统的稳定性和二者的良好适应性，是实现宏观目标关键。在这一对关系中，支架的稳定性是实现围岩稳定性的根基，支架强度、刚度、机构、结构、防倒防滑等方面的措施都是保障支架与围岩系统稳定和适应性的手段，最终目的是要实现围岩的稳定性，二者的稳定性关系如图6-1所示。

　　钱鸣高院士详细论述了支架与围岩的相互作用关系，指出工作面顶板的控制问题关键在于确保支架与围岩达到良好的适应性。然后进一步指出，虽然围岩的状态很难准确获知，但从支架与围岩的关系来看，可以从支架的位姿和受力来间接评估和估算围岩的形态，也就是说，支架状态是支架与围岩系统复杂关系的综合反映。因此，围绕液压支架来厘清二者的关系是简单可行的。

　　从液压支架角度讲，支架与围岩系统的动态关系可分为两个维度的两个时间轴，一是支架"降—移—升"水平维度的推进时间轴，二是支架"初撑增

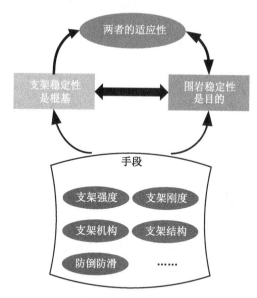

图 6-1 支架稳定性与围岩稳定性的关系

阻—承载增阻—溢流恒阻"垂直维度的承载时间轴（图 6-2）。依据这两个维度的两个时间轴可以厘清支架与围岩系统的阶段性特征及每个阶段的关键技术问题。

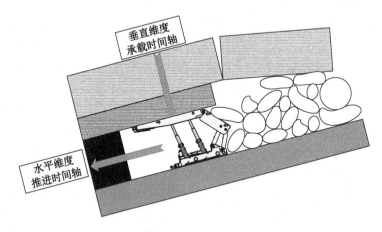

图 6-2 支架与围岩系统的维度和时间关系

6.1.2 推进阶段

水平维度的推进时间轴，支架完成了本次采煤作业循环，执行"降—移—升"动作，为下一个采煤作业循环做准备，可将该过程视为支架与围岩系统相互作用关系的第一个大阶段，称为推进阶段，它也是第二个大阶段的准备阶段。该阶段的主要特征是支架与顶板处于脱离状态或轻微接触状态（擦顶移架时），依据支架的动作过程可将该阶段细分为降架、移架、升架三个小阶段。对于口孜东煤矿的复杂地质条件，推进阶段的关键技术问题是：①大采高和大重量支架在大俯采角度下的倾倒和滑移失稳机理；②大采高和大重量支架在大俯采角度下的静态和动态机构失稳机理。

6.1.3 承载阶段

紧跟推进阶段的升架小阶段，进入垂直维度的承载时间轴，整个过程为支架与围岩系统相互作用关系的第二个大阶段，称为承载阶段。依据支架的工作特性可将该阶段细分为初撑、承载、溢流三个小阶段。对于口孜东煤矿的复杂地质条件，承载阶段的主要特征和关键技术问题如下。

6.1.3.1 初撑小阶段

初撑小阶段是第一大阶段的升架小阶段的延续，此时支架顶梁开始与顶板接触，顶梁需要以良好的位姿与顶板接触并达到初撑力设定值。从顶梁位姿的可控性角度来看，初撑小阶段不同于承载小阶段，后者的支架承载强度远远大于前者，容易出现支架的压死、倾倒、滑移等整架失稳事故，且顶梁的低头或仰头是被动造成的，受外载荷影响很大，很难通过驱动千斤顶进行调整。初撑小阶段，顶梁开始接触顶板，顶板将约束顶梁垂直方向的运动，但在初撑的前期由于顶板和底板存在的浮煤、浮矸具有很大的压缩性，顶梁位姿很大程度上还是能够通过驱动千斤顶调整的，这也是顶梁位姿能够被灵活调整的最后阶段，因为一旦进入承载小阶段和溢流小阶段，顶梁位姿将无法调整。该阶段支架升立柱撑紧顶板的过程，立柱的伸长量和压力通过"顶梁—顶板"和"底座—底板"承担和传递，以立柱达到初撑力设定值为最终目标。其中，顶梁压缩损伤破碎的直接顶，底座压缩损伤破碎的底板来传递压力，并承担立柱的伸长量。依据立柱的伸长量由谁来主导承担及支架阻力变化可将初撑小阶段划分为三种情形和三个细分阶段。

三种情形分别为顶梁主导承担立柱伸长量、底座主导承担立柱伸长量、顶梁和底座均承担立柱伸长量。第一种情形即为传统的建立支架运动学或动力学数学模型的默认假设基础，即底座为机架，选取底座前端或后端作为绝对坐标系的原点。然而，对于第二种和第三种情形，底座的下陷运动将会非常明显，立柱的伸长量和压力部分地或大部分地由底座和底板来承担，这一状态直到顶、底板不能压缩变形或达到泵站额定压力为止。在该过程中，虽然支架不会出现"倾倒、变形、断裂"等失稳事故，但支架的运动不同于一般分析中认为的底座固定不动，仅由四连杆带动顶梁运动的双纽线趋势，而是底座的运动将成为主要运动，底座的运动将带动推移千斤顶与底座铰接点的移动，因此底座与推移机构也存在约束关系。另一方面，采煤机、刮板输送机和液压支架之间的配合关系是以推杆与刮板输送机铰接点为基准的，底座运动非常明显时将影响三机原有稳定的配合关系。

三个细分阶段分别为初始阶段、压实阶段、增阻阶段。每个阶段呈现不同的特征，具体为：

（1）初始阶段。顶梁刚开始接触顶板，根据顶梁的实际接顶位姿和驱动千斤顶的动作方式，支架可能发生因原动件数目大于自由度数而造成的机构无法运动，继续增压可能造成结构损坏。

（2）压实阶段。顶梁压缩损伤破碎的直接顶、底座压缩损伤破碎的直接底，根据顶、底板的抗压入特性呈现不同的特征：破碎顶板、坚硬底板条件下，顶梁主导承担立柱伸长量；坚硬顶板、松软底板条件下，底座主导承担立柱伸长量，该情形与传统的将底座作为固定的机架相反，顶梁将作为固定的机架，支架成为倒置的四连杆机构，主要特征是底座随升立柱发生运动；破碎顶板、松软底板条件下，顶梁和底座都参与了运动，顶梁和底座均承担立柱伸长量。

（3）增阻阶段。支架保持压实阶段的位姿不变，直至立柱达到初撑力设定值。顶梁和底座不再发生垂直运动，主要发生水平运动。

可见，口孜东煤矿的破碎顶板和松软底板条件，顶梁和底座在初撑小阶段都可能参与运动。综上分析，初撑小阶段的关键技术问题是：①支架非理想位姿的形成机理；②支架非理想位姿对承载稳定性的影响机制；③支架非理想位姿的调控策略。

6.1.3.2 增阻小阶段

初撑小阶段达到了预期目标就为承载小阶段奠定了基础，该小阶段支架作为整体刚性体承受一定顶板载荷，不仅强度和刚度要能满足使用要求，而且也不能出现倾倒、滑移等整体失稳现象。

6.1.3.3 溢流小阶段

该小阶段支架须具备一定程度的可缩性以适应基本顶载荷，但不能出现大尺度的压缩，以免产生大的位姿变化而影响三机设备之间的配合关系。

增阻小阶段和溢流小阶段的关键技术问题是研究支架的承载稳定性特性，以及支架的承载特性曲线与顶板载荷的适应性。

由以上分析可见，支架与围岩的相互作用过程呈现分段和阶段的特征，大阶段、小阶段和细分阶段之间的影响是单向的，上一阶段的状态将影响下一阶段二者的适应性，阶段性特征及关键技术如图6-3所示。

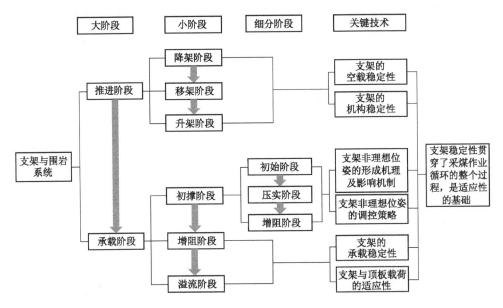

图6-3 支架与围岩系统的阶段特征及关键技术

6.1.4 支架稳定性分类

从支架与围岩系统的阶段性特征可以看出，支架稳定性贯穿了采煤作业循环的整个过程，它是支架与围岩良好适应性的基础和关键。液压支架首先是机构，其次是结构。因此，可以依据驱动千斤顶是否运动和支架是否承受外载荷分为静态和动态、空载和承载，由此得到支架稳定性的四种类型，即空载静态稳定性、空载动态稳定性、承载静态稳定性、承载动态稳定性，如图6-4所示。

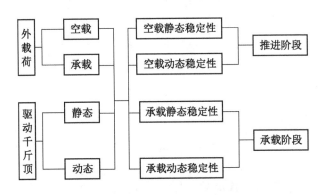

图6-4 液压支架稳定性类型

空载静态稳定性是指支架没有承受外载荷，也没有驱动千斤顶的动作，仅在自身重力作用下几何位姿的保持性。主要体现在移架小阶段，要求支架保持机构的静态稳定性，它不仅反映了支架各部件质量和质心位置设计的合理性，也反映了驱动千斤顶和阀等的保压性能。

空载动态稳定性是指支架没有承受外载荷，驱动千斤顶对支架几何位姿的控制性。主要体现在降架小阶段和升架小阶段，要求支架保持机构的动态自稳性，确保支架能够停留在任意期望位置，它也反映了支架各部件质量和质心位置设计的合理性，还反映了液压系统的供液稳定性。

承载静态稳定性是指支架在承受外载荷时，驱动千斤顶不发生让压动作，支架作为整体刚性体的稳定性。主要体现在增阻小阶段，要求支架能够承受一定的顶板载荷，反映了支架的承载增阻特性。

承载动态稳定性是指支架在承受外载荷时，驱动千斤顶发生了让压动作，支架几何位姿发生了变化，但仍在允许范围内。主要体现在溢流小阶段，反映了支架的承载让压特性。需要指出，初撑小阶段的支架稳定性可以归为此类，它是指支架理想位姿的可控性。

从以上对支架与围岩系统的维度和时间关系分析可知，液压支架始终处于"推进—承载—推进"的循环状态，这就要求支架必须确保空载和承载两种状态的稳定性，即支架必须站得稳、撑得稳才能实现工作面的安全高效推进。

按照井工煤矿煤层厚度的划分标准对煤层进行分类：煤层厚度小于 1.3 m 的煤层为薄煤层；煤层厚度为 1.3~3.5 m 的煤层为中厚煤层；煤层厚度大于 3.5 m 的煤层为厚煤层。根据不同煤层开采方法的差异性，一些专家学者对煤层厚度大于 3.5 m 的厚煤层进行了细分，将煤层厚度为 3.5~8.0 m 的煤层定义为厚煤层；将煤层厚度大于 8.0 m 的煤层则定义为特厚煤层。

基于上述煤层厚度分类划分结果，一般将机采高度大于 3.5 m 的工作面定义为大采高工作面。随着工作面机采高度的增加，工作面矿山压力显现程度、开采技术与装备等发生了显著变化，尤其是当工作面机采高度超过 6.0 m 以后，工作面围岩控制难度增大，综采技术、装备与普通综采工作面均发生显著变化。

6.2 初撑阶段支架非理想位姿的形成

6.2.1 液压支架理想位姿与非理想位姿

支架处于不良位姿时不仅会降低支架的稳定性，还将严重制约支架承载性能的发挥。之所以重点关注初撑阶段，是因为支架一旦进入承载阶段，其位姿的形成则完全处于被动状态，很难进行主动干预和调整，初撑阶段是最佳的调控时机。对于口孜东煤矿这样的软岩条件，初撑阶段的立柱增压过程，顶梁和底座都会参与运动，支架更容易以非理想位姿完成初撑。

初撑阶段完成后，顶梁与顶板的接触形态将对支架承载阶段的稳定性和直接顶的稳定性有重要影响。我们所期望的支架最理想位姿是顶梁与底座处于理想的平行状态，然而，受地质条件和支架循环操作等诸多因素的影响，这一理想位姿很难实现，初撑阶段完成后支架可能的位姿如图 6-5 所示。

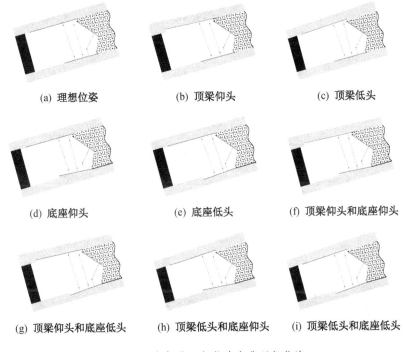

(a) 理想位姿　　　　　(b) 顶梁仰头　　　　　(c) 顶梁低头

(d) 底座仰头　　　　　(e) 底座低头　　　　(f) 顶梁仰头和底座仰头

(g) 顶梁仰头和底座低头　(h) 顶梁低头和底座仰头　(i) 顶梁低头和底座低头

图 6-5　支架的理想位姿和非理想位姿

图 6-5a 是支架最理想的位姿，图 6-5b~图 6-5i 是支架的非理想位姿。如果非理想位姿在支架设计所允许的范围之内，则不会影响采煤作业的正常安全推进，当超出所允许的范围或是较长时间处于非理想位姿，不仅容易引起支架受力恶化，使其稳定性和适应性变差，还将影响工作面的高产高效。因此，研究支架非理想位姿的形成机理，提前预防和控制，有利于提高支架的稳定性及对围岩的适应性。

6.2.2　顶梁以期望姿态运动的必要条件

初撑阶段面临的首要问题是顶梁以何种姿态开始接触顶板。顶梁接触顶板的姿态可能是与顶板完全贴合（以下称为完全接触），或是前端先接触（以下称为仰头接触），再或是后端先接触（以下称为低头接触），如图 6-6 所示。

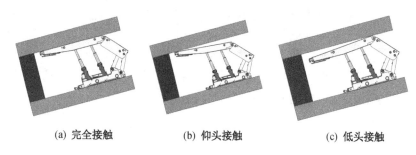

(a) 完全接触　　　　　(b) 仰头接触　　　　　(c) 低头接触

图 6-6　顶梁接顶姿态

通过上述分析可以得到顶梁以某一期望姿态升、降时的前柱和后柱速度比为：

$$\lambda = \frac{\dot{S}_1}{\dot{S}_2} = \frac{2L_8\cos\mu_1 - 2L_8\cos\mu_2 + 2L_{EF}\cos\mu_3 - 2L_{EF}\cos\mu_4}{2L_8\cos\mu_5 - 2L_8\cos\mu_6 + 2L_{EF}\cos\mu_7 - 2L_{EF}\cos\mu_8} \quad (6-1)$$

式中，$\mu_1 = \alpha_1 - \alpha_2 + \alpha_3 - \alpha_5$；$\mu_2 = \alpha_1 - \alpha_2 - \alpha_3 + \alpha_5$；$\mu_3 = \alpha_1 + \alpha_2 - \alpha_5 - \theta_1$；$\mu_4 = \alpha_1 - \alpha_2 - \alpha_5 + \theta_1$；$\mu_5 = \alpha_1 - \alpha_2 + \alpha_3 - \alpha_4$；$\mu_6 = \alpha_1 - \alpha_2 - \alpha_3 + \alpha_4$；$\mu_7 = \alpha_1 + \alpha_2 - \alpha_4 - \theta_1$；$\mu_8 = \alpha_1 - \alpha_2 - \alpha_4 + \theta_1$。

立柱的升、降是由乳化液泵站供液产生的，因此立柱的升、降速度由下式确定：

$$\dot{S} = \frac{q}{A}\eta_{cv} \quad (6-2)$$

式中，q 为立柱的输入流量；A 为活塞腔或活塞杆腔的有效作用面积；η_{cv} 为立柱的容积效率。

由式（6-2）可得上升和下降时的前、后柱速度比分别为：

$$\begin{cases} \dfrac{\dot{S}_1}{\dot{S}_2} = \dfrac{q_f}{q_r}\dfrac{D_r^2}{D_f^2}\dfrac{\eta_{fcv}}{\eta_{rcv}} = \dfrac{q_f}{q_r}k_D & \text{上升} \\[4mm] \dfrac{\dot{S}_1}{\dot{S}_2} = \dfrac{q_f}{q_r}\dfrac{(D_r^2 - d_r^2)}{(D_f^2 - d_f^2)}\dfrac{\eta_{fcv}}{\eta_{rcv}} = \dfrac{q_f}{q_r}k_d & \text{下降} \end{cases} \quad (6-3)$$

式中，q_f、q_r 分别为前、后柱的输入流量；D_f、D_r 分别为前、后柱的活塞直径；d_f、d_r 分别为前、后柱的活塞杆直径；η_{fcv}、η_{rcv} 分别为前、后柱的容积效率。

由式（6-3）可知，改变活塞直径、活塞杆直径或输入流量可以调节前、后柱速度比，然而，当立柱规格确定后，活塞直径和活塞杆直径是无法改变的。因此，液压系统常常通过改变流量来调节执行元件的速度。结合式（6-2）可得顶梁以某一期望姿态升、降时的前柱和后柱输入流量比为：

$$\begin{cases} \dfrac{q_{\mathrm{f}}}{q_{\mathrm{r}}} = \dfrac{\lambda}{k_{\mathrm{D}}} & \text{上升} \\[3mm] \dfrac{q_{\mathrm{f}}}{q_{\mathrm{r}}} = \dfrac{\lambda}{k_{\mathrm{d}}} & \text{下降} \end{cases} \tag{6-4}$$

式（6-2）是实现顶梁以某一期望姿态升、降的前柱和后柱的速度关系，是直接的表现形式；式（6-4）是实现顶梁以某一期望姿态升、降的前柱和后柱的流量关系，是间接的表现形式，也是根本的表现形式。

以 ZZ18000/33/72D 型四柱支架为例，假设我们期望顶梁分别以相对于底座呈水平、仰角 5° 和俯角 5° 上升，水平和仰角 5° 采用 3 次多项式拟合、俯角 5° 采用 5 次多项式拟合，得到的前、后柱速度比及拟合多项式的校正决定系数 Adj. R-Square 如图 6-7 所示。

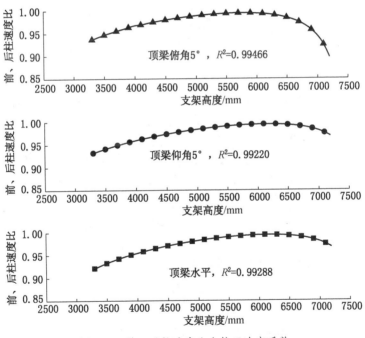

图 6-7 前、后柱速度比和校正决定系数

据图 6-7 可知，顶梁以某一期望姿态上升时，前、后柱速度比呈现非线性关系，三种情形的拟合曲线的校正决定系数均超过了 0.99，拟合回归效果很好。由于目前支架采用的手动操纵阀和电液阀均是开关信号，无法控制立柱的流量，这也就造成顶梁姿态无法精确控制的根本原因，大概率以仰头或低头姿态接顶。

6.2.3　非理想位姿对支架承载稳定性影响

以底座所在平面为参考，相对于底座，顶梁位姿有三种：与底座平行（以下称为水平）、仰头或低头。当顶梁存在偏转角时，需要对 d_{QO} 进行修正，如图6-8所示。

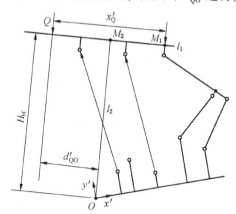

图6-8　顶梁存在仰角时的 d_{QO}

从图6-8的关系可得：

$$d'_{QO} = x'_Q - L_{M_1M_2} \tag{6-5}$$

式中，$L_{M_1M_2}$ 为点 M_1 和 M_2 之间的距离，M_2 为直线 l_1 和 l_2 的交点，l_1 表示顶梁上表面所在的直线，l_2 表示过 O 点垂直顶梁上表面的直线。

由斜截式可得直线 l_1 和 l_2 方程为：

$$\begin{cases} y = \tan(\alpha_6 - \alpha_7) \cdot (x - m) + n \\ y = -\cot(\alpha_6 - \alpha_7) \cdot x \end{cases} \tag{6-6}$$

式中，$m = L_{17} - L_{21} + L_{12}\cos(\alpha_1 - \alpha_7) - L_8\cos(\pi - \alpha_3 + \alpha_7) + L_5\sin(\pi - \alpha_6 + \alpha_7)$；
$n = L_{13} + L_{12}\sin(\alpha_1 - \alpha_7) + L_8\sin(\pi - \alpha_3 + \alpha_7) + L_5\cos(\pi - \alpha_6 + \alpha_7)$，即为点 M_1 的坐标。

由式（6-6）求得点 M_2 的坐标为：

$$\begin{cases} x = \dfrac{m \cdot \tan(\alpha_6 - \alpha_7) - n}{\tan(\alpha_6 - \alpha_7) + \cot(\alpha_6 - \alpha_7)} \\ y = \dfrac{-m + n \cdot \cot(\alpha_6 - \alpha_7)}{\tan(\alpha_6 - \alpha_7) + \cot(\alpha_6 - \alpha_7)} \end{cases} \tag{6-7}$$

由点 M_1 和 M_2 的坐标可得 $L_{M_1M_2}$ 为：

$$L_{M_1M_2} = \frac{\sqrt{m^2[1 + \cot^2(\alpha_6 - \alpha_7)] + n^2[1 + \tan^2(\alpha_6 - \alpha_7)] + 2mn[\tan(\alpha_6 - \alpha_7) + \cot(\alpha_6 - \alpha_7)]}}{\tan(\alpha_6 - \alpha_7) + \cot(\alpha_6 - \alpha_7)}$$

$$\tag{6-8}$$

将上述 d_{QO} 用式（6-5）替换即可得到顶梁存在偏转角时的倾倒失稳确定的临界载荷。滑移失稳确定的临界载荷，具体如下：

$$
\begin{cases}
\sum F_{x'} = (-f_1 Q_{x'} + f_2 N - G_0\sin\alpha_7 - W\cos\alpha'_8) + P_3\cos\alpha'_9 = 0 \\
\sum F_{y'} = N - Q_{y'} - P_3\sin\alpha'_9 - G_0\cos\alpha_7 - W\sin\alpha'_8 = 0
\end{cases}
\tag{6-9}
$$

解式（6-9）得：

$$
\begin{cases}
P_3 = \dfrac{Q[f_1\sin(\pi-\alpha_6+\alpha_7)-f_2\cos(\pi-\alpha_6+\alpha_7)]}{\cos\alpha'_9 + f_2\sin\alpha'_9} + \\[2mm]
\quad \dfrac{G_0(\sin\alpha_7 - f_2\cos\alpha_7) + W(\cos\alpha'_8 - f_2\sin\alpha'_8)}{\cos\alpha'_9 + f_2\sin\alpha'_9} \\[3mm]
N = \dfrac{Q[\cos(\pi-\alpha_6+\alpha_7) + f_1\sin(\pi-\alpha_6+\alpha_7)\mathrm{tg}\alpha'_9]}{1 + f_2\mathrm{tg}\alpha'_9} + \\[2mm]
\quad \dfrac{G_0(\cos\alpha_7 + \sin\alpha_7\mathrm{tg}\alpha'_9) + W(\sin\alpha'_8 + \cos\alpha'_8\mathrm{tg}\alpha'_9)}{1 + f_2\mathrm{tg}\alpha'_9}
\end{cases}
\tag{6-10}
$$

当 $P_3 = P_{3LE}$ 时，临界载荷转而由 P_{3LE} 确定，由式（6-9）得临界载荷为：

$$
Q_6 = \frac{-P_{3LE}(\cos\alpha'_9 + f_2\sin\alpha'_9) + G_0(\sin\alpha_7 - f_2\cos\alpha_7) + W(\cos\alpha'_8 - f_2\sin\alpha'_8)}{f_1\sin(\alpha_6 - \alpha_7) + f_2\cos(\alpha_6 - \alpha_7)}
\tag{6-11}
$$

假设初撑结束时，顶梁相对于底座形成了 5° 的仰头或低头位姿，即 $\alpha_6 = 195°$ 或 205°，得到的临界载荷、底座合力作用点和推移千斤顶力如图 6-9 所示。

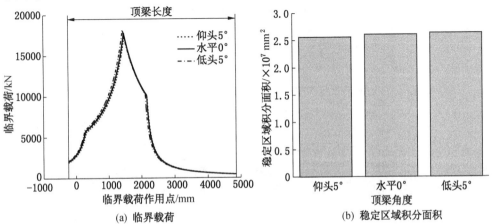

（a）临界载荷   （b）稳定区域积分面积

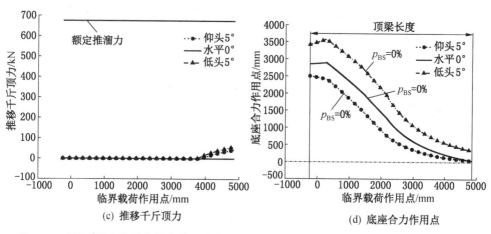

(c) 推移千斤顶力

(d) 底座合力作用点

图6-9　不同顶梁角度的临界载荷、稳定区域积分面积、推移千斤顶力和底座合力作用点

据图6-9a和图6-9b可知，低头位姿使临界载荷向采空区稍微移动，稍微增大了稳定区域积分面积，仰头位姿相反。据图6-9c可知，仰头和低头位姿，且外载荷位于顶梁前端时，推移千斤顶参与了支架力学平衡，都是平衡的支架滑移失稳。据图6-9d可知，底座合力作用点均没有超出底座范围，仰头位姿，同一位置的临界载荷对应的底座合力更靠近底座前端，低头位姿更靠近底座后端。

顶梁水平、仰头5°和低头5°，超过额定工作阻力80%的临界载荷在顶梁的分布及对应的底座合力在底座的分布如图6-10所示。

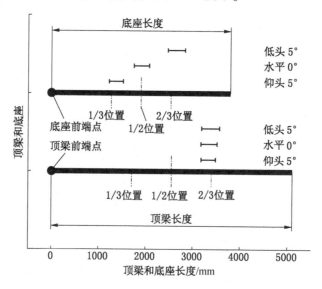

图6-10　超过额定工作阻力80%的临界载荷及对应的底座合力的分布

据图 6-10 可知，三种位姿对临界载荷的影响不明显，位置均在顶梁 2/3 处附近；对底座合力影响非常显著，仰头位姿的底座合力在底座 1/3 位置附近，水平时在底座 1/2 位置附近，低头位姿在底座 2/3 位置附近，即顶梁水平位姿的底板比压最为均匀，仰头位姿的底座前端比压最大，低头位姿的底座后端比压最大。因此，保证采煤机截割后的顶板和底板尽可能平行至关重要，因为这有助于使顶梁以相较于底座呈水平位姿完成初撑。

6.3　液压支架初撑力自适应控制

6.3.1　液压支架初撑力控制系统数学模型

液压支架由液压缸（立柱、千斤顶）、结构件（顶梁、掩护梁和底座等）、推移装置、控制系统和其他辅助装置组成。立柱是关键的承载油缸之一，用于主动给予顶板压力和被动承载顶板来压。目前液压支架所使用的最先进的控制阀——电磁换向阀是一种两位三通先导阀，与立柱下腔的压力传感器构成闭环回路，但反馈给电磁换向阀的信号是开关信号，仅能实现初撑力不足时持续供液，不能控制立柱流量，控制精度低，响应速度慢。控制原理（图 6-11）。若支架为两柱掩

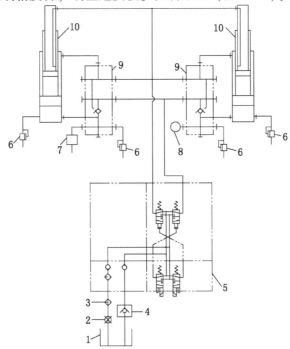

1—泵箱；2—截止阀；3—过滤器；4—回液断路阀；5—电磁换向阀；6—安全阀；
7—压力传感器；8—压力表；9—液控单向阀；10—立柱

图 6-11　立柱控制系统

护式架型，图 6-11 中的 10 为左右立柱；若支架为四柱支撑掩护式架型，则 10 为前排立柱的左右立柱，后排立柱原理图同前排立柱。

部分学者采用 Matlab/Simulink 软件、MSC. Easy5 软件、AMESim 软件等对支架的立柱控制系统进行了仿真，立柱在达到设定值后出现压力下降和波动现象。随着工作面的推进，支架负载不是恒定不变的，而是实时变化的，这将频繁造成立柱压力的波动。图 6-12a 为采集的口孜东煤矿 121302 工作面 ZZ13000/27/60D 型支架第 80 号支架某一升立柱撑紧顶板过程的立柱压力值；图 6-12b 为采集的

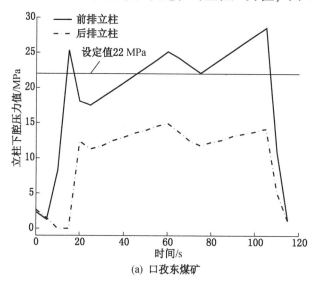

(a) 口孜东煤矿

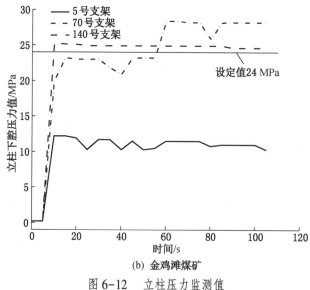

(b) 金鸡滩煤矿

图 6-12 立柱压力监测值

金鸡滩煤矿 $2^{-2\text{上}}$ 号煤层 117 工作面 ZFY21000/35.5/70D 型支架的第 5 号、70 号、140 号支架某一升立柱撑紧顶板过程的立柱压力值。据图 6-12 可知，立柱初撑力不仅存在达不到设定值的现象，而且撑紧顶板后存在压力降和波动现象，实际生产实践中这种现象非常普遍。

口孜东矿和金鸡滩矿是目前很有代表性的智能化矿井，液压支架的智能化配置也非常先进，但从 2 个矿的液压支架升柱过程发现，采用具有补压功能的电磁换向阀，立柱仍然存在明显的初撑力压力降和波动现象。将图 6-11 中电磁换向阀 5 替换为三位四通电液伺服阀，立柱控制系统即成为电液力伺服控制系统。由于立柱上下腔的有效作用面积不同，属于非对称缸，并有假设条件：①乳化液的温度、黏度和体积模量为常量；②乳化液在高压胶管中的流动为紊流；③忽略电液伺服阀与立柱间的胶管内乳化液的动态和压力损失；④立柱工作腔内压力处处相等。

基于以上假设条件，得到立柱电液力控制系统的电液伺服阀流量方程、立柱流量方程、立柱活塞力平衡方程 3 个方程，对方程进行拉普拉斯变换得：

$$\begin{cases} Q_L = K_q X_v - K_c P_L \\ Q_L = A_c s X_c + C_{tc} P_L + \dfrac{V_0}{\beta_e} s P_L \\ F_c = A_c P_L = m_t s^2 X_c + B_c s X_c + K X_c \end{cases} \tag{6-12}$$

式中，Q_L 为负载流量，m^3/s；K_q 为流量增益，m^2/s；K_c 为流量-压力系数，m^3/s（Pa）；X_v 为阀芯位移，m；P_L 为立柱控制腔压力，Pa；A_c 为立柱活塞有效作用面积，m^2；X_c 为立柱活塞位移，m；F_c 为立柱输出力，N；C_{tc} 为立柱总泄漏系数，m^3/s（Pa）；V_0 为控制腔初始容积，m^3；β_e 为乳化液体积模量（包含腔壁、管壁弹性变形的效应），N/m^2；m_t 为总惯性负载，kg；B_c 为总黏性负载系数，$N/(m \cdot s^{-1})$；K 为弹性负载，N/m。

式（6-12）消去中间变量 Q_l 和 X_c 可得阀芯位移 X_v 与立柱输出力 F_c 的传递函数 G_p（s）为

$$G_p(s) = \frac{F_c}{X_v} = \frac{\dfrac{K_q}{A_c} K \left(\dfrac{m_t}{K} s^2 + \dfrac{m_t}{K} s + 1 \right)}{\dfrac{V_0 m_t}{\beta_e A_c^2} s^3 + \left(\dfrac{K_{ce} m_t}{A_c^2} + \dfrac{V_0 B_c}{\beta_e A_c^2} \right) s^2 + \left(\dfrac{V_0 K}{\beta_e A_c^2} + \dfrac{K_{ce} B_c}{A_c^2} + 1 \right) s + \dfrac{K_{ce} K}{A_c^2}}$$

$$\tag{6-13}$$

其中，$K_{ce} = K_c + C_{tc}$。通常情况下，总黏性负载系数 B_c 很小，可忽略不计。如果再满足

$$\left[\frac{K_{ce}\sqrt{Km_t}}{A_c^2(1+K/K_h)}\right]^2 \ll 1 \tag{6-14}$$

其中，$K_h = \dfrac{\beta_e A_c^2}{V_0}$ 为液压弹簧刚度，则式（6-13）可简化为

$$G_p(s) = \frac{\dfrac{K_q}{K_{ce}}A_c\left(\dfrac{s^2}{\omega_m^2}+1\right)}{\left(\dfrac{s}{\omega_r}+1\right)\left(\dfrac{s^2}{\omega_0^2}+\dfrac{2\zeta_0}{\omega_0}s+1\right)} \tag{6-15}$$

式中，$\omega_m = \sqrt{\dfrac{K}{m_t}}$；$\omega_r = \dfrac{K_{ce}}{A_c^2}/\left(\dfrac{1}{K_h}+\dfrac{1}{K}\right)$；$\omega_0 = \omega_h\sqrt{1+\dfrac{K}{K_h}} = \omega_m\sqrt{1+\dfrac{K_h}{K}}$；$\zeta_0 = \dfrac{1}{2\omega_0}$

$\dfrac{K_{ce}\beta_c}{V_0[1+(K/K_h)]}$；$\omega_m$ 为负载固有频率；ω_r 为液压弹簧与负载弹簧串联耦合的刚度与阻尼系数之比；ω_0 为液压弹簧与负载弹簧串联耦合的刚度与负载形成的固有频率；ω_h 为液压固有频率；ζ_0 为阻尼比；K_q/K_{ce} 为总压力增益。

由此可得系统的开环传递函数为

$$G(s) = K_a K_f G_p(s) G_v(s) = K_a K_f K_v G_v(s)$$

$$\frac{\dfrac{K_q}{K_{ce}}A_c\left(\dfrac{s^2}{\omega_m^2}+1\right)}{\left(\dfrac{s}{\omega_r}+1\right)\left(\dfrac{s^2}{\omega_0^2}+\dfrac{2\zeta_0}{\omega_0}s+1\right)} = \frac{K_0 G_v(s)\left(\dfrac{s^2}{\omega_m^2}+1\right)}{\left(\dfrac{s}{\omega_r}+1\right)\left(\dfrac{s^2}{\omega_0^2}+\dfrac{2\zeta_0}{\omega_0}s+1\right)} \tag{6-16}$$

式中，K_a 为伺服放大器的增益；K_f 为传感器的增益；K_v 为电液伺服阀的流量增益；K_0 为系统开环增益，$K_0 = K_a K_f K_v \dfrac{K_q}{K_{ce}}A_c$；$G_v(s)$ 为电液伺服阀的传递函数。

$G_v(s)$ 的形式取决于动力元件液压固有频率的大小，当电液伺服阀的频率与液压固有频率接近时，$G_v(s)$ 可近似为二阶振荡环节；当电液伺服阀的频率大于液压固有频率 3～5 倍时，$G_v(s)$ 可近似为惯性环节；当电液伺服阀的频率大于液压固有频率 5～10 倍时，$G_v(s)$ 可近似为比例环节。多数电液伺服系统的伺服阀动态响应往往高于执行元件，为了简化分析和设计，伺服阀的传递函数一般采用二阶振荡环节。

6.3.2 液压支架初撑力自适应控制系统设计

对上述的立柱电液力伺服控制系统引入反向传播网络（Back-Propagation Network）即 BP 神经网络加经典的 PID 控制，实现系统的自主学习和自适应。其控制原理是额定初撑力输入信号 r 与立柱下腔压力 P_L 经转换放大的反馈信号 y_f

相比，得到的偏差信号 e 和 r、y_f、u 作为神经网络的输入，经训练学习得到 PID 控制器的 3 个参数 K_P、K_I、K_D，经伺服放大器放大后控制电液伺服阀的输出流量，驱动立柱活塞产生负载压差，使输出力向减小偏差信号的方向变化，直到输出力与期望输入相等为止，控制原理如图 6-13 所示。

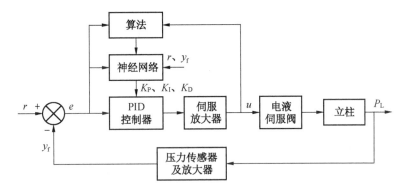

图 6-13　液压支架初撑力自适应控制原理

BP 神经网络将 W-H 学习规则一般化，属于 δ 算法，是一种有监督式学习算法。由信息的正向传播和误差的反向传播两部分组成，在神经网络的实际应用中，80% ~ 90% 的网络模型采用 BP 神经网络或其变化形式。典型的神经网络包含输入层、隐含层和输出层 3 部分。其中，输入层和输出层的神经元数目是由所要解决的问题决定的，隐含层的层数及每层的神经元数是由设计者决定。如果隐含层的神经元数取的足够多，能够训练出任意输入和输出之间的有理函数关系。

神经网络的误差精度可通过增加神经网络的层数或增加隐含层的神经元数目得到提高和改善，增加神经网络层数势必增加网络的复杂程度，而增加隐含层的神经元数目会使训练效果更易观察和调整，一般情形下，优选增加隐含层的神经元数目。隐含层的神经元数目不宜过多，也不宜过少，一般按式（6-17）选取：

$$\sqrt{r+s} + (1 \sim 10) \quad 或 \quad (3 \sim 4)r + (1 \sim 1.5)s \qquad (6\text{-}17)$$

式中，r 为输入层神经元数；s 为输出层神经元数。

6.3.3　液压支架控制器算法及仿真实验

综合以上分析，本文采用三层 BP 神经网络。系统的输入由 r、y_f、e、u 4 个参数决定，神经网络的输入层神经元数为 4 个；希望得到 PID 控制器的 3 个参数 K_P、K_I、K_D，神经网络的输出层神经元数为 3 个；隐含层神经元数初步确定为 12 个。

BP 神经网络的激活函数必须是处处可微，即一阶导数存在，常采用 Sigmoid 型对数函数、tanh 型双曲正切函数和线性函数。PID 控制器的 3 个参数 K_P、K_I、

K_D不能为负值，因此，神经网络的输出层激活函数可采用 Sigmoid 函数，隐含层激活函数可采用双曲正切函数。

如图 6-13 所示，控制系统包含 2 个控制器，即经典的 PID 控制器和神经网络控制器。经典 PID 控制器直接对被控对象进行闭环控制；神经网络控制器根据系统运行的状态，调节 PID 的 3 个控制参数，通过神经网络的自学习和权值系数的调整，实现系统的最优稳定运行。具体的算法如下：

（1）经典 PID 控制算式为

$$u(k) = u(k-1) + K_P\big[e(k) - e(k-1)\big] + K_I e(k) + $$
$$K_D\big[e(k) - 2e(k-1) + e(k-2)\big] \tag{6-18}$$

隐含层第 i 个神经元的输出为

$$a_{1i} = f_1\Big(\sum_{j=1}^{r} \omega_{1ij} p_j + b_{1i}\Big) \quad (i = 1,\ 2,\ \cdots,\ s_1) \tag{6-19}$$

输出层第 k 个神经元的输出为

$$o_k = f_2\Big(\sum_{i=1}^{s_1} \omega_{2ki} a_{1i} + b_{2k}\Big) \quad (k = 1,\ 2,\ \cdots,\ s_2) \tag{6-20}$$

$o_1 = K_P$，$o_2 = K_I$，$o_3 = K_D$
误差函数（性能指标）为二次型，即

$$E(W,\ B) = \frac{1}{2} \sum_{k=1}^{s_2} (t_k - o_k)^2 \tag{6-21}$$

（2）权值系数按有监督的 Hebb 学习规则进行，采用梯度下降法对输出层和隐含层的权值系数进行更新。

输出层第 i 个输入到第 k 个输出的权值，有

$$\Delta\omega_{2ki} = -\eta \frac{\partial E}{\partial \omega_{2ki}} = -\eta \frac{\partial E}{\partial o_k} \cdot \frac{\partial o_k}{\partial u(k)} \cdot \frac{\partial u(k)}{\partial \omega_{2ki}}$$
$$= \eta(t_k - o_k) \cdot \frac{\partial o_k}{\partial u(k)} \cdot f_2' \cdot a_{1i} = \eta \cdot \delta_{ki} \cdot a_{1i} \tag{6-22}$$

其中，$\delta_{ki} = (t_k - o_k) \cdot \mathrm{sgn}\Big(\dfrac{\partial o_k}{\partial u(k)}\Big) \cdot f_2'$，令 $\dfrac{\partial o_k}{\partial u(k)}$ 用符号函数 $\mathrm{sgn}\Big(\dfrac{\partial o_k}{\partial u(k)}\Big)$ 代替。

同理可得偏差增量为

$$\Delta b_{2k} = -\eta \frac{\partial E}{\partial b_{2k}} = -\eta \frac{\partial E}{\partial o_k} \cdot \frac{\partial o_k}{\partial u(k)} \cdot \frac{\partial o_k}{\partial b_{2k}}$$
$$= \eta(t_k - o_k) \cdot \frac{\partial o_k}{\partial u(k)} \cdot f_2' = \eta \cdot \delta_{ki} \tag{6-23}$$

隐含层第 j 个输入到第 i 个输出的权值，有

$$\Delta \omega_{1ij} = -\eta \frac{\partial E}{\partial \omega_{1ij}} = -\eta \frac{\partial E}{\partial o_k} \cdot \frac{\partial o_k}{\partial a_{1i}} \cdot \frac{\partial a_{1i}}{\partial \omega_{1ij}}$$

$$= \eta \sum_{k=1}^{s_2} (t_k - o_k) \cdot f_2' \cdot \omega_{2ki} \cdot f_1' \cdot p_j = \eta \cdot \delta_{ij} \cdot p_j \qquad (6\text{-}24)$$

其中，$\delta_{ij} = e_i \cdot f_1'$，$e_i = \sum\limits_{k=1}^{s_2} \delta_{ki} \omega_{2ki}$，$\delta_{ki} = e_k \cdot f_2'$，$e_k = (t_k - o_k)$。

同理可得偏差增量为

$$\Delta b_{1i} = \eta \cdot \delta_{ij} \qquad (6\text{-}25)$$

将上述算法进行规范化处理以保证其收敛性和鲁棒性，即

$$\begin{cases} u(k) = u(k-1) + K \sum\limits_{i=1}^{3} \overline{\omega}_i(k) x_i(k) \\[2mm] \overline{\omega}_i(k) = \dfrac{\omega_i(k)}{\sum\limits_{i=1}^{3} \omega_i(k)} \\[2mm] \omega_1(k+1) = \omega_1(k) + \eta_P z(k+1) x_1(k) \operatorname{sgn}\left(\dfrac{\partial o_k}{\partial u(k)}\right) \\[2mm] \omega_2(k+1) = \omega_2(k) + \eta_I z(k+1) x_2(k) \operatorname{sgn}\left(\dfrac{\partial o_k}{\partial u(k)}\right) \\[2mm] \omega_3(k+1) = \omega_3(k) + \eta_D z(k+1) x_3(k) \operatorname{sgn}\left(\dfrac{\partial o_k}{\partial u(k)}\right) \\[2mm] \operatorname{sgn}(x) = \begin{cases} +1 & x \geqslant 0 \\ -1 & x < 0 \end{cases} \end{cases} \qquad (6\text{-}26)$$

其中，$x_1(k) = e(k) - e(k-1)$，$x_2(k) = \Delta e(k)$，$x_3(k) = e(k) - 2e(k-1) + e(k-2)$，$z(k+1) = e(k+1)$。对比例 P、积分 I、微分 D 采用不同的学习速率 η_P、η_I、η_D。

具体的算法可归纳如下：

①确定神经网络输入层、隐含层和输出层的神经元数，并随机初始化输入层、隐含层、输出层的权值。

②设置期望误差最小值、最大循环次数、学习速率。

③给定 $r(k)$，采样得到 $y_f(k)$，计算误差 $e(k)$。

④将 $r(k)$、$y_f(k)$、$e(k)$、$u(k-1)$ 进行归一化处理并作为神经网络的输入，计算各层神经元的输入和输出，得到 PID 控制器的参数 K_P、K_I、K_D。

⑤计算 PID 控制器的输出 $u(k)$，参与控制和计算。

⑥ 采样得到 $r(k+1)$、$y_f(k+1)$，计算 $e(k+1)$。

⑦ 修正输出层和隐含层的权值系数，置 $k=k+1$，返回④，直到误差函数满足要求。

采用 BP 神经网络 PID 控制方法，比例权值初始值为 $K_P=0.44$，积分权值初始值为 $K_I=0.22$，微分权值初始值为 $K_D=0.53$。当液压支架初撑力的期望输入为阶跃信号时，初撑力响应曲线（图 6-14），比例、积分、微分权值变化曲线（图 6-15）。可以看出，系统达到稳定状态需要约 8.85 s，没有超调量，相比没有采用 BP 神经网络 PID 控制时的响应时间提高了约 13 倍。据图 6-15 可知，比例权值和微分权值先变小再变大，最后稳定；积分权值单调减小，最后稳定。K_P 和 K_D 对控制效果的影响较大，K_I 对控制效果的影响较小。比例权值最终稳定为 $K_P=0.4026$，积分权值最终稳定为 $K_I=0.2153$，微分权值最终稳定为 $K_D=0.4856$。

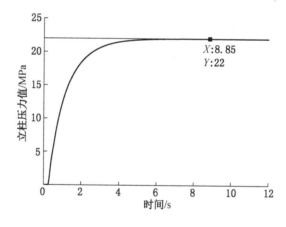

图 6-14 初撑力响应曲线

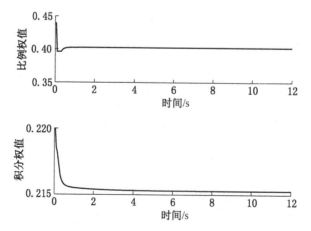

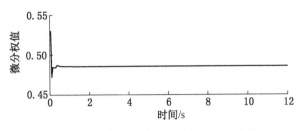

图6-15 比例、积分、微分权值变化曲线

工作面向前推进过程中，支架是按"降—移—升"循环动作的，立柱压力也随之变化。为了简化分析，假设支架初撑力的期望输出是方波信号。采用BP神经网络PID控制后的输出响应（图6-16）。据图6-16可知，每个循环达到稳定需要9.1 s，也没有超调量。因此，采用BP神经网络PID控制能够使支架初撑力快速、稳定地达到期望值，大大提高支架初撑力的自适应控制能力。

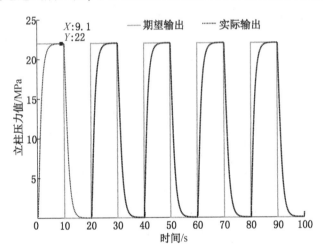

图6-16 期望输出为方波时的响应曲线

6.4 液压支架顶梁自适应控制

6.4.1 顶梁位姿协同双闭环自适应控制

顶梁以仰头或低头位姿接触顶板是大概率事件，它易造成顶梁和底座以一定偏转角完成初撑阶段，致使支架不能以理想位姿进入承载阶段。因此，在初撑阶段的前期对顶梁接顶位姿进行干预和控制是有利于提高后续阶段支架的适应性的。然而，目前立柱的开环控制方式，若想实现对顶梁位姿的控制则需要人工反复的调整前、后柱，如图6-17所示。

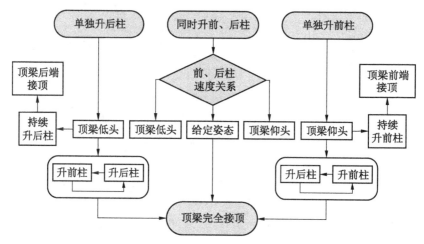

图 6-17　顶梁位姿的反复调整

基于立柱控制阀原理分析升柱过程顶梁姿态的变化情况。忽略管路、接头等压力损失，假设前、后柱下腔同时以相同的流量供液（口孜东煤矿中部支架前、后立柱液控单向阀的型号为 FDY630/50，流量为 630 L/min），取前、后立柱的容积效率 $\eta_{cv} = 0.95$，则由式（6-27）可得前、后柱的上升速度分别为：

$$\begin{cases} \dot{S}_1 = \dfrac{4 \times 630}{\pi \times 60 \times 420^2} \times 0.95 = 71.9987 \ \text{mm/s} \\ \dot{S}_2 = \dfrac{4 \times 630}{\pi \times 60 \times 280^2} \times 0.95 = 161.9970 \ \text{mm/s} \end{cases}, \ \lambda_{FR} = 7:3$$

$$\begin{cases} \dot{S}_1 = \dfrac{4 \times 630}{\pi \times 60 \times 400^2} \times 0.95 = 79.3785 \ \text{mm/s} \\ \dot{S}_2 = \dfrac{4 \times 630}{\pi \times 60 \times 320^2} \times 0.95 = 124.0289 \ \text{mm/s} \end{cases}, \ \lambda_{FR} = 6:4$$

$$\dot{S}_1 = \dot{S}_2 \dfrac{4 \times 630}{\pi \times 60 \times 380^2} \times 0.95 = 87.9540 \ \text{mm/s}, \ \lambda_{FR} = 5:5 \quad (6\text{-}27)$$

$$\begin{cases} \dot{S}_1 = \dfrac{4 \times 630}{\pi \times 60 \times 320^2} \times 0.95 = 124.0289 \ \text{mm/s} \\ \dot{S}_2 = \dfrac{4 \times 630}{\pi \times 60 \times 400^2} \times 0.95 = 79.3785 \ \text{mm/s} \end{cases}, \ \lambda_{FR} = 4:6$$

$$\begin{cases} \dot{S}_1 = \dfrac{4 \times 630}{\pi \times 60 \times 280^2} \times 0.95 = 161.9970 \ \text{mm/s} \\ \dot{S}_2 = \dfrac{4 \times 630}{\pi \times 60 \times 420^2} \times 0.95 = 71.9987 \ \text{mm/s} \end{cases}, \ \lambda_{FR} = 3:7$$

假设支架降柱不多，供液 1 s 即可完成升架动作，则前、后柱的伸出量分别为：

$$
\begin{cases}
S_1 = 1 \times \dot{S}_1 = 72.0001 \text{ mm} \\
S_2 = 1 \times \dot{S}_2 = 161.9970 \text{ mm}
\end{cases}, \quad \lambda_{FR} = 7 : 3
$$

$$
\begin{cases}
S_1 = 1 \times \dot{S}_1 = 79.3785 \text{ mm} \\
S_2 = 1 \times \dot{S}_2 = 124.0289 \text{ mm}
\end{cases}, \quad \lambda_{FR} = 6 : 4
$$

$$
S_1 = S_2 = 1 \times \dot{S}_1 = 87.9540 \text{ mm}, \quad \lambda_{FR} = 5 : 5 \qquad (6\text{-}28)
$$

$$
\begin{cases}
S_1 = 1 \times \dot{S}_1 = 124.0289 \text{ mm} \\
S_2 = 1 \times \dot{S}_2 = 79.3785 \text{ mm}
\end{cases}, \quad \lambda_{FR} = 4 : 6
$$

$$
\begin{cases}
S_1 = 1 \times \dot{S}_1 = 161.9970 \text{ mm} \\
S_2 = 1 \times \dot{S}_2 = 72.0001 \text{ mm}
\end{cases}, \quad \lambda_{FR} = 3 : 7
$$

假设移架到位后、升架前的顶梁处于水平状态（支架高度取 6700 mm），且升架是匀速完成的，则升架完成后，顶梁姿态变化曲线如图 6-18 所示。

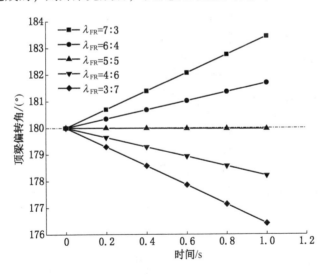

图 6-18　顶梁位姿变化曲线

据图 6-18 可知，前、后柱额定工作阻力分配比例为 $\lambda_{FR} = 7:3$ 和 6:4 时，顶梁呈低头趋势升架；$\lambda_{FR} = 5:5$、4:6 和 3:7 时，顶梁呈仰头趋势升架。可见，前柱缸径越小，仰头升架趋势越明显，反之，低头升架趋势越明显，立柱控制阀的开环控制原理无法实现顶梁位姿的闭环控制，也就无法达到期望的位姿。因此，研究顶梁位姿的自动控制方法不仅有利于避免出现非理想位姿，还有助于实现整个工作面的自动化，下面给出一种顶梁位姿自适应控制方法。

如图 6-19 所示，协同双闭环自动控制逻辑分为 4 个主模块和 2 个子模块。以支架的"降—移—升"作为一个动作循环，主模块 1 的作用是确定顶梁位姿基准，为本次升架的目标位姿提供参照。在执行本次循环动作之前，即降架之前，通过底座倾角传感器和立柱行程传感器采集底座偏转角和前、后柱长度，然后调用"支架位姿与驱动千斤顶——映射"子模块 I 程序，由驱动空间向位姿空间转换得到顶梁位姿的参照基准。主模块 2 的作用是确定顶梁位姿目标值，采集移架结束后的底座偏转角，依据顶梁位姿基准，调用"目标高度"子模块 II 程序，得到本次升架的顶梁位姿目标值，即高度和偏转角。再次调用"支架位姿与驱动千斤顶——映射"子模块 I 程序，由位姿空间向驱动空间转换得到顶梁位姿目标值对应的前、后柱长度。主模块 3 和模块 4 的作用是实现前、后柱的协同控制，将模块 2 得到的前、后柱长度作为闭环控制的期望输出，由约束方程对前、后柱的协同动作进行预判，反馈给控制器决定前、后柱的协同动作方式。子模块 I 的作用是建立"支架位姿与驱动千斤顶——映射"关系，实现支架位姿空间与驱动空间的相互转换。子模块 II 的作用是确定顶梁位姿的目标高度，通过推移机构得到本次升架的顶梁目标高度。

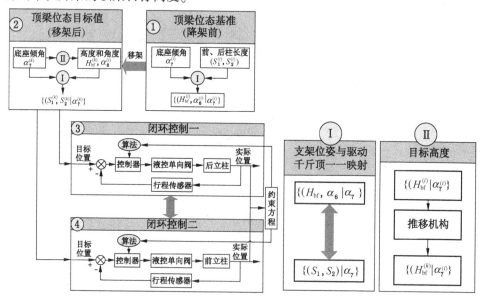

图 6-19 顶梁位姿协同双闭环自适应控制逻辑

6.4.2　顶梁位姿自适应控制流程

如图6-20所示，若采煤机每一个循环的截割高度出现任意性，会对支架与顶板的接触状态带来不利的影响。2005年11月，CSIRO Exploration and Mining发布了Interconnection of Landmark Compliant Longwall Mining Equipment-Shearer Communication and Functional Specification for Enhanced Horizon Control-Version，该标准旨在增强采煤机的水平控制，经过近些年的发展，现有的LASC、CAT等对采煤机的水平控制技术已很成熟，能够有效避免顶、底板出现不规则、连续性、大幅度的台阶。

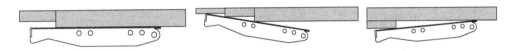

图6-20　采煤机无规则截割高度造成的顶梁与顶板接触状态

实际上，小台阶的存在是必然的，因此，在本次支架"降—移—升"循环动作之前，即降架之前的顶梁位姿不能作为本次循环升架的目标值，原因经过降架和移架动作后，底座位姿可能发生了变化，或是煤层厚度变化造成的采煤机下一循环截割高度也发生了变化。为了确定本次循环升架的顶梁位姿目标值，取推杆与刮板输送机的铰接点为绝对坐标系原点，记为xO_0y（图6-21）。

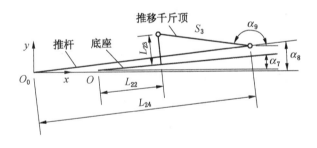

图6-21　绝对坐标系

假定顶梁与顶板沿一条直线完全贴合，采煤机截割高度不变，则该直线即是本次循环升架的顶梁位姿基准线，如图6-22所示。

约定降架前的顶梁位姿用上标（i）标记，坐标系记为$\{xO^{(i)}y\}$；本次升架的顶梁位姿目标值用上标（k）标记，坐标系记为$\{xO^{(k)}y\}$。由移架前的顶梁位姿$\{(H_{\mathrm{bf}}^{(i)},\ \alpha_6^{(i)})|\alpha_7^{(i)}\}$可得基准线斜率$k=\tan\alpha_6^{(i)}$，基准线直线方程为：

$$y - y_{\mathrm{M}}^{(i)} = k(x - x_{\mathrm{M}}^{(i)}) \tag{6-29}$$

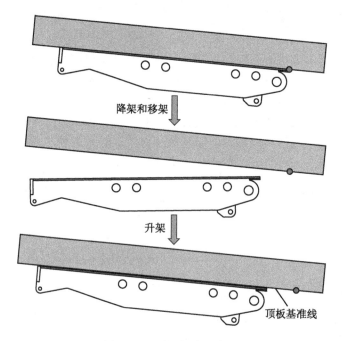

图 6-22 顶梁位姿基准线

则移架前的支架高度为：

$$H_{\text{bf}}^{(i)} = \frac{\left| y_{\text{M}}^{(i)} - kx_{\text{M}}^{(i)} \right|}{\sqrt{k^2 + 1}} \tag{6-30}$$

移架后的目标高度 $H_{\text{bf}}^{(k)}$ 与移架前的高度 $H_{\text{bf}}^{(i)}$ 关系如图 6-23 所示，即为：

$$H_{\text{bf}}^{(k)} = H_{\text{bf}}^{(i)} + O^{(i)}O^{(k)}\cos(\alpha_6^{(i)} - \pi/2 - \gamma_2) \tag{6-31}$$

式中，$O^{(i)}O^{(k)}$ 为移架前、后底座前端点之间的距离；γ_2 为 $O^{(i)}O^{(k)}$ 与 x 轴夹角，底座前端往下沉时取正，抬起时取负；$O^{(i)}O^{(k)} = \sqrt{(x_{O_0^{(i)}} - x_{O_0^{(k)}})^2 + (y_{O_0^{(i)}} - y_{O_0^{(k)}})^2}$；$\gamma_2 = \arctan\dfrac{y_{O_0^{(i)}} - y_{O_0^{(k)}}}{x_{O_0^{(i)}} - x_{O_0^{(k)}}}$。

坐标 $(x_{O_0^{(i)}},\ y_{O_0^{(i)}})$、$(x_{O_0^{(k)}},\ y_{O_0^{(k)}})$ 是相对于 $\{xO_0y\}$，可由下式确定：

$$\begin{cases} x_{O_0^{(i)}} = L_{24}\cos\alpha_8^{(i)} - S_3^{(i)}\cos(\pi - \alpha_9^{(i)}) + L_{23}\sin\alpha_7^{(i)} - L_{22}\cos\alpha_7^{(i)} \\ y_{O_0^{(i)}} = L_{24}\sin\alpha_8^{(i)} + S_3^{(i)}\sin(\pi - \alpha_9^{(i)}) - L_{23}\cos\alpha_7^{(i)} - L_{22}\sin\alpha_7^{(i)} \\ x_{O_0^{(k)}} = L_{24}\cos\alpha_8^{(k)} - S_3^{(k)}\cos(\pi - \alpha_9^{(k)}) + L_{23}\sin\alpha_7^{(k)} - L_{22}\cos\alpha_7^{(k)} \\ y_{O_0^{(k)}} = L_{24}\sin\alpha_8^{(k)} + S_3^{(k)}\sin(\pi - \alpha_9^{(k)}) - L_{23}\cos\alpha_7^{(k)} - L_{22}\sin\alpha_7^{(k)} \end{cases} \tag{6-32}$$

式中，L_{22} 为 O 点至推移千斤顶与底座铰点沿底座方向的距离；L_{23} 为推移千斤顶与底座铰点至底座的垂直距离；L_{24} 为推杆长度；$S_3^{(i)}$、$S_3^{(k)}$ 分别为移架前、后的推移千斤顶长度；$\alpha_8^{(i)}$、$\alpha_8^{(k)}$ 分别为移架前、后的推杆与 x 轴夹角；$\alpha_9^{(i)}$、$\alpha_9^{(k)}$ 分别为移架前、后的推移千斤顶与 x 轴夹角。

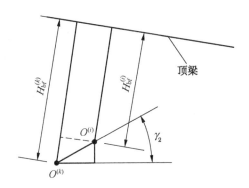

图 6-23　移架前后的支架高度关系

由此得到本次升架的顶梁位姿目标值为 $\{(H_{bf}^{(k)}, \alpha_6^{(i)}) \mid \alpha_7^{(k)}\}$，再由"支架位姿与驱动千斤顶——映射"可得到前、后柱的目标长度 $\{(S_1^{(k)}, S_2^{(k)}) \mid \alpha_7^{(k)}\}$。若采煤机下一循环截割高度出现了调整，则顶梁位姿基准需要修正，下面以图6-24所示的状态为例进行说明。

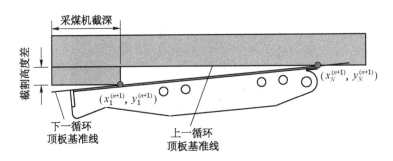

图 6-24　修正的顶梁位姿基准线

第 n 次采煤循环的顶板基准线斜率记为 $k^{(n)}$，第（$n+1$）次采煤循环的顶板基准线斜率记为 $k^{(n+1)}$。图 6-24 的点 $(x_N^{(n+1)}, y_N^{(n+1)})$ 位于第 n 次采煤循环的顶板基准线上，可由式（6-29）确定，具体位置不确定；点 $(x_1^{(n+1)}, y_1^{(n+1)})$ 位于第（$n+1$）次采煤循环的顶板基准线上，可结合采煤机切割高度和第 n 次采煤循环的顶板基准线确定。根据点 $(x_N^{(n+1)}, y_N^{(n+1)})$ 和点 $(x_1^{(n+1)}, y_1^{(n+1)})$ 可得第 $(n+1)$ 次采煤循环的顶板基准线斜率，即

$$k^{(n+1)} = \frac{y_1^{(n+1)} - y_N^{(n+1)}}{x_1^{(n+1)} - x_N^{(n+1)}} \tag{6-33}$$

由于 α_1、α_6、H_{bf} 均是 $x_N^{(n+1)}$、$y_N^{(n+1)}$ 的函数，式（6-29）和式（6-33）可求解得 8 个未知量 $x_N^{(n+1)}$、$y_N^{(n+1)}$、α_2、α_3、α_4、α_5、S_1、S_2。这也就得到了顶梁位姿基准，由"支架位姿与驱动千斤顶——映射"可得到前、后柱的目标长度。

为避免出现顶梁前端或后端过早地先接触顶板，需要引入约束条件，具体表述为：升架过程中，顶梁前端点和后端点的高度不能大于过该点垂直 x 轴的直线与顶梁位姿基准线的交点的高度，如图 6-25 所示。

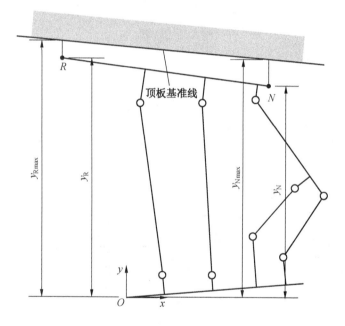

图 6-25 约束条件示意图

约束条件的方程表达为：

$$\begin{cases} y_R^{(j)} \leqslant y_{Rmax}^{(j)} \\ y_N^{(j)} \leqslant y_{Nmax}^{(j)} \end{cases} \tag{6-34}$$

式中，$y_R^{(j)}$、$y_{Rmax}^{(j)}$、$y_N^{(j)}$、$y_{Nmax}^{(j)}$ 为升架过程 j 时刻的纵坐标。

升架过程 j 时刻顶梁前端 R 点和后端 N 点坐标为：

$$\begin{cases} x_R^{(j)} = x_M^{(j)} - L_1\cos(\pi - \alpha_6^{(j)}) \\ y_R^{(j)} = y_M^{(j)} + L_1\sin(\pi - \alpha_6^{(j)}) \\ x_N^{(j)} = x_M^{(j)} + L_3\cos(\pi - \alpha_6^{(j)}) \\ y_N^{(j)} = y_M^{(j)} - L_3\sin(\pi - \alpha_6^{(j)}) \end{cases} \tag{6-35}$$

通过 R 点垂直 x 轴的直线、过 N 点垂直 x 轴的直线得到两组方程：

$$\begin{cases} y - y_M^{(k)} = k(x - x_M^{(k)}) \\ x = x_R^{(j)} \end{cases} \tag{6-36}$$

$$\begin{cases} y - y_M^{(k)} = k(x - x_M^{(k)}) \\ x = x_N^{(j)} \end{cases} \tag{6-37}$$

式中，$x_M^{(k)}$、$y_M^{(k)}$ 为 M 点相对于 $\{xO^{(k)}y\}$ 坐标系的坐标。

$x_M^{(k)}$、$y_M^{(k)}$ 可通过坐标变换获得

$$\begin{pmatrix} x_M^{(k)} \\ y_M^{(k)} \end{pmatrix} = \begin{pmatrix} 1 & 0 \\ 0 & 1 \end{pmatrix}\begin{pmatrix} x_M^{(i)} \\ y_M^{(i)} \end{pmatrix} + O^{(i)}O^{(k)}\begin{pmatrix} \sin\gamma_2 \\ \cos\gamma_2 \end{pmatrix} \tag{6-38}$$

由式（6-36）和式（6-37）解得 $y_{Rmax}^{(j)}$、$y_{Nmax}^{(j)}$ 为

$$\begin{cases} y_{Rmax}^{(j)} = k(x_R^{(j)} - x_M^{(k)}) + y_M^{(k)} \\ y_{Nmax}^{(j)} = k(x_N^{(j)} - x_M^{(k)}) + y_M^{(k)} \end{cases} \tag{6-39}$$

顶梁位姿协同双闭环自适应控制流程为：①由移架前的顶梁位姿 $\{(H_{bf}^{(i)}, \alpha_6^{(i)})|\alpha_7^{(i)}\}$ 确定顶梁位姿基准线；②由移架后的底座新位姿和推移机构确定顶梁位姿目标值 $\{(H_{bf}^{(k)}, \alpha_6^{(i)})|\alpha_7^{(k)}\}$；③由顶梁位姿目标值 $\{(H_{bf}^{(k)}, \alpha_6^{(i)})|\alpha_7^{(k)}\}$ 和"支架位姿与驱动千斤顶——映射"关系确定前、后柱的目标长度 $\{(S_1^{(k)}, S_2^{(k)})|\alpha_7^{(k)}\}$；④前、后柱的目标长度 $\{(S_1^{(k)}, S_2^{(k)})|\alpha_7^{(k)}\}$ 传给双闭环控制系统作为期望输出；⑤采样前、后柱的实际长度，并与期望输出比较。同时，计算下一次循环的顶梁前端点和后端点是否满足约束方程，以此给出下一次循环的前、后柱协同动作方式；⑥前、后柱达到期望输出或精度满足要求，程序结束；不满足，返回步骤⑤。

6.4.3 顶梁位姿自适应调控模拟分析

以口孜东煤矿所使用的四柱支架为例。由移架前的基准值、移架后的底座偏转角以及 O 点坐标变化量，代入式（6-30）得到顶梁位姿的目标高度，再由"支架位姿与驱动千斤顶——映射"得到前、后柱目标长度，见表6-1。

表6-1　三个算例的基准值、初始值及目标值

算例		S_1/mm	S_2/mm	H_{bf}/mm	α_6/(°)	α_7/(°)	移架后 O 点 x 轴变化量/mm	移架后 O 点 y 轴变化量/mm
1	基准值	4625.755	4685.350	5500.000	180.000	20	865	0
	初始值	4425.755	4535.350	5289.710	181.767	20		
	目标值	4625.755	4685.350	5500.000	180.000	20		
2	基准值	4636.498	4552.492	5511.756	175.000	20	865	100
	初始值	4486.498	4402.492	5362.379	180.028	22		
	目标值	4845.723	4623.051	5686.765	175.000	22		
3	基准值	4624.571	4831.695	5462.428	185.000	20	865	-100
	初始值	4374.571	4631.695	5188.146	185.229	18		
	目标值	4469.400	4719.080	5287.419	185.000	18		

　　采用 MATLAB 编制 m 文件对 3 个算例进行仿真计算，结果分别如图 6-26、图 6-27 和图 6-28 所示，图 6-26a、图 6-27a 和图 6-28a 是前、后柱同时供液，但没有协同控制的仿真结果，图 6-26b、图 6-27b 和图 6-28b 是前、后柱协同控制的仿真结果，图 6-26c、图 6-27c 和图 6-28c 分别是图 6-26b、图 6-27b 和图 6-28b 矩形方框的放大图，图 6-26d、图 6-27d 和图 6-28d 是协同控制方法的后柱出现相同长度的频数。需要说明，图 6-26a 和图 6-27b 的 y_{Rmax} 值和 y_{Nmax} 值相同，对应的曲线重合。图 6-28a 和图 6-28b 的顶梁前端 R 点和后端 N 点的 y_R 值和 y_N 值非常接近，对应的曲线也非常接近。

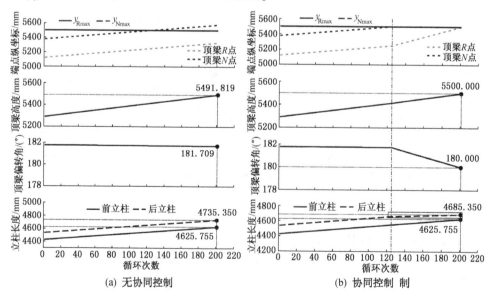

(a) 无协同控制　　　　　　　　　(b) 协同控制制

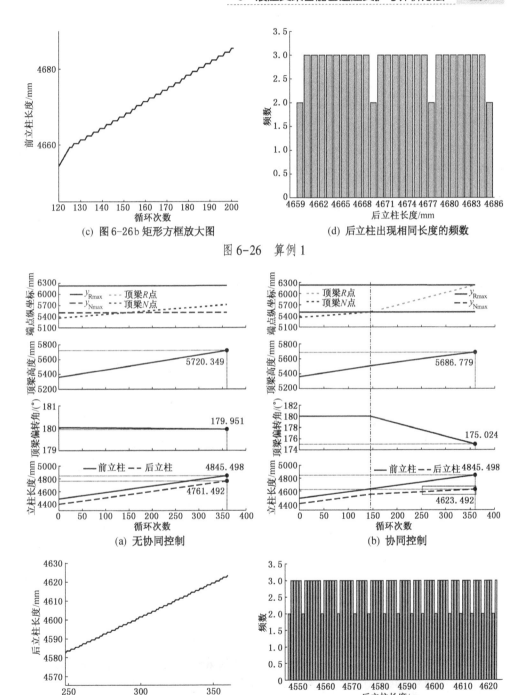

(c) 图 6-26b 矩形方框放大图

(d) 后立柱出现相同长度的频数

图 6-26 算例 1

(a) 无协同控制

(b) 协同控制

(c) 图 6-27b 矩形方框放大图

(d) 后立柱出现相同长度的频数

图 6-27 算例 2

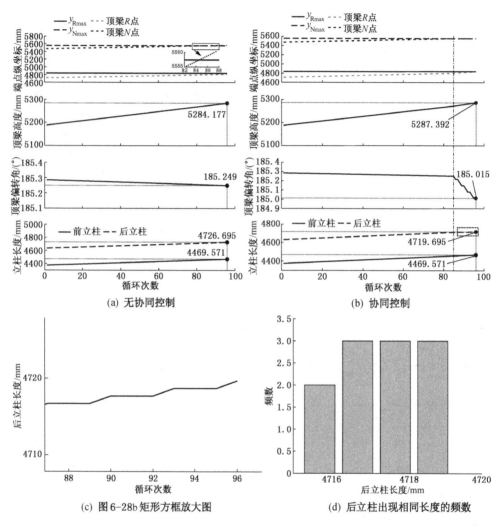

图 6-28　算例 3

对比图 6-26a 和图 6-26b、图 6-27a 和图 6-27b、图 6-28a 和图 6-28b，前、后柱不进行协同控制时，后立柱长度、顶梁偏转角和支架高度均无法逼近目标值，顶梁后端点出现不能满足约束方程的情形，前立柱长度、后立柱长度、支架高度、顶梁前端点和后端点均按线性变化，顶梁偏转角按回归式抛物线变化。采用协同控制方法后，不仅后柱长度、顶梁偏转角和支架高度均能很好地逼近目标值，而且升架过程不会出现顶梁前端点或后端点先接触顶板的情形。其中，支架高度呈现五次曲线变化特征，校正决定系数见表 6-2。

表6-2 校正决定系数

算例	控制方式	支架位姿	校正决定系数	拟合情况
1	无协同控制	前立柱长度	1	线性
		后立柱长度	1	线性
		顶梁偏转角	1	三次
		支架高度	1	线性
		顶梁前端点	1	线性
		顶梁后端点	1	线性
	协同控制	支架高度	0.999	五次
2	无协同控制	前立柱长度	1	线性
		后立柱长度	1	线性
		顶梁偏转角	1	三次
		支架高度	1	线性
		顶梁前端点	1	线性
		顶梁后端点	1	线性
	协同控制	支架高度	1	五次
3	无协同控制	前立柱长度	1	线性
		后立柱长度	1	线性
		顶梁偏转角	1	三次
		支架高度	1	线性
		顶梁前端点	1	线性
		顶梁后端点	1	线性
	协同控制	支架高度	0.999	五次

图6-26b、图6-27b和图6-28b中垂直 x 轴的点划线为前、后柱协同控制方式的分界线，点划线的左侧，前、后柱呈现同步协同控制方式，与非协同控制时的前、后柱同时上升一致；点划线的右侧，前、后柱呈现非同步协同控制方式。据图6-26c、图6-27c和图6-28c可知，同步协同控制时，前、后柱均按线性伸

长；非同步协同控制时，前柱依然按线性伸长，后柱按阶梯状伸长，后柱伸长速度要慢于前柱。从图 6-26d、图 6-27d 和图 6-28d 后柱出现相同长度的频数更容易理解，同步协同控制时，前、后柱按 1∶1 同步伸长，非同步协同控制时，前、后柱按 2∶1 或 3∶1 协同伸长。

6.5　液压支架底座自适应控制

对于松软底板条件，初撑阶段底座也将参与承担立柱伸长量。例如，贵州邦达苞谷山煤矿的底板岩性为泥岩，平均厚度 1.12 m，抗压强度 2.14 MPa，底板存在软弱的根土泥岩，塑性差。井下观测发现，支架在升立柱时底座前端出现明显的下陷和后移现象，深度 30~40 mm，工作面来压时，底座会进一步下陷，前端深度达 90~110 mm，造成严重的采煤机割顶梁现象，最终增加了一节 200 mm 的调节推杆才解决该问题。此现象在底板松软、遇水软化的平顶山矿区也很常见，例如平顶山一矿也发生过类似情况，最后也是通过增加加长推杆的方式才避免割顶梁。下面探讨如果底座出现类似情形时的调整策略。

设 ZZ18000/33/72D 型四柱支架的初始状态为：底座与顶梁平行；支架高度6800 mm；推移千斤顶初始长度 2659.096 mm；前立柱初始长度 5875.333 mm；后立柱初始长度 5916.116 mm；底板不约束底座的运动。分别单独升前柱50 mm、单独升后柱 50 mm 和同时升前、后柱 50 mm，采用 MATLAB 进行数值求解得到底座最前端和最后端的运动轨迹（图 6-29），其中，横坐标向左为煤壁方向，纵坐标向下为底板方向，坐标值是相对于初始状态。对应的推移长度随升立柱的变化量（图 6-30），纵坐标是相对于初始状态的推移长度。

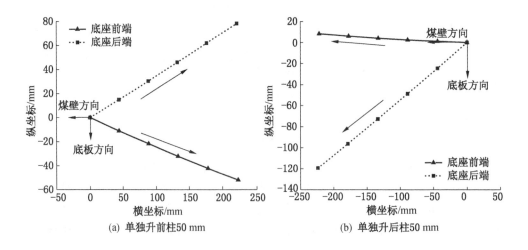

(a) 单独升前柱50 mm　　　　　　(b) 单独升后柱50 mm

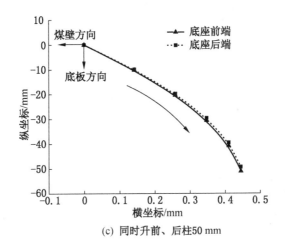

(c) 同时升前、后柱50 mm

图 6-29　底座前端和后端运动轨迹

据图 6-29a 可知，单独升前柱，底座前端斜向采空区压入底板，后端斜向采空区抬起；据图 6-29b 可知，单独升后柱，底座前端斜向煤壁抬起，后端斜向煤壁压入底板；据图 6-29c 可知，同时升前、后柱，底座前端和后端均斜向采空区压入底板。三种升立柱情形的底座前端和后端的横坐标移动量基本一致，同时升前、后柱基本使底座朝向垂直底板的方向压入，横向移动量很小。

据图 6-30 可知，单独升前柱和同时升前、后柱，推移千斤顶长度缩短；单独升后柱，推移千斤顶长度变长；单独升前柱或后柱的推移千斤顶长度变化量相当，同时升前、后柱的推移千斤顶长度变化量很小。需要注意，推移千斤顶长度变长，由于单向锁的作用，此时也会首先导致推杆发生逆时针旋转，直至达到推杆与底座之间的限位为止，若推移千斤顶继续伸长，推移千斤顶上腔压力增大（正装推移千斤顶为下腔），可能造成限位块的失效，还可能推动刮板输送机运动，或者推移千斤顶安全阀开启。

相较于顶梁，底座位姿发生变化往往是很难调整的，通常需要人工辅助才能完成调整。能够调整底座位姿的千斤顶有前、后柱和推移千斤顶，但是，立柱的动作首先会使顶梁产生运动，推移千斤顶的动作会使支架整体前移或推动刮板输送机，所以无法通过简单的动作立柱或推移千斤顶调整底座位姿，若想实现立柱和推移千斤顶的调节功能，首先需要保证顶梁不能先于底座发生运动，可以采取在顶梁和邻架底座间增设"拐杖式"抬底千斤顶以固定顶梁的方式。下面给出立柱和推移千斤顶对底座位姿的调整能力，为现场操作提供一定的指导。

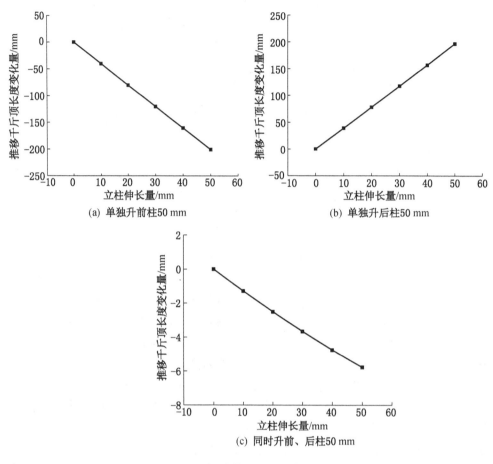

(a) 单独升前柱50 mm

(b) 单独升后柱50 mm

(c) 同时升前、后柱50 mm

图 6-30 推移千斤顶长度变化

以图 6-29a 的底座最终状态为例,分别单独伸后柱、协同收前柱和伸后柱、伸推移千斤顶得到的底座前端和后端返回轨迹如图 6-31a、图 6-31b 和图 6-31c 所示。需要说明,伸推移分两种情况,一是后柱长度不变,前柱随伸推移联动而变短,该情况同单独收前柱相同,因为单独伸前柱引起的推移变短是一一对应关系,因此伸推移是单独伸前柱的逆向,同单独收前柱一样,底座会按原轨迹返回;二是前柱长度不变,后柱随伸推移联动而变长,图 6-31c 即是该情况。

据图 6-31 可知,单独伸后柱结束时,底座前端基本维持在初始的下陷深度,后端从翘起变为下陷,最终,底座与最初的底板近似水平,整体下陷了约 50 mm;协同收前柱和伸后柱结束时,底座前端高度返回了约 30 mm,后端从翘起变为下陷,最终,底座与最初的底板近似水平,整体下陷了约 20 mm,但底座前端呈悬空状态，高度约为 30 mm；伸推移结束时，同单独伸后柱类似，底座前端基本维持在初始的下陷深度，后端从翘起变为下陷，最终，底座与最初的底板近似水平，整体下陷了约 50 mm；单独收前柱或前柱活塞杆腔随伸推移联动结束时，底座前端和后端分别沿图 6-31 的黑色实线和红色实线逆向返回，最终底座回到初始状态，但底座前端呈悬空状态。

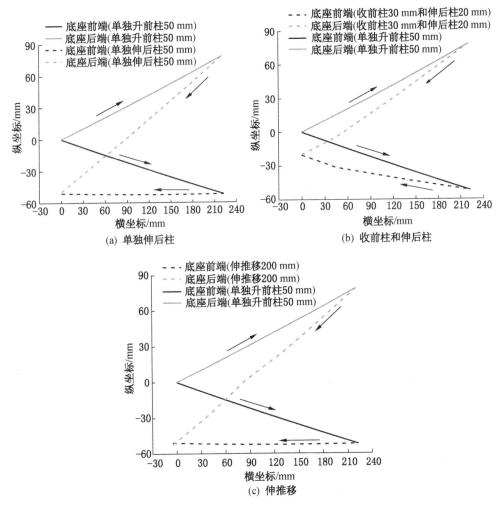

图 6-31　底座返回轨迹

据图 6-32a 和图 6-32b 可知，动作立柱使底座位姿返回时，推移千斤顶变长，由于单向锁的存在，回程将受阻，因此需要推移千斤顶的活塞腔与动作立柱联动。据图 6-32c 可知，动作推移千斤顶使底座位姿返回时，后柱将受拉而变长，为减小后柱因密封和系统背压引起较大的阻力，最好使后柱的活塞腔与动作推移千斤顶联动。据图 6-32d 可知，前、后柱的协同动作方式，前柱累计伸长30 mm，后柱累计伸长20 mm。

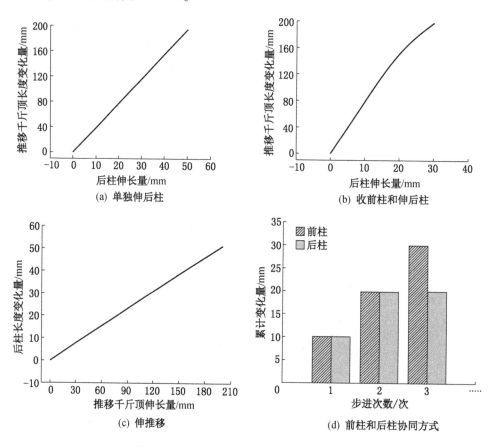

图 6-32　底座返回时对应的千斤顶长度变化

综上分析可以看出，如果底座小的下陷不影响推溜和移架，可使底座最终达到图 6-31a 和图 6-31c 的效果，这样不需要人工在底座下面填充充填物。如果希望底座按原轨迹返回或与初始状态类似，可使底座最终达到图 6-31b 的效果，这时需要人工在底座下面填充充填物。单独升前柱或后柱会造成底座后端或前端翘起，对支架承载阶段的受力不利，因此应当在保证顶梁以良好位姿接触顶板的前提下同时动作前、后柱，此外，为避免底座压入底板过多而影响推溜和移架，尽量确保立柱以较小的伸长量来完成初撑阶段。

6.6 液压支架支护质量评价

6.6.1 支架适应性评价指标体系

基于支架与围岩的耦合关系，将支架与围岩系统细分为支架与围岩的强度耦合子系统、刚度耦合子系统、稳定性耦合子系统，采用 AHP 方法构建了以支架与围岩适应性为核心的评价指标，如图 6-33 所示。

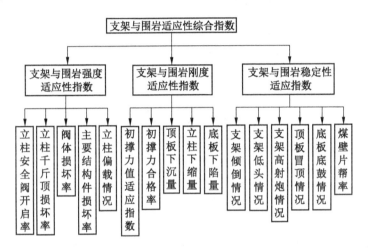

图 6-33　支架与围岩适应性评价指标

其中，支架与围岩的刚度适应性指数、强度适应性指数的下属指标值均可通过常规矿压观测和现场统计方法获得，而稳定性适应指数下属指标值则很难获得。为了获取支架与围岩的稳定性适应指数下属指标值，研发了支架姿态实时监测系统，通过在支架顶梁、连杆、底座安装倾角传感器、压力传感器和位移传感器，实时监测支架载荷状态，利用支架结构位置优化算法，便可测得支架姿态的绝对值。

由于工作面在倾向和走向均有一定角度，且随着工作面推进而不断发生变化，支架姿态的绝对值并不能反映支架对工作面倾角的适应性，需要获得支架与工作面倾角的相对值。为了获得支架姿态与工作面倾角的相对值，在支架前方对应的刮板输送机处安设倾角传感器，监测工作面倾角的变化。利用支架移架之后测得的支架姿态值与推移刮板输送机之前测得的工作面倾角值进行对比，便可获得支架对工作面姿态的相对值。

6.6.2 基于模糊一致矩阵确定权重

由于不同工作面煤层赋存条件差异很大，为保证评价结果的客观性、实用性，在进行支架适应性评价之前，应对煤层赋存条件与开采技术参数进行分析，确定支架对工作面的防护重点，明确支架对围岩的控制效果要求，排除工人操作失误、支架制造质量等因素影响。

基于支架对工作面的防护重点、对围岩的控制效果要求，进行评价指标的优先关系排序，确定评价指标的优先关系系数，建立模糊优先关系系数矩阵：

$$\boldsymbol{B} = (b_{ij})_{n \times n} \tag{6-40}$$

其中，b_{ij} 为指标 u_i 对 u_j 的优先关系系数，可用下式计算：

$$b_{ij} = \begin{cases} 0, & \text{如果 } u_j \text{ 优于 } u_i \\ 0.5, & \text{如果 } u_i \text{ 与 } u_j \text{ 优先等级相同} \\ 1, & \text{如果 } u_i \text{ 优于 } u_j \end{cases} \tag{6-41}$$

对 $\boldsymbol{B}$ 矩阵进行改造可得矩阵 $\boldsymbol{R}$：

$$\boldsymbol{R} = (r_{ij})_{n \times n} \tag{6-42}$$

其中，

$$r_{ij} = \frac{r_i - r_j}{2n} + 0.5 \tag{6-43}$$

$$r_i = \sum_{i=1}^{n} b_{ij} \tag{6-44}$$

利用方根法确定各项指标对应的优度值 S_i，确定各指标权重：

$$S_i = \frac{\overline{S_i}}{\sum_{t=1}^{n} \overline{S_t}} \tag{6-45}$$

$$\overline{S_i} = \left(\prod_{t=1}^{n} r_{it} \right)^{\frac{1}{n}} \tag{6-46}$$

6.6.3 基于 FCE 方法构建判断矩阵

通过采用矿山压力观测、支架姿态监测系统及现场记录统计方法，获得整个工作面推进过程中各评价指标的实测值，根据前期确定的支架对围岩的控制效果要求，采用专家评议方法对各评价指标进行打分，采用清晰集合构造模糊集合方法确定支架适应性评价指标的隶属度，进行求解及归一化处理。

$$C_i = W_{ij} \cdot \begin{vmatrix} \mu_{11} & \mu_{12} & \cdots & \mu_{1j} \\ \mu_{21} & \mu_{22} & \cdots & \mu_{2j} \\ \vdots & \vdots & \vdots & \vdots \\ \mu_{i1} & \mu_{i2} & \cdots & \mu_{ij} \end{vmatrix} \tag{6-47}$$

式中，C_i 为支架适应性评价矩阵；W_{ij} 为评价指标权重向量，μ_{ij} 为评价专家对第 i

个评价指标的适应性级别 j 的评分，$\sum_{j=1}^{n} \mu_{ij} = 1$，$n$ 为支架对围岩适应性分级数量。

进行支架对围岩适应性模糊综合评价，计算支架适应性模糊综合评价结果集：

$$R = W_i \cdot B_i \qquad (6\text{-}48)$$

基于支架与围岩适应性评价等级，确定支架与围岩适应性综合指数评价集：$U = \{$很适应，适应，一般，不适应$\} = \{>90，75\sim90，60\sim75，<60\}$，计算可得支架适应性评价值如下：

$$T = R \cdot U^T \qquad (6\text{-}49)$$

式中，T 为支架与围岩适应性综合指数评价值；U^T 为支架与围岩适应性综合指数评价集对应的分数向量。

通过对支架适应性评价结果进行分析，发现支架与围岩适应性较差的部分，分析原因并进行支架改进设计。

参 考 文 献

［1］ 钱鸣高，石平五．矿山压力与岩层控制［M］．徐州：中国矿业大学出版社，2003.

［2］ 钱鸣高，缪协兴，何富连．采场"砌体梁"结构的关键块分析［J］．煤炭学报，1994，19
（6）：557-562.

［3］ 钱鸣高，缪协兴．采场上覆岩层结构的形态与受力分析［J］．岩石力学与工程学报，
1995，14（2）：97-105.

［4］ 宋振骐．实用矿山压力控制［M］．徐州：中国矿业大学出版社，1988.

［5］ 王国法．煤炭综合机械化开采技术与装备发展［J］．煤炭科学技术，2013，41（9）：
44-48.

［6］ 高进，贺海涛．厚煤层综采一次采全高技术在神东矿区的应用［J］．煤炭学报，2010，35
（11）：1888-1892.

［7］ 王国法，庞义辉，刘俊峰．特厚煤层大采高综放开采机采高度的确定与影响［J］．煤炭学
报，2012，37（11）：1777-1782.

［8］ 康红普，徐刚，王彪谋，等．我国煤炭开采与岩层控制技术发展40a及展望［J］．采矿与
岩层控制工程学报，2019，1（2）：7-39.

［9］ 惠本利．深部矿井厚煤层超大采高综采技术研究展望［J］．煤炭科学技术，2014，42
（4）：1-4，8.

［10］ 王国法．煤矿综采自动化成套技术与装备创新和发展［J］．煤炭科学技术，2013，41
（11）：1-5.

［11］ Xiaowei Feng, Nong Zhang. Position-optimization on retained entry and backfilling wall in gob-
side entry retaining techniques［J］. International Journal of Coal Science & Technology, 2015,
2（3）：186-195.

［12］ 许家林，朱卫兵，鞠金峰，等．采场大面积压架冒顶事故防治技术研究［J］．煤炭科学
技术，2015，43（6）：1-7，47.

［13］ Hua Guo, Liang Yuan. An integrated approach to study of strata bechaviour and gas flow dynam-
ics and its application［J］. International Journal of Coal Science & Technology, 2015, 2（1）：
12-21.

［14］ 吴升富．晋华宫煤矿大采高综采工作面支架合理选型与顶板控制技术研究［D］．徐州：
中国矿业大学，2011.

［15］ 高玉斌，李永学．寺河矿6.2m大采高综采工作面设备选型研究与实践［J］．煤炭工程，
2008，5：5-7.

［16］ 赵宏珠．大采高支架的适用及参数研究［J］．煤炭学报，1991，1：33-38.

［17］ 王国法．液压支架控制技术［M］．北京：煤炭工业出版社，2010.

［18］ 刘清宝．红柳林煤矿6m大采高工作面开采技术及设备选型研究［D］．西安：西安科技
大学，2011.

［19］ 王国法．高效综合机械化采煤成套装备技术［M］．徐州：中国矿业大学出版社，2008.

[20] 卢国志,汤建泉,宋振骐. 传递岩梁周期裂断步距与周期来压步距差异分析 [J]. 岩土工程学报,2010,32 (4):538-541.

[21] Minggao Qian. A study of the behavior of overlying strata in longwall mining and its application to strata control [M]. Strata Mechanics, Elsevier Scientific Publishing Company, 1982.

[22] M G Qian, F L He, X X Miao. The system of strata control around longwall face in China [J]. Mining Science and Technology, 1996:15-18.

[23] 何富连,钱鸣高,刘长友. 高产高效工作面支架-围岩保障系统 [M]. 徐州:中国矿业大学出版社,1997.

[24] 史元伟. 采场围岩应力分布特征的数值法研究 [J]. 煤炭学报,1993,18 (4):13-23.

[25] 史元伟. 综放工作面围岩动态及液压支架载荷力学模型 [J]. 煤炭学报,1997,22 (3):253-258.

[26] 史元伟. 放顶煤工作面控顶区中硬以下顶煤弹塑性区分析 [J]. 煤炭学报,2005,30 (4):423-428.

[27] 黄庆享,钱鸣高,石平五. 浅埋煤层采场老顶周期来压的结构分析 [J]. 煤炭学报,1999,24 (6):581-585.

[28] 黄庆享. 浅埋煤层长壁开采顶板控制研究 [D]. 徐州:中国矿业大学,1998.

[29] 黄庆享,钱鸣高,石平五. 浅埋煤层采场老顶周期来压的结构分析 [J]. 煤炭学报,1999,24 (6):581-585.

[30] 黄庆享,石平五,钱鸣高. 老顶岩块端角摩擦系数和挤压系数实验研究 [J]. 岩土力学,2000,1:60-63.

[31] 赵宏珠,宋秋爽. 特大采高液压支架发展与研究 [J]. 采矿与安全工程学报,2007,27 (3):265-269.

[32] 弓培林,靳钟铭. 大采高采场覆岩结构特征及运动规律研究 [J]. 煤炭学报,2004,29 (1):7-11.

[33] 弓培林. 大采高采场围岩控制理论及应用研究 [D]. 太原:太原理工大学,2006.

[34] 弓培林,靳钟铭. 大采高综采采场顶板控制力学模型研究 [J]. 岩石力学与工程学报,2008,1:193-198.

[35] 胡国伟,靳钟铭. 大采高综采工作面矿压观测及其显现规律研究 [J]. 太原理工大学学报,2006,37 (2):127-130.

[36] 弓培林,靳钟铭. 影响大采高综采支架稳定性的试验研究 [J]. 太原理工大学学报,2001,32 (6):666-669.

[37] 张永波,靳钟铭,刘秀英. 采动岩体裂隙分形相关规律的实验研究 [J]. 岩石力学与工程学报,2004,23 (20):3426-3429.

[38] 王国法,庞义辉. 液压支架与围岩耦合关系及应用 [J]. 煤炭学报,2015,40 (1):30-34.

[39] 王国法,庞义辉. 基于支架与围岩耦合关系的支架适应性评价方法 [J]. 煤炭学报,2016,41 (6):1348-1353.

[40] 庞义辉，郭继圣．三软煤层大采高孤岛工作面支架参数优化设计 [J]．煤炭工程，2015，47（8）：60-63.

[41] 许家林，鞠金峰．特大采高综采面关键层结构形态及其对矿压显现的影响 [J]．岩石力学与工程学报，2011，30（8）：1547-1556.

[42] 许家林，朱卫兵，王晓振，等．浅埋煤层覆岩关键层结构分类 [J]．煤炭学报，2009，34（7）：865-870.

[43] 鞠金峰，许家林，朱卫兵，等．7.0m 支架综采面矿压显现规律研究 [J]．采矿与安全工程学报，2012，29（3）：344-350.

[44] 鞠金峰，许家林，王庆雄．大采高采场关键层"悬臂梁"结构运动型式及对矿压的影响 [J]．煤炭学报，2011，36（12）：2115-2120.

[45] Ju Jinfeng, Xu Jialin. Structural characteristics of key strata and strata behavior of a fully mechanized longwall face with 7.0 m height chocks [J]. International Journal of Rock Mechanics and Mining Science, 2013, 58：46-54.

[46] 宋选民，顾铁凤，闫志海．浅埋煤层大采高工作面长度增加对矿压显现的影响规律研究 [J]．岩石力学与工程学报，2007，26（2）：4007-4012.

[47] 吴浩，宋选民．8.5m 大采高综采工作面煤壁稳定性的理论分析 [J]．煤炭科学技术，2015，43（3）：22-25.

[48] 李宏斌，宋选民，刘兵晨．厚松散层覆岩下大采高综采工作面矿压规律研究 [J]．煤炭科学技术，2013，41（5）：55-57，71.

[49] 付玉平，宋选民，邢平伟，等．浅埋煤层大采高超长工作面垮落带高度的研究 [J]．采矿与安全工程学报，2010，27（2）：190-194.

[50] 许春雷，宋选民．大柳塔矿薄基岩条件下支架阻力的确定及矿压规律分析 [J]．煤矿安全，2013，44（11）：207-210.

[51] Yong Yuan, Shihao Tu, Xiaogang Zhang, et al. System dynamics model of the support surrounding rock system in fully mechanized mining with large mining height face and its application [J]. International Journal Mining Science and Technology, 2003, 23（6）：879-884.

[52] 袁永，屠世浩，王瑛，等．大采高综采技术的关键问题与对策探讨 [J]．煤炭科学技术，2010，1：4-8.

[53] 袁永．大采高综采采场支架-围岩稳定控制机理研究 [D]．徐州：中国矿业大学，2011.

[54] Yongping Wu, Panshi Xie, shiguang Ren, et al, Three-dimensional strata movement around coal face of steeply dipping seam group [J]. Journal of Coal Science & Engineering（China），2008, 3：352-355.

[55] Yongping Wu. Analysis for interaction of supports and surrounding rock of gateways in longwall mining [J]. Journal of Coal Science & Engineering（China），2001, 2：30-35.

[56] Xingping Lai, Yongping Wu. Application of integrated intelligent methodology to predict stability and supporting decision in underground drift [J]. Journal of Coal Science & Engineering（China），2000, 2：40-44.

[57] 王家臣，王兆会．浅埋薄基岩高强度开采工作面初次来压基本顶结构稳定性研究 [J]．采矿与安全工程学报，2015，32（2）：175-181.

[58] Jiachen Wang, Junshi Fang. The uncertainty of the mining engineering and its application [J]. Journal of Coal Science & Engineering (China), 2000, 2：1-8.

[59] 王家臣，张剑，姬刘婷，等．"两硬"条件大采高综采老顶初次垮落力学模型研究 [J]．岩石力学与工程学报，2005，24（增1）：5037-5042.

[60] 文志杰，汤建泉，王洪彪．大采高采场力学模型及支架工作状态研究 [J]．煤炭学报，2011，(S1)：42-46.

[61] 文志杰，赵晓东，尹立明，等．大采高顶板控制模型及支架合理承载研究 [J]．采矿与安全工程学报，2010，2：255-258.

[62] 杨波，孟祥瑞，赵光明，等．软煤层大采高综采煤壁片帮燕尾模型研究 [J]．煤，2012，21（1）：1-4.

[63] 杨波．"三软"煤层大采高综采面煤壁片帮机理与控制研究 [D]．安徽：安徽理工大学，2012.

[64] 张丽芳，王慧，贾发亮．"三软"煤层大采高液压支架的稳定性 [J]．辽宁工程技术大学学报（自然科学版），2011，30（2）：251-253.

[65] 张银亮，刘俊峰，庞义辉，等．液压支架护帮机构防片帮效果分析 [J]．煤炭学报，2011，36（4）：691-695.

[66] 方新秋．综放采场支架-围岩稳定性及控制研究 [D]．徐州：中国矿业大学，2002.

[67] 王家臣，杨印朝，孔德中，等．含夹矸厚煤层大采高仰采煤壁破坏机理与注浆加固技术 [J]．采矿与安全工程学报，2014，39（6）：831-837.

[68] 尹希文，闫少宏，安宇．大采高综采面煤壁片帮特征分析与应用 [J]．采矿与安全工程学报，2008，25（2）：222-225.

[69] 袁永，屠世浩，马小涛，等．"三软"大采高综采面煤壁稳定性及其控制研究 [J]．采矿与安全工程学报，2012，29（1）：21-25.

[70] 袁永．大采高综采采场支架-围岩稳定控制机理研究 [J]．煤炭学报，2011，36（11）：1955-1956.

[71] 白庆生，屠世浩．脆煤综放面煤壁片帮机理与控制技术 [J]．煤炭与化工，2014，37（1）：14-19.

[72] 王沉，屠世浩，屠洪盛，等．采场顶板尖灭逆断层区围岩变形及支架承载特征研究 [J]．采矿与安全工程学报，2015，32（2）：182-186.

[73] 王继林，袁永，屠世浩，等．大采高综采采场顶板结构特征与支架合理承载 [J]．采矿与安全工程学报，2014，31（4）：512-518.

[74] Shihao Tu, Yong Yuan, Li Nailiang, et al. Hydraulic support stability control of fully mechanized top coal caving face with steep coal seams based on instable critical angle [J]. Journal of Coal Science & Engineering (China), 2008, 14 (3)：382-385.

[75] 袁永，屠世浩，窦凤金，等．大倾角综放面支架失稳机理及控制 [J]．采矿与安全工程

学报，2008，25（4）：430-434.

[76] Xinzhu Hua, Jinlong Zhang, Guangxiang Xie. Study on the characteristics of ground pressure behaviors in working face with great mining height at different advance speeds by similarity model experiment [J]. Journal of Coal Science & Engineering（China），2007，13（1）：28-31.

[77] Xinzhu Hua, Jiachen Wang. Analysis and control of hydraulic support stability in fully-mechanized longwall face to the dip with great mining height [J]. Journal of Coal Science & Engineering（China），2008，14（3）：399-402.

[78] 陈登红，华心祝. 大采高工作面煤壁片帮的压杆稳定性分析 [J]. 煤炭与化工，2014，37（1）：30-32.

[79] 王凯，华心祝，金声尧. 厚煤层坚硬顶板综采工作面支承压力分布研究 [J]. 煤炭技术，2015，4：33-35.

[80] 杨朋，华心祝，陈登红. 采高对工作面支架刚度的影响规律研究 [J]. 煤炭技术，2014，7：163-165.

[81] Guangxiang Xie, Quanming Liu, Xinzhu Hua, et al. Patterns governing distribution of surrounding-rock stress and strata behaviors of fully-mechanized caving face [J]. Journal of Coal Science & Engineering（China），2004，10（1）：5-8.

[82] 李志华，华心祝，杨科，等. 上提工作面支架围岩关系及其对矿压显现的影响 [J]. 岩石力学与工程学报，2015，6：1162-1171.

[83] 梁利闯，田嘉劲，郑辉，等. 冲击载荷作用下液压支架的力传递分析 [J]. 煤炭学报，2015，40（11）：2522-2527.

[84] 孙静. 岩体动剪切模量阻尼试验及应用研究 [D]. 哈尔滨：中国地震局工程力学研究所，2004.

[85] 庞义辉，张国军，王泓博，等. 综放工作面区段煤柱采动应力全周期时空演化分析 [J]. 岩石力学与工程学报，2023，42（4）：833-848.

[86] 庞义辉，王国法，李冰冰. 深部采场覆岩应力路径效应与失稳过程分析 [J]. 岩石力学与工程学报，2020，39（4）：682-694.